Robert Sauer

Differenzengeometrie

Mit 95 Abbildungen

Springer-Verlag Berlin Heidelberg New York 1970

Dr. techn. Dr.-Ing. E. h. ROBERT SAUER
em. o. Professor an der Technischen Hochschule München

ISBN-13: 978-3-642-86412-4 e-ISBN-13: 978-3-642-86411-7
DOI: 10.1007/978-3-642-86411-7

Softcover reprint of the hardcover 1st edition 1970
Library of Congress Catalog Card Number 73-118681. Titel-Nr. 1678

Dem Andenken an

Sebastian Finsterwalder (1862 - 1951)

gewidmet

Vorwort

Im vorliegenden Buch werden wir uns mit der Differentialgeometrie der Kurven und Flächen im dreidimensionalen Raum beschäftigen [2, 7]. Wir werden dabei besonderes Gewicht darauf legen, einen "anschaulichen" Einblick in die differentialgeometrischen Begriffe und Sätze zu gewinnen. Zu diesem Zweck werden wir, soweit sich dies in naheliegender Weise ermöglichen läßt, den differentialgeometrischen Objekten elementargeometrische oder, wie wir dafür auch sagen wollen, differenzengeometrische Modelle gegenüberstellen und deren elementargeometrische Eigenschaften mit differentialgeometrischen Eigenschaften der Kurven und Flächen in Beziehung bringen. Wegen dieses methodischen Gesichtspunktes trägt das Buch den Titel "Differenzengeometrie".

Den ersten kräftigen Anstoß zu einer solchen "anschaulichen Differentialgeometrie" gab der Geometer Sebastian Finsterwalder (1892-1951) in seiner Schrift "Mechanische Beziehungen bei der Flächendeformation" [10]. Außerdem haben diese Art der Differentialgeometrie auch H. Graf [11, 13] und, in etwas anderer Weise, O. Baier [8, 9] gepflegt. Der Anteil von H. Graf ist sehr erheblich, wesentlich umfassender als er sich im Literaturverzeichnis nachweisen läßt.

Das I. Kapitel bringt zur Vorbereitung eine allgemeine Einführung in die Differentialgeometrie, wobei die differenzengeometrische Methode nur teilweise benützt wird. In vollem Umfang kommt diese erst in den beiden weiteren Kapiteln zur Geltung. Das II. Kapitel behandelt spezielle Flächen und zwar insbesondere Probleme der Verbiegungen (= längentreue stetige Deformationen) dieser Flächen. Den Gegenstand des III. Kapitels bildet die Theorie der sogenannten infinitesimalen Flächenverbiegung, wobei sich auch projektiv-geometrische Beziehungen ergeben werden.

München, Februar 1970 Robert Sauer

Inhaltsverzeichnis

I. ALLGEMEINE THEORIE

II. SPEZIELLE FLÄCHEN

III. INFINITESIMALE FLÄCHENVERBIEGUNG

Bezeichnungen und Symbole

$\mathfrak{x} = (x_1, x_2, x_3)$ = Vektor mit den rechtwinkeligen Koordinaten x_1, x_2, x_3

$\mathfrak{x}\mathfrak{y}$ (Skalarprodukt) $= x_1y_1 + x_2y_2 + x_3y_3$; $\mathfrak{x}^2 = \mathfrak{x}\mathfrak{x}$

$|\mathfrak{x}|$ (Betrag von $\mathfrak{x}$) $= \sqrt{\mathfrak{x}^2} = \sqrt{x_1^2 + x_2^2 + x_3^2}$

$\mathfrak{x} \times \mathfrak{y}$ (Vektorprodukt) $= (x_2y_3 - x_3y_2,\ x_3y_1 - x_1y_3,\ x_1y_2 - x_2y_1)$

$\langle \mathfrak{x}, \mathfrak{y}, \mathfrak{z} \rangle$ (dreifaches Skalarprodukt) $= \begin{vmatrix} x_1 & x_2 & x_3 \\ y_1 & y_2 & y_3 \\ z_1 & z_2 & z_3 \end{vmatrix}$

$\mathfrak{P}$ (Sechservektor) $= \{\mathfrak{p}, \overline{\mathfrak{p}}\} = (p_1, p_2, p_3, \overline{p}_1, \overline{p}_2, \overline{p}_3)$

$\mathfrak{P}\mathfrak{Q} = \mathfrak{p}\overline{\mathfrak{q}} + \overline{\mathfrak{p}}\mathfrak{q} = p_1\overline{q}_1 + p_2\overline{q}_2 + p_3\overline{q}_3 + \overline{p}_1q_1 + \overline{p}_2q_2 + \overline{p}_3q_3$

$\mathfrak{P}\mathfrak{P} = 2\,\mathfrak{p}\overline{\mathfrak{p}} = 2(p_1\overline{p}_1 + p_2\overline{p}_2 + p_3\overline{p}_3)$

Symbol ":=" für "bedeutet", z.B. $' := \frac{d}{ds}$, also $f' = \frac{df}{ds}$, $\mathfrak{x}' = \frac{d\mathfrak{x}}{ds}$ u. dgl.

"A > B" Symbol für "Aus A folgt B".

Formeln der Vektorrechnung

$\mathfrak{x}\mathfrak{y} = \mathfrak{y}\mathfrak{x}, \quad \mathfrak{x} \times \mathfrak{y} = -\mathfrak{y} \times \mathfrak{x}$

$$\langle \mathfrak{x}, \mathfrak{y}, \mathfrak{z} \rangle = \begin{cases} \mathfrak{x}(\mathfrak{y} \times \mathfrak{z}) = \mathfrak{y}(\mathfrak{z} \times \mathfrak{x}) = \mathfrak{z}(\mathfrak{x} \times \mathfrak{y}) = \\ (\mathfrak{x} \times \mathfrak{y})\mathfrak{z} = (\mathfrak{y} \times \mathfrak{z})\mathfrak{x} = (\mathfrak{z} \times \mathfrak{x})\mathfrak{y} \end{cases}$$

$$(\mathfrak{x} \times \mathfrak{y})(\mathfrak{u} \times \mathfrak{v}) = (\mathfrak{x}\mathfrak{u})(\mathfrak{y}\mathfrak{v}) - (\mathfrak{x}\mathfrak{v})(\mathfrak{y}\mathfrak{u})$$

$$(\mathfrak{x} \times \mathfrak{y})^2 = \mathfrak{x}^2\mathfrak{y}^2 - (\mathfrak{x}\mathfrak{y})^2$$

$$(\mathfrak{x} \times \mathfrak{y}) \times \mathfrak{z} = (\mathfrak{x}\mathfrak{z})\mathfrak{y} - (\mathfrak{y}\mathfrak{z})\mathfrak{x}, \qquad \mathfrak{z} \times (\mathfrak{x} \times \mathfrak{y}) = (\mathfrak{y}\mathfrak{z})\mathfrak{x} - (\mathfrak{x}\mathfrak{z})\mathfrak{y}$$

$$(\mathfrak{x} \times \mathfrak{y}) \times (\mathfrak{u} \times \mathfrak{v}) = \mathfrak{y}\langle \mathfrak{x}, \mathfrak{u}, \mathfrak{v} \rangle - \mathfrak{x}\langle \mathfrak{y}, \mathfrak{u}, \mathfrak{v} \rangle$$

I. Allgemeine Theorie

§ 1. Erläuterung der differenzengeometrischen Methode

Wir stellen zunächst die elementargeometrischen Modelle, die bei der differenzengeometrischen Behandlung der Differentialgeometrie der Kurven und Flächen im Folgenden verwendet werden, zusammen und erläutern anschließend die differenzengeometrische Methode an einfachen Beispielen.

1.1. Elementargeometrische Modelle.

Unter der differenzengeometrischen Methode verstehen wir folgendes Verfahren: Den differentialgeometrischen Begriffen und Sätzen in der Theorie der Kurven und Flächen werden elementargeometrische und trigonometrische Begriffe und Sätze für gewisse elementargeometrische Modelle gegenübergestellt; vgl. [28]. Wir werden diese Modelle in zweifacher Weise benützen, als Limes-Modelle und als heuristische Modelle. Im ersten Fall werden wir die Flächen bzw. Kurven durch die Modelle approximieren und dann durch einen Grenzprozeß von den Modellen zu Flächen bzw. Kurven übergehen. Im zweiten Fall dienen die Modelle lediglich dazu, um aus Eigenschaften der Modelle heuristische Hinweise auf analoge Eigenschaften der Flächen bzw. Kurven zu gewinnen. In jedem Fall bieten die Modelle, mag man sie als Limes-Modelle oder nur als heuristische Modelle verwenden, die Möglichkeit differentialgeometrische Beziehungen in ihrem Kern zu "veranschaulichen". Dabei genügt es, die Modelle nur als "Gedankenmodelle" zu benützen, ohne sie materiell zu realisieren.

Wenn man die Modelle nur als heuristische Modelle benützt, muß man den Übergang vom Modell zur Fläche jedesmal durch Verifizierung des betreffenden differentialgeometrischen Satzes ergänzen. In Ziff. 1.3 werden wir an einem Beispiel (Verknickungen von Dreiecksnetzen und Verbiegungen von Flächen) zeigen, daß man ohne eine solche Verifikation möglicherweise zu falschen Ergebnissen kommt.

Wir werden folgende Modelle verwenden:

(1) Polygone als Modelle für Kurven,

(2) Faltmodelle als Modelle für Torsen und Flächenstreifen,

(3) Stangenmodelle als Modelle für Regelflächen,

(4) Dreiecksnetze } als Modelle für Flächen,
(5) Vierecksnetze }

(6) Kreisringmodelle als Modelle für Dreh- und Schraubenflächen

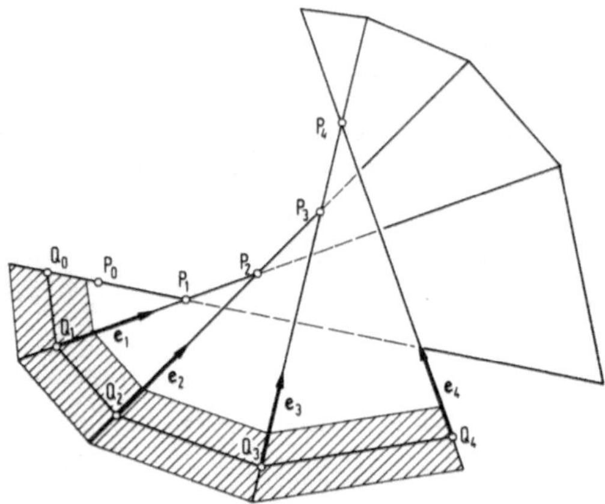

Fig. 1.1. Polygon und Faltmodell

Durch die Geraden, welche die Seiten eines Polygons $P_0P_1P_2P_3\ldots$ enthalten, ergänzt man das Polygon zu einem Faltmodell (Fig.1.1), indem man die beiden Scheitelwinkel zwischen je zwei aufeinanderfolgenden Geraden als ebene Streifen ausbildet. Das Faltmodell ist demnach eine aus ebenen Zwickeln zusammengesetzte Fläche mit zwei Mänteln, die an dem Polygon $P_0P_1P_2P_3\ldots$ als Rückkehrkante (Gratlinie) zusammenstoßen. Durch Faltung der einzelnen Zwickel um die jeweils gemeinsame Gerade läßt sich das Faltmodell verknicken. Es kann insbesondere zu einem ebenen Faltmodell verknickt oder mit anderen Worten in die Ebene abgewickelt werden; ein gewisser Bereich der Ebene wird dabei zweiblättrig (-unter Umständen auch mehrblättrig-) überdeckt.

Ein Stangenmodell (Fig. 1.2) besteht einer Folge von Geraden $g_1, g_2, g_3\ldots$, von denen wir annehmen, daß je zwei aufeinander folgende windschief seien. Wie bei einem Faltmodell aufeinander folgende Geraden durch dazwischen liegende ebene Zwickel starr verbunden sind, werden aufeinander folgende Geraden g_j, g_{j+1} eines Stangenmodells durch die gemeinsamen Lote $l_{j,j+1}$ in starrer Verbindung gehalten. Wenn je zwei aufeinander folgende Lote $l_{j-1,j}$ und $l_{j,j+1}$ ebenfalls windschief sind, sind die beiden Geradenfolgen g_j und $l_{j,j+1}$ in ihrer Bedeutung vertauschbar. Die Geradenfolge der $l_{j,j+1}$ kann aber in mannigfacher Weise entarten; beispielsweise besteht sie nur aus einer einzigen Geraden, wenn alle g_j ein gemeinsames Lot haben.

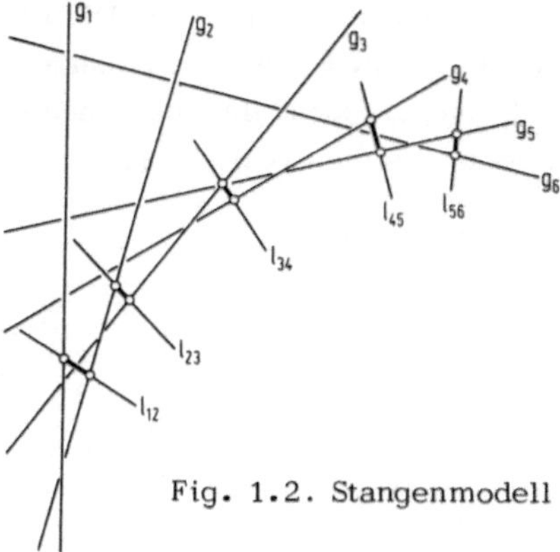

Fig. 1.2. Stangenmodell

Ein V i e r e c k s n e t z besteht aus m·n ebenen oder nicht ebenen Vierecken, die wie die Quadrate eines Schachbrettmusters angeordnet sind; zerlegt man die Vierecke durch die Diagonalen einer der beiden Scharen in jeweils zwei Dreiecke, so entsteht ein D r e i e c k s n e t z (Fig. 1.3). Wir bezeichnen die Vierecke bzw. Dreiecke des Netzes als M a s c h e n und die nicht am Rand liegenden Ecken der Vierecke bzw. Dreiecke als K n o t e n p u n k t e. Von jedem Knotenpunkt gehen dann 4 bzw. 6 Seiten des Netzes aus, die ein Vierkant bzw. Sechskant mit bestimmten Kantenlängen bilden. Wenn bei einer Deformation eines Vierecksnetzes die Maschen starr bleiben sollen, nennen wir die Deformation f l ä c h e n s t a r r, wenn die Vierkante starr bleiben soll, nennen wir sie e c k e n s t a r r. Die 2 bzw. 3 Scharen der Polygone eines Vierecks- bzw. Dreiecksnetzes nennen wir L e i t p o l y g o n e, die zwischen zwei aufeinanderfolgenden Leitpolygonen liegenden Streifen von Vierecken bzw. Dreiecken nennen wir L e i t s t r e i f e n des Netzes.

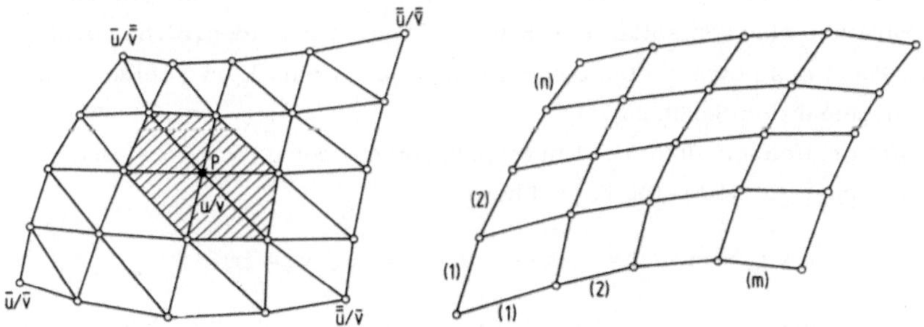

Fig. 1.3. Dreiecksnetz und Vierecksnetz

Ein K r e i s r i n g m o d e l l besteht aus einer Folge von Kreisringsektoren, die auch in ebene Streifen zwischen zwei parallelen Geraden entarten können. Aus solchen Kreisringsektoren lassen sich Drehflächen mit einem Polygon als Profilkurve aufbauen (Fig. 1.4). Die Drehfläche besteht dann aus Kegel- bzw. Zylinderzonen. Ebenso kann man aus den Kreisringsektoren auch Schraubenflächen erzeugen, die aus Zonen von Schraubenböschungsflächen zusammengesetzt sind (vgl. § 14).

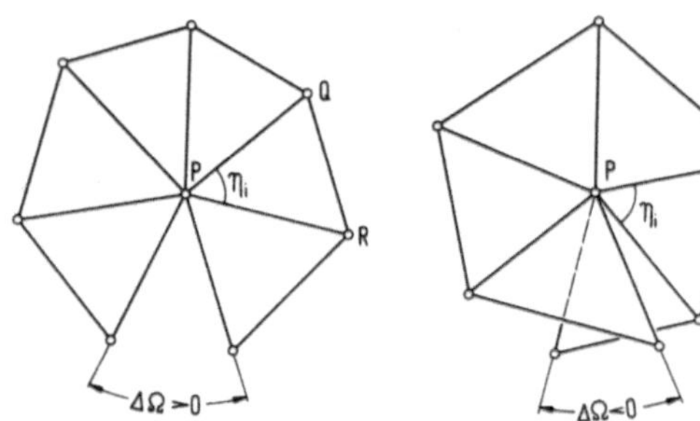

Fig. 1.5. Ebene Abwicklung eines aufgeschlitzten Sechskants

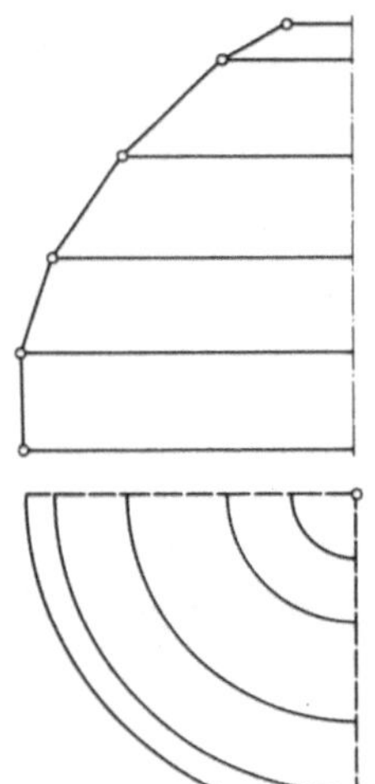

Fig. 1.4. Kreisringmodell einer Drehfläche

1.2 Sehnendreiecksnetze einer Fläche als Limesmodell; Krümmungsmaß.

Ein endlicher, einfach zusammenhängender Bereich einer Fläche $[\mathfrak{r}]$ sei durch die Parameterdarstellung gegeben

$$\mathfrak{r}\,(x,y,z) = \mathfrak{r}(u,v); \quad \bar{u} \le u \le \bar{\bar{u}}, \; \bar{v} \le v \le \bar{\bar{v}}. \tag{1.1}$$

$\mathfrak{r}$ ist der Ortsvektor der Flächenpunkte; Vektoren werden wir stets durch Frakturschrift hervorheben. Die vorkommenden Funktionen sollen die jeweils erforderlichen Steitgkeits- und Differenzierbarkeitseigenschaften haben. Die Parameterkurven sollen ein K u r v e n n e t z bilden, d.h. durch jeden Punkt des betrachteten Bereichs geht genau eine Kurve beider Scharen ohne gegenseitige Berühung.

Wir greifen aus den drei Kurvenscharen $u = \text{const}$, $v = \text{const}$ und $u + v = \text{const}$ die diskreten Folgen heraus

$$u = u_0 \pm m\varepsilon, \; v = v_0 \pm n\varepsilon, \; u + v = u_0 + v_0 + p\varepsilon. \tag{1.2}$$

(m,n,p = ganze Zahlen, M a s c h e n w e i t e $\varepsilon = \text{const} > 0$). Diese Kurven erzeugen dann ein i.a. krummliniges Dreiecksnetz und dessen Sehnen ein geradliniges Dreiecksnetz im Sinne der Ziff. 1.1. Wegen seiner Beziehung zur Fläche (1.1) nennen wir es Sehnendreiecksnetz dieser Fläche.

Wir können diese Sehnendreiecksnetze als Limes-Modelle benützen hinsichtlich des Grenzprozesses $\varepsilon \to 0$ bei festgehaltenen Parameterwerten u_0, v_0 eines Punktes P_0 der Fläche. Der Grenzprozess $\varepsilon \to 0$ führt zu einer unbegrenzten Verfeinerung der Sehnendreiecksnetze und dadurch, bei Festhaltung des Punktes P_0, zu einer immer besseren Approximation der vorgegebenen Fläche (1.1).

Zur Erläuterung für die Anwendung des Grenzprozesses zur Auffindung einer differentialgeometrischen Beziehung machen wir einen Vorgriff auf Ziff. 7.5:

Wir nehmen aus einem Sehnendreiecksnetz die 6 Dreiecke mit einem gemeinsamen Knotenpunkt P heraus (Fig. 1.5). Nicht nur P, sondern alle 7 Ecken dieser 6 Dreiecke sollen Knotenpunkte (-also nicht Randpunkte-) des Dreiecksnetzes sein. Dann schlitzen wir das von den 6 Dreiecken erzeugte Sechskant längs einer Kante auf und breiten es in die Ebene aus. Hierbei entsteht in der Ebene ein Schlitzwinkel

$$\Delta\Omega(P,\varepsilon) = 2\pi - \sum_{i=1}^{6} \eta_i(P), \tag{1.3}$$

wobei die $\eta_i(P)$ die 6 Dreieckswinkel am Knotenpunkt P sind. Je nachdem am Schlitz ein Spalt (Fig. 1.5 links) oder eine Überlappung (Fig. 1.5 rechts) vorliegt, haben wir $\Delta\Omega > 0$ bzw. $\Delta\Omega < 0$. Ist $3\,\Delta\tilde{f}(P,\varepsilon)$ der Flächeninhalt der 6 Dreiecke des Sechskants, so definieren wir

$$K_\varepsilon(P) = \frac{\Delta\Omega(P,\varepsilon)}{\Delta\tilde{f}(P,\varepsilon)} \tag{1.4}$$

als Krümmungsmaß des Dreiecksnetzes im Knotenpunkt P. Natürlich können wir diese Definition nicht nur auf Sehnendreiecksnetze sondern auch auf beliebige Dreiecksnetze anwenden. Daß bei der Definition (1.4) nur jeweils ein Drittel der Flächeninhalte der 6 Dreiecke eingeht, rührt daher, daß jedes dieser Dreiecke 3 Sechskanten angehört, also nur mit einem Drittel des Flächeninhalts dem Knotenpunkt P zugeordnet werden soll. Man wird daher jedes Dreieck P,Q,R durch seine Mittellinien in 3 flächengleiche Teile zerlegen (Fig. 1.6) und diese den 3 Knotenpunkten P,Q,R zuordnen.

Bei entsprechenden Differenzierbarkeits- und Stetigkeitsannahmen für die Funktion $\mathfrak{x}(u,v)$ strebt $K_\varepsilon(P)$ für $\varepsilon \to 0$ bei festgehaltenem P einem Grenzwert

$$(1.5) \qquad K(P) = \lim_{\varepsilon \to 0} K_\varepsilon(P)$$

zu, dem sogenannten K r ü m m u n g s m a ß (Gauss s c h e s K r ü m m u n g s m a ß) der Fläche im Punkt P(u,v). In Ziff. 7.2 werden wir den Grenzwert berechnen und dabei feststellen, daß er sowohl gegenüber Parametertransformationen als auch gegenüber V e r b i e g u n g e n (= stetigen längentreuen Deformationen) der Fläche invariant ist.

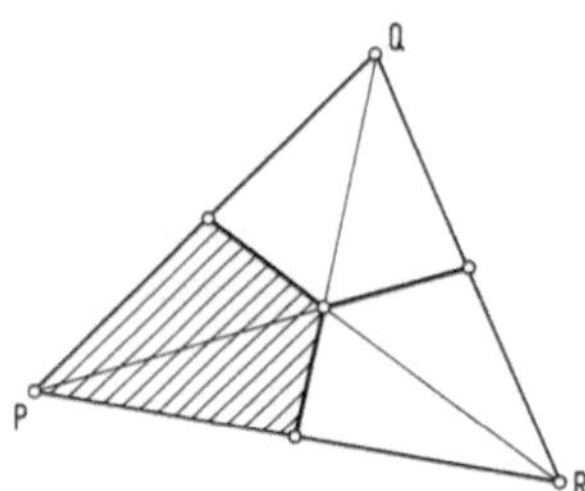

Fig. 1.6. Zerlegung eines Dreiecks in drei flächengleiche Teile

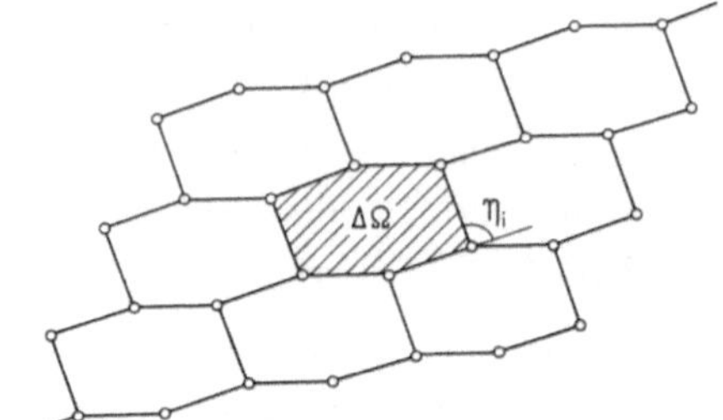

Fig. 1.7. Schematische Skizze des sphärischen Normalenbildes eines Dreiecksnetzes

1.3 Sphärisches Normalenbild eines Dreiecksnetzes. Wir leiten jetzt einen weiteren Satz für Dreiecksnetze her. Dabei bringen wir das Dreiecksnetz nicht als Sehnendreiecksnetz mit einer Fläche in Beziehung, benützen es also nicht als Limesmodell, sondern lediglich als heuristisches Modell. Später (vgl. Ziff. 7.5) werden wir diese Betrachtungen für Sehnendreiecksnetze als Limesmodell wieder aufgreifen.

Da ein Dreiecksnetz einfach zusammenhängend ist, kann man eine der beiden Seiten als p o s i t i v e S e i t e auszeichnen und dann auf der positiven Seite jeder Dreiecksmasche einen N o r m a l e n v e k t o r $\mathfrak{n}$ (Einheitsvektor) zuordnen. Durch die zu den Vektoren $\mathfrak{n}$ parallelen Radienvektoren einer Bildkugel (Einheitskugel) wird das s p h ä r i s c h e N o r m a l e n b i l d des Dreiecksnetzes definiert (Fig. 1.7). Den Sechskanten um die Knotenpunkte P des Dreiecksnetzes entsprechen im sphärischen Normalenbild sphärische Sechsecke. In der schematischen Skizze der Fig. 1.7 ist der Einfachheit halber vorausgesetzt, daß das Dreiecksnetz auf der positiven Seite an allen Kanten konvex ist. Dann ist nach Gl. (1.3) für jeden Knotenpunkt P der Spaltwinkel $\Delta\Omega$ und demnach auch das Krümmungsmaß K(P) positiv. Die sphärischen Sechsecke des Normalenbildes und die entsprechenden Sechskante des Dreiecksnetzes stehen in P o l a r b e z i e h u n g : Die Winkel η_i der Dreiecksmaschen am Knotenpunkt P sind gleich den Außenwinkeln des dem Knotenpunkt P zugeordneten sphärischen Sechsecks. Nach einem bekannten Satz der sphärischen Trigonometrie ist daher der in Gl. (1.3) definierte Spaltwinkel $\Delta\Omega(P)$ gleich dem Flächeninhalt des zugeordneten sphärischen Sechsecks. Die Summation über alle Knotenpunkte P, deren Anzahl gleich N sei, liefert daher als Flächeninhalt des gesamten sphärischen Bildes

$$\Omega = \sum_{P} \Delta\Omega\,(P) = 2N\pi - \sum_{P}\sum_{i=1}^{6} \eta_i(P); \tag{1.6}$$

der Summationsindex i bezieht sich auf die jeweils 6 Dreieckswinkel $\eta_i(P)$ an einem Knotenpunkt P.

Unter *Verknickungen* eines Dreiecksnetzes verstehen wir stetige Deformationen, bei denen alle Dreiecksmaschen starr bleiben, benachbarte Dreiecksmaschen aber um ihre gemeinsame Seite gegeneinander verdreht werden dürfen. Die Dreieckswinkel η_i bleiben hierbei erhalten, während die Keilwinkel der Ebenen benachbarter Dreiecksmaschen sich i.a. ändern. Da die Dreieckswinkel η_i nach (Gl. 1.6) den Flächeninhalt Ω festlegen, gilt folgender Verknickungssatz:

(1.7) Obwohl bei Verknickungen eines Dreiecksnetzes die Gestalt des sphärischen Normalenbildes sich ändert, bleibt der Flächeninhalt des sphärischen Normalenbildes ungeändert. Mit anderen Worten: Der Flächeninhalt des sphärischen Normalenbildes ist gegen Verknickungen eines Dreiecksnetzes invariant.

In Ziff. 7.5 werden wir den entsprechenden Satz für Flächen beweisen, wobei anstelle der *Verknickungen* der Dreiecksnetze *Verbiegungen* (= stetige längentreue Deformationen) der Flächen treten, Hinsichtlich des Satzes (1.7) führt also der "heuristische Schluß" von Verknickungen der Dreiecksnetze zu Verbiegungen der Flächen zu einem richtigen Resultat. Daß bei anderen Sätzen über Verknickungen ein solcher "heuristischer Schluß" unzulässig ist, sei an folgendem Beispiel deutlich gemacht (Fig. 1.8):

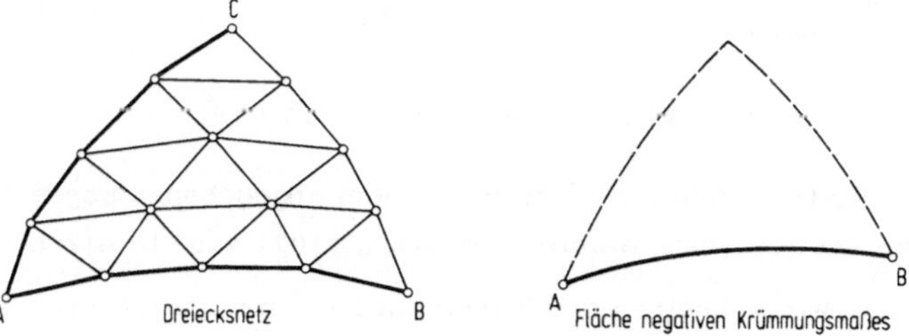

Fig. 1.8. Verknickungen von Dreiecksnetzen und Verbiegungen von Flächen

Ein Dreiecksnetz mit den Randpolygonen AB, BC und CA ist i.a. durch zwei dieser Polygone, etwa AB und AC, in seiner Gestalt festgelegt. Innerhalb gewisser Grenzen kann man die Randpolygone AB und AC unter Erhaltung der Längen der Polygonseiten deformieren und dazu das Dreiecksnetz ABC aus den vorgegebenen Dreiecksseiten jeweils eindeutig von Masche zu Masche konstruieren. Es gilt also der Satz:

(1.8) Für die Verknickungen eines Dreiecksnetzes ABC kann die Gestalt der Randpolygone AB und AC innerhalb gewisser Grenzen beliebig vorgeschrieben werden.

Für die Verbiegungen der Flächen gilt kein analoger Satz. So gilt vielmehr für Flächen negativen Krümmungsmaßes (vgl. Ziff. 7.2) und die auf ihnen liegenden Schmieglinien (vgl. Ziff. 9.5) folgender zu Satz (1.8) nicht analoge Satz:

(1.9) Die Verbiegung einer Fläche negativen Krümmungsmaßes ist durch Vorgabe einer im wesentlichen beliebigen Randkurve AB festgelegt und zwar in einer Umgebung dieser Kurve, die von Schmieglinien begrenzt wird, die von den Punkten A und B ausgehen.

Nach diesen beiden Sätzen haben die Dreiecksnetze bei den Verknikkungen einen größeren "Freiheitsgrad" als die Flächen bei den Verbiegungen. In Ziff. 15.6 werden wir auf Satz (1.9) bei der Untersuchungen infinitesimaler Verbiegungen von Flächen zurückkommen.

§ 2. Raumkurven

Das einfachste differenzengeometrische Modell sind die Polygone. Wir verwenden sie als Limesmodell für die Differentialgeometrie der Raumkurven.

2.1 Bogenlänge. Vorgegeben ist eine Raumkurve $[\mathfrak{r}]$ in der Parameterdarstellung des Ortsvektors

$$(2.1) \qquad \mathfrak{r} = (x,y,z) = \mathfrak{r}(u), \quad \overline{u} \le u \le \overline{\overline{u}}.$$

Die Funktionen $x(u)$, $y(u)$, $z(u)$ sollen in dem angegebenen abgeschlossenen Intervall stetige erste Ableitungen $\dot{x}(u)$, $\dot{y}(u)$, $\dot{z}(u)$ besitzen ($\dot{x} = \frac{dx}{du}$ usw.). Wir schreiben der Kurve ein Sehnenpolygon ein, dessen Ecken durch die Parameterwerte

$$u_0 = \bar{u},\ u_1 = \bar{u} + \varepsilon,\ \dots,\ u_j = \bar{u} + j\varepsilon,\ \dots,\ u_N = \bar{\bar{u}}(\varepsilon > 0,\ N\varepsilon = \bar{\bar{u}} - \bar{u})$$

festgelegt sind. Die Länge s_ε (= Summe der Seitenlängen) dieses Polygons ist

$$s_\varepsilon = \sum_{j=1}^{N} \sqrt{(\mathfrak{r}_j - \mathfrak{r}_{j-1})^2} = \sum_{j=1}^{N} \sqrt{(x_j - x_{j-1})^2 + (y_j - y_{j-1})^2 + (z_j - z_{j-1})^2}\,, \tag{2.2}$$

wobei $\mathfrak{r}_j = \mathfrak{r}(u_j)$ bedeutet. Beim Grenzprozess $\varepsilon \to 0$, also bei fortgesetzter Verfeinerung der Sehnenpolygone, strebt s_ε mit $N \to \infty$ also bei fortgesetzter Verfeinerung der Sehnenpolygone, strebt s_ε mit $N \to \infty$ gegen den Grenzwert

$$s(\bar{u}, \bar{\bar{u}}) = \lim_{\varepsilon \to 0} s_\varepsilon = \int_{u=\bar{u}}^{\bar{\bar{u}}} \sqrt{\dot{\mathfrak{r}}^2(u)}\,du = \int_{u=\bar{u}}^{\bar{\bar{u}}} \sqrt{\dot{x}^2(u) + \dot{y}^2(u) + \dot{z}^2(u)}\,du. \tag{2.3}$$

Wir bezeichnen $s(\bar{u}, \bar{\bar{u}})$ als B o g e n l ä n g e d e r K u r v e im abgeschlossenen Intervall $[\bar{u}, \bar{\bar{u}}]$. Skalarprodukte zweier Vektoren $\mathfrak{a}, \mathfrak{b}$ bezeichnen wir mit $\mathfrak{a}\mathfrak{b}$, Vektorprodukte mit $\mathfrak{a} \times \mathfrak{b}$. Für das Skalarprodukt $\mathfrak{a}\mathfrak{a}$ schreiben wir auch kurz $\mathfrak{a}^2$. Daher bedeutet $\dot{\mathfrak{r}}^2$ das Skalarprodukt $\dot{\mathfrak{r}}\dot{\mathfrak{r}}$.

D u r c h f ü h r u n g d e s G r e n z p r o z e s s e s $\varepsilon \to 0$: Wegen der gleichmäßigen Stetigkeit der Ableitungen von $\mathfrak{r}(u)$ ist nach dem Mittelwertsatz der Differentialrechnung

$$s_\varepsilon = \varepsilon \sum_{j=1}^{N} \sqrt{\dot{x}^2\big(u_j^{(1)}\big) + \dot{y}^2\big(u_j^{(2)}\big) + \dot{z}^2\big(u_j^{(3)}\big)}\ ;$$

dabei sind $u_j^{(1)}$, $u_j^{(2)}$, $u_j^{(3)}$ Werte im offenen Intervall $u_{j-1} < u < u_j$. Wir ersetzen diese drei Mittelwerte durch irgend einen gemeinsamen Mittelwert u_j und haben dann

$$\sqrt{\dot{x}^2\big(u_j^{(1)}\big) + \dots} - \sqrt{\dot{x}^2(u_j) + \dot{y}^2(u_j) + \dot{z}^2(u_j)}$$
$$= \frac{\big[\dot{x}\big(u_j^{(1)}\big) - \dot{x}(u_j)\big]\big[\dot{x}\big(u_j^{(1)}\big) + \dot{x}(u_j)\big] + \dots}{\sqrt{\dot{x}^2\big(u_j^{(1)}\big) + \dots} + \sqrt{\dot{x}^2(u_j) + \dot{y}^2(u_j) + \dot{z}^2(u_j)}}\,.$$

Die Punkte sollen darauf hinweisen, daß jeweils noch 2 weitere Glieder folgen, die sich aus dem hingeschriebenen Glied durch Vertauschung von x mit y bzw. z und des oberen Index 1 mit 2 bzw. 3 ergeben. Man kann dann ε so klein wählen, daß wegen der gleichmäßigen Stetigkeit von $\dot{x}(u)$, $\dot{y}(u)$, $\dot{z}(u)$ durchwegs

$$|\dot{x}(u_j^{(1)}) - (u_j)| < \eta, \; |\dot{y}(u_j^{(2)}) - \dot{y}(u_j)| < \eta, \; |\dot{z}(u_j^{(3)}) - \dot{z}(u_j)| < \eta$$

gilt, wobei η eine beliebig kleine positive Zahl ist. Wegen

$$\frac{\left|\dot{x}(u_j^{(1)}) + \dot{x}(u_j)\right|}{\sqrt{\dot{x}^2(u_j^{(1)}) + \ldots} + \sqrt{\dot{x}^2(u_j) + \dot{y}^2(u_j) + \dot{z}^2(u_j)}} \leq 1$$

und derselben Ungleichung für y und z hat man

$$\left|\sqrt{\dot{x}(u_j^{(1)}) + \ldots} - \sqrt{\dot{x}^2(u_j) + \dot{y}^2(u_j) + \dot{z}^2(u_j)}\right| \leq |\dot{x}(u_j^{(1)}) - \dot{x}(u_j)| + \ldots < 3\eta.$$

Daraus folgt dann

$$s_\varepsilon - \varepsilon \sum_{j=1}^{N} \sqrt{\dot{x}^2(u_j) + \dot{y}^2(u_j) + \dot{z}^2(u_j)} \leq 3\eta(\bar{\bar{u}} - \bar{u}) \qquad (\bar{\bar{u}} - \bar{u} = N\varepsilon)$$

und mit $\varepsilon \to 0$ und $\eta \to 0$ erhält man den Grenzwert (2.3).

Derselbe Grenzwert $s(\bar{u}, \bar{\bar{u}})$ würde sich mit derselben Begründung ergeben, wenn wir das Intervall $\bar{u} \leq u \leq \bar{\bar{u}}$ nicht durch gleiche Teilintervalle $\varepsilon = \frac{1}{N}(\bar{\bar{u}} - \bar{u})$, sondern durch beliebige Teilintervalle $u_j - u_{j-1}$ mit der Nebenbedingung $|u_j - u_{j-1}| < \varepsilon$ zerlegt hätten. Ferner sei hervorgehoben, daß der Grenzwert $s(\bar{u}, \bar{\bar{u}})$ auch gegen beliebige Parametersubstitutionen $u = u(u^*)$ mit stetiger erster Ableitung invariant ist, was unmittelbar aus

$$\frac{d\mathfrak{r}}{du}\,du = \frac{d\mathfrak{r}}{du^*}\,du^*$$

folgt. Wir werden stets eine Parameterverteilung mit $\dot{\mathfrak{r}} \neq 0$, also $\dot{\mathfrak{r}}^2 > 0$ voraussetzen.

Wenn wir in Gl. (2.3) bei Festhaltung der unteren Grenze die obere Grenze durch u aus dem abgeschlossenen Intervall $[\bar{u}, \bar{\bar{u}}]$ ersetzen, ist die Bogenlänge

$$(2.4) \qquad s(\bar{u}, u) = \int_{\bar{u}}^{u} \sqrt{\dot{\mathfrak{r}}^2(t)}\,dt = \int_{\bar{u}}^{u} \sqrt{\dot{x}^2(t) + \dot{y}^2(t) + \dot{z}^2(t)}\,dt$$

eine mit u monoton wachsende Funktion der oberen Grenze. Wählen wir dann diese Bogenlänge s selbst als Kurvenparameter $u = s$, dann ist

$$(2.5) \qquad \frac{ds}{du} = 1, \text{ d.h. } \mathfrak{r}'^2(s) = x'^2(s) + y'^2(s) + z'^2(s) = 1.$$

Wie hier werden wir mit $\dot{}$ stets die Ableitung nach irgend einem Parameter, mit $'$ die Ableitung nach der Bogenlänge s bezeichnen $\left(\dot{} : = \frac{d}{dt}, \; ' : = \frac{d}{ds}\right)$.

Das Differential

$$ds = |d\mathfrak{r}| = \sqrt{\dot{\mathfrak{r}}^2(t)}\, dt \tag{2.6}$$

nennen wir das L i n i e n e l e m e n t der Kurve (2.1).

2.2 Begleitendes Dreibein. Jedem Knotenpunkt P_j ($j = 1, 2, \ldots, N-1$) eines Sehnenpolygons ordnen wir als b e g l e i t e n d e s D r e i b e i n folgende 3 zueinander senkrechte Einheitsvektoren zu (Fig. 2.1 links):

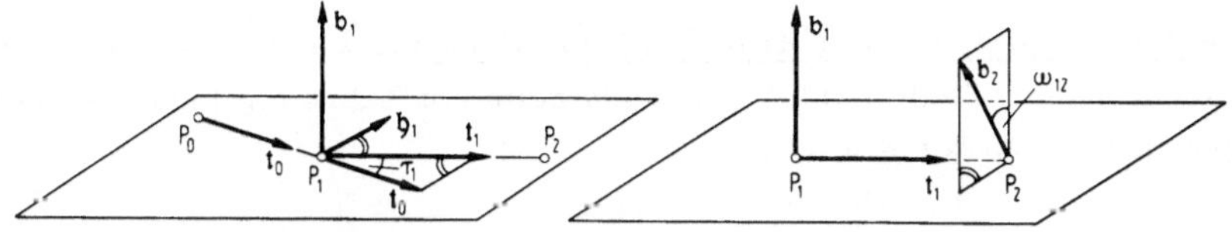

Fig. 2.1. Begleitendes Dreibein eines Sehnenpolygons

$\mathfrak{t}_j$ = Einheitsvektor in Richtung vom Punkt P_j zum Punkt P_{j+1},

$\mathfrak{h}_j$ = Einheitsvektor senkrecht zu $\mathfrak{t}_j$ in der von der Geraden $P_{j-1}P_j$ begrenzten Halbebene, in welcher der Punkt P_{j+1} liegt. Wenn P_{j-1}, P_j, P_{j+1} auf einer Geraden liegen, ist $\mathfrak{h}_j$ irgend ein zu $\mathfrak{t}_j$ senkrechter Vektor.

$\mathfrak{b}_j$ = Einheitsvektor senkrecht zur Ebene $\{\mathfrak{t}_j, \mathfrak{h}_j\}$ und so orientiert, daß $\mathfrak{t}_j$, $\mathfrak{h}_j$, $\mathfrak{b}_j$ in dieser Reihenfolge ein Rechtssystem bilden.

Wir bezeichnen diese drei Einheitsvektoren als

T a n g e n t e $\mathfrak{t}_j$, H a u p t n o r m a l e $\mathfrak{h}_j$ und B i n o r m a l e $\mathfrak{b}_j$,

die von ihnen aufgespannten Ebenen als

S c h m i e g e b e n e $\{\mathfrak{t}_j, \mathfrak{h}_j\}$, N o r m a l e b e n e $\{\mathfrak{h}_j, \mathfrak{b}_j\}$,

r e k t i f i z i e r e n d e E b e n e $\{\mathfrak{b}_j, \mathfrak{t}_j\}$.

Beim Grenzprozess $\varepsilon \to 0$ geht das begleitende Dreibein der Sehnenpolygone in eine Grenzlage über, das b e g l e i t e n d e D r e i b e i n d e r K u r v e im Punkt u. Die Bezeichnungen T a n g e n t e, S c h m i e g e b e n e usw. behalten wir für das begleitende Dreibein der Kurve bei. Aus

$$\mathfrak{t}_j = \frac{\mathfrak{r}(u_{j+1}) - \mathfrak{r}(u_j)}{|\mathfrak{r}(u_{j+1}) - \mathfrak{r}(u_j)|}$$

ergibt sich beim Grenzprozess $\varepsilon \to 0$ für die Tangente der Kurve im Punkt u

$$(2.7) \qquad \mathfrak{t} = \frac{\mathring{\mathfrak{x}}(u)}{|\mathring{\mathfrak{x}}(u)|} = \mathfrak{x}'(s).$$

Die Vektoren $\mathfrak{h}$ und $\mathfrak{b}$ werden wir in Ziff. 2.3 berechnen.

$\mathfrak{t}, \mathfrak{h}, \mathfrak{b}$ erfüllen die Orthogonalitätsbeziehungen

$$\mathfrak{t}\mathfrak{t} = \mathfrak{h}\mathfrak{h} = \mathfrak{b}\mathfrak{b} = 1, \quad \mathfrak{h}\mathfrak{b} = \mathfrak{b}\mathfrak{t} = \mathfrak{t}\mathfrak{h} = 0, \quad \mathfrak{h} \times \mathfrak{b} = \mathfrak{t}, \quad \mathfrak{b} \times \mathfrak{t} = \mathfrak{h}, \quad \mathfrak{t} \times \mathfrak{h} = \mathfrak{b}.$$

2.3 Ableitungsgleichungen; Krümmung und Windung. Wir untersuchen jetzt die Änderung des begleitenden Dreibeins beim Fortschreiten längs der Sehnenpolygone bzw. der Kurve.

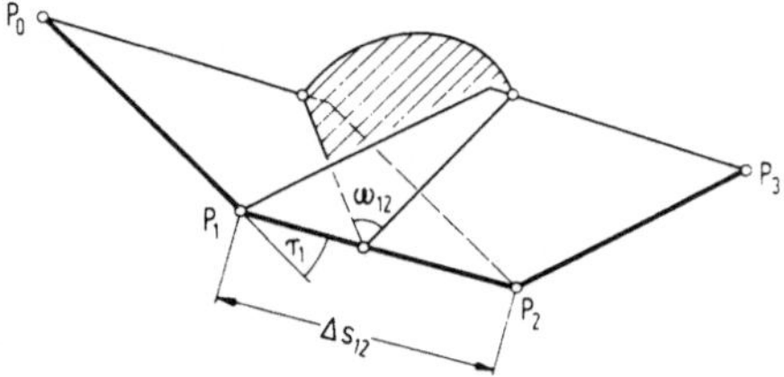

Fig. 2.2. Krümmung und Windung eines Polygons

Bei den Sehnenpolygonen bezeichnen wir mit $\tau_j \geq 0$ den (-bei hinreichend kleinem ε stets spitzen-) Winkel der Vektoren $\mathfrak{t}_{j-1}$ und $\mathfrak{t}_j$ im Knotenpunkt P_j (Fig. 2.1 links) und mit $\omega_{j,j+1} \gtrless 0$ den (-bei hinreichend kleinem ε stets spitzen-) Winkel der beiden Schmiegebenen $\{P_{j-1}, P_j, P_{j+1}\}$ und $\{P_j, P_{j+1}, P_{j+2}\}$ (Fig. 2.2). Die Winkel τ_j nennen wir Krümmungswinkel, sie geben die Abweichung des Polygonzuges $P_{j-1} P_j P_{j+1}$ von der Geraden an. Die Winkel $\omega_{j,j+1}$ nennen wir Windungswinkel, sie geben die Abweichung des Polygonzuges $P_{j-1} P_j P_{j+1} P_{j+2}$ von der Ebene an. Außerdem definieren wir

$$(2.8) \qquad \begin{aligned} k_j &= \frac{\sin \tau_j}{\Delta s_{j,j+1}} && \text{als Krümmung an der Polygonecke } P_j, \\ w_{j,j+1} &= \frac{\sin \omega_{j,j+1}}{\Delta s_{j,j+1}} && \text{als Windung längs der Polygonseite } P_{j,j+1}. \end{aligned}$$

$\Delta s_{j,j+1}$ ist die Länge der Polygonseite $P_j P_{j+1}$. Der Winkel τ_j und die Krümmung ist nicht-negativ, der Winkel $\omega_{j,j+1}$ und die Windung $w_{j,j+1}$ dagegen sind mit Vorzeichen definiert. $\omega_{j,j+1}$ ist positiv ⟨negativ⟩, wenn die Fortschreitung von P_j nach P_{j+1} und die damit verknüpfte Drehung der Schmiegebene eine Rechtsschranke ⟨Linksschranke⟩ bildet. Die Geraden sind durch $\tau_j = 0$, also $k_j = 0$, die ebenen Polygone durch $\omega_{j,j+1} = 0$, also $w_{j,j+1} = 0$ gekennzeichnet.

Wir betrachten jetzt aufeinanderfolgende Vektoren $\mathfrak{t}_j$ und $\mathfrak{b}_j$ und entnehmen aus Fig. 2.1, links und rechts, folgende Beziehungen:

$$\mathfrak{t}_1 - \mathfrak{t}_0 = \mathfrak{t}_1(1 - \cos\tau_1) + \mathfrak{h}_1 \sin\tau_1,$$

$$\mathfrak{b}_2 - \mathfrak{b}_1 = \mathfrak{b}_1(\cos\omega_{12} - 1) - \mathfrak{h}_1 \sin\omega_{12}.$$

Nach Division durch Δs_{12} kommt

$$(2.9)\qquad \begin{aligned} \frac{\mathfrak{t}_1 - \mathfrak{t}_0}{\Delta s_{12}} &= \mathfrak{t}_1 \frac{(1 - \cos\tau_1)}{\Delta s_{12}} + \mathfrak{h}_1 k_1, \\ \frac{\mathfrak{b}_2 - \mathfrak{b}_1}{\Delta s_{12}} &= \mathfrak{b}_1 \frac{(\cos\omega_{12} - 1)}{\Delta s_{12}} - \mathfrak{h}_1 w_{12}. \end{aligned}$$

Beim Übergang zur Kurve mit dem Grenzprozess $\varepsilon \to 0$ streben k_j und $w_{j,j+1}$ gegen Grenzwerte $k(s)$ und $w(s)$, die wir als K r ü m m u n g und W i n d u n g d e r K u r v e im Punkt s bezeichnen. Wegen

$$\frac{1-\cos\tau_1}{\Delta s_{12}} = \tan\frac{\tau_1}{2} \cdot \frac{\sin\tau_1}{\Delta s_{12}} = \tan\frac{\tau_1}{2} \cdot k_1 \to 0 \quad \text{und ebenso}$$

$$\frac{\cos\omega_{12}-1}{\Delta s_{12}} = -\tan\frac{\omega_{12}}{2} \cdot w_1 \to 0$$

erhält man aus den Gleichungen (2.9) die A b l e i t u n g s g l e i c h u n g e n d e r K u r v e n t h e o r i e

$$(2.10)\qquad \begin{aligned} \frac{d^2\mathfrak{x}}{ds^2} = \frac{d\mathfrak{t}}{ds} &= \ * \qquad k\mathfrak{h} \qquad *, \\ \frac{d\mathfrak{h}}{ds} &= -k\mathfrak{t} \qquad * \qquad +w\mathfrak{b}, \quad \text{⟨Frenetsche Formeln⟩} \\ \frac{d\mathfrak{b}}{ds} &= \ * \qquad -w\mathfrak{h} \qquad *. \end{aligned}$$

Die Koeffizienten der rechten Seiten bilden auf Grund der Orthogonalitätsbedingungen für $\mathfrak{t}, \mathfrak{h}, \mathfrak{b}$ eine schief-symmetrische Matrix $(a_{ik} = -a_{ki})$. Die mittlere Gleichung ist eine Folge der beiden übrigen; man hat nämlich

$$\frac{d\mathfrak{h}}{ds} = \frac{d}{ds}(\mathfrak{b} \times \mathfrak{t}) = \frac{d\mathfrak{b}}{ds} \times \mathfrak{t} + \mathfrak{b} \times \frac{d\mathfrak{t}}{ds} = w\mathfrak{b} - k\mathfrak{t}.$$

Die Krümmung k und Windung w ergeben sich aus der Parameterdarstellung $\mathfrak{r}(s)$ der Kurve folgendermaßen:

$$(2.11) \qquad k = |\mathfrak{r}''|, \quad w = \frac{\langle \mathfrak{r}', \mathfrak{r}'', \mathfrak{r}''' \rangle}{\mathfrak{r}''^2} = \frac{1}{k^2} \langle \mathfrak{r}', \mathfrak{r}'', \mathfrak{r}''' \rangle.$$

Der Klammerausdruck $\langle \mathfrak{v}_1, \mathfrak{v}_2, \mathfrak{v}_3 \rangle$ bedeutet das dreifache Skalarprodukt

$$\langle \mathfrak{v}_1, \mathfrak{v}_2, \mathfrak{v}_3 \rangle = \mathfrak{v}_1(\mathfrak{v}_2 \times \mathfrak{v}_3) = \mathfrak{v}_2(\mathfrak{v}_3 \times \mathfrak{v}_1) = \mathfrak{v}_3(\mathfrak{v}_1 \times \mathfrak{v}_2);$$

er ändert bei zyklischer Vertauschung der 3 Faktoren seinen Wert nicht, bei nicht-zyklischer Vertauschung ändert er sein Vorzeichen.
Die erste der Gln. (2.11) folgt wegen $\mathfrak{t} = \mathfrak{r}'$ unmittelbar aus der ersten Gl. (2.10). Aus den drei Gln. (2.10) erhält man außerdem

$$w = -\mathfrak{h}\mathfrak{b}', \quad \mathfrak{h} = \frac{1}{k}\mathfrak{r}'', \quad \mathfrak{b} = \mathfrak{t} \times \mathfrak{h} = \frac{1}{k}(\mathfrak{r}' \times \mathfrak{r}''),$$

$$\mathfrak{b}' = -\frac{k'}{k^2}(\mathfrak{r}' \times \mathfrak{r}'') + \frac{1}{k}(\mathfrak{r}' \times \mathfrak{r}''')$$

und schließlich

$$w = -\mathfrak{h}\mathfrak{b}' = \frac{1}{k^2} \langle \mathfrak{r}', \mathfrak{r}'', \mathfrak{r}''' \rangle,$$

womit die zweite der Gln. (2.11) bewiesen ist.

Benützt man anstelle der Bogenlänge s einen beliebigen Parameter u, dann erkennt man wegen

$$\mathfrak{r}' = \frac{\dot{\mathfrak{r}}}{|\dot{\mathfrak{r}}|}, \quad \mathfrak{r}'' = \frac{\ddot{\mathfrak{r}}}{|\dot{\mathfrak{r}}|^2} - \frac{(\dot{\mathfrak{r}}\ddot{\mathfrak{r}})\dot{\mathfrak{r}}}{|\dot{\mathfrak{r}}|^4}, \quad \mathfrak{r}''' = \frac{\dddot{\mathfrak{r}}}{|\dot{\mathfrak{r}}|^3} + \dots,$$

daß die Schmiegebene, die durch $\mathfrak{t} = \mathfrak{r}'$ und $\mathfrak{h} = \frac{1}{k}\mathfrak{r}''$ festgelegt ist, von den Vektoren $\dot{\mathfrak{r}}$ und $\ddot{\mathfrak{r}}$ aufgespannt wird. Außerdem erhält man aus den Gln. (2.11) nach einfacher Rechnung

$$(2.12) \qquad k^2 = \frac{\dot{\mathfrak{r}}^2\ddot{\mathfrak{r}}^2 - (\dot{\mathfrak{r}}\ddot{\mathfrak{r}})^2}{|\dot{\mathfrak{r}}|^6} = \frac{(\dot{\mathfrak{r}} \times \ddot{\mathfrak{r}})^2}{|\dot{\mathfrak{r}}|^6}, \qquad w = \frac{\langle \dot{\mathfrak{r}}, \ddot{\mathfrak{r}}, \dddot{\mathfrak{r}} \rangle}{(\dot{\mathfrak{r}} \times \ddot{\mathfrak{r}})^2}.$$

Dabei ist von der Formel der Vektoralgebra

$$(2.13) \qquad (\mathfrak{a} \times \mathfrak{b})(\mathfrak{p} \times \mathfrak{q}) = (\mathfrak{a}\mathfrak{p})(\mathfrak{b}\mathfrak{q}) - (\mathfrak{a}\mathfrak{q})(\mathfrak{b}\mathfrak{p}), \text{ als insbesondere } (\mathfrak{a} \times \mathfrak{b})^2 = \mathfrak{a}^2\mathfrak{b}^2 - (\mathfrak{a}\mathfrak{b})^2$$

Gebrauch macht.

Da die Bogenlänge s gegen Parametersubstitutionen invariant ist, gilt nach den Gln. (2.11) dasselbe für die Krümmung k und die Windung w. Der Kehrwert der Krümmung

(2.14) $r = \frac{1}{k}$

heißt K r ü m m u n g s r a d i u s der Kurve. Der die Kurve im Punkt $\mathfrak{r}$ berührende Kreis, dessen Mittelpunkt durch den Ortsvektor $\mathfrak{r} + r\mathfrak{h}$ gegeben ist, heißt K r ü m m u n g s k r e i s. Er liegt in der Schmiegebene des Punktes $\mathfrak{r}$ und hat r als Radius. Sein Mittelpunkt (K r ü m m u n g s m i t t e l p u n k t) liegt auf der Hauptnormale und zwar in ihrer positiven Richtung. Differenzengeometrisch ergibt er sich beim Grenzprozess $\varepsilon \to 0$ aus dem Kreis durch 3 aufeinanderfolgende Punkte P_{j-1}, P_j, P_{j+1} des Sehnenpolygons bei Festhaltung etwa des Punktes P_j. Bei Kurvenpunkten mit $k = 0$ $(r = \infty)$ entartet der Krümmungskreis in eine Gerade; die Schmiegebene ist in diedem Fall nicht definiert.

2.4. Folgerungen aus den Ableitungsgleichungen. Die erste und die letzte der Gln. (2.10) geben Anlaß zu einer neuen Definition der Krümmung und Windung: Trägt man $\mathfrak{t}(s)$ und $\mathfrak{b}(s)$ als Ortsvektoren von einem festen Anfangspunkt 0 aus auf, so werden auf der Einheitskugel um 0 als Bildkugel zwei Kurven definiert, die man als s p h ä r i s c h e s T a n g e n t e n b i l d bzw. B i n o r m a l e n b i l d der gegebenen Raumkurve $[\mathfrak{r}]$ bezeichnet. Die Tangenten dieser sphärischen Bilder, deren Richtung durch $d\mathfrak{t}$ bzw. $d\mathfrak{b}$ gegeben ist, sind nach den Gl. (2.10) parallel zu $\pm\,\mathfrak{h}$, also senkrecht zu den Tangenten $\mathfrak{t}$ der Raumkurve. $|d\mathfrak{t}|$ und $|d\mathfrak{b}|$ sind die Linienelemente der beiden sphärischen Bilder. Infolgedessen gilt

$$\begin{aligned} k(s) &= \left|\frac{d\mathfrak{t}}{ds}\right| = \lim_{s\to 0}\left(\frac{\text{Bogenlänge des Tangentenbildes}}{\text{Bogenlänge s der Kurve}}\right), \\ |w(s)| &= \left|\frac{d\mathfrak{b}}{ds}\right| = \lim_{s\to 0}\left(\frac{\text{Bogenlänge des Binormalenbildes}}{\text{Bogenlänge s der Kurve}}\right). \end{aligned} \qquad (2.15)$$

Diese neuen Definitionen für die Krümmung und den Betrag der Windung einer Raumkurve sind analog der Difinition des Krümmungsmaßes einer Fläche durch die Gln. (1.4) und (1.5).

Die Gln. (2.1o) geben auch Aufschluß über das Verhalten der Projektionen einer Raumkurve in den drei Ebenen des begleitenden Dreibeins für die Umgebung des betreffenden Kurvenpunktes (k a n o n i s c h e P r o j e k t i o n e n):

Wir betrachten zunächst die entsprechenden Projektionen für ein Sehnenpolygon (Fig. 2.3). Dabei nehmen wir an, daß die Krümmungswinkel τ_j nicht verschwinden und die Windungswinkel $\omega_{j,j+1}$ positiv sind. Die S c h m i e g e b e n e $P_1P_2P_3$ sei als Grundrißebene, die zu P_2P_3 senkrechte Ebene (N o r m a l e b e n e) sei als Querrißebene und die über P_2P_3

senkrecht zur Grundrißebene errichtete Ebene (r e k t i f i z i e r e n d e E b e n e) sei als Aufrißebene gewählt. Fig 2.3 gibt uns einen heuristischen Hinweis auf folgende Eigenschaften der kanonischen Projektionen einer Raumkurve (Fig. 2.4):

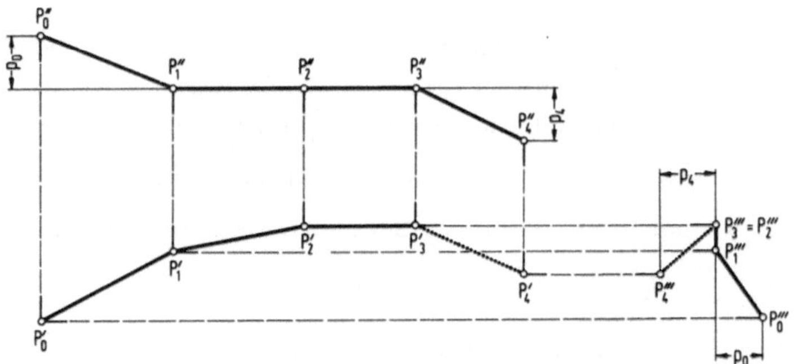

Fig. 2.3. Kanonische Projektionen eines Sehnenpolygons

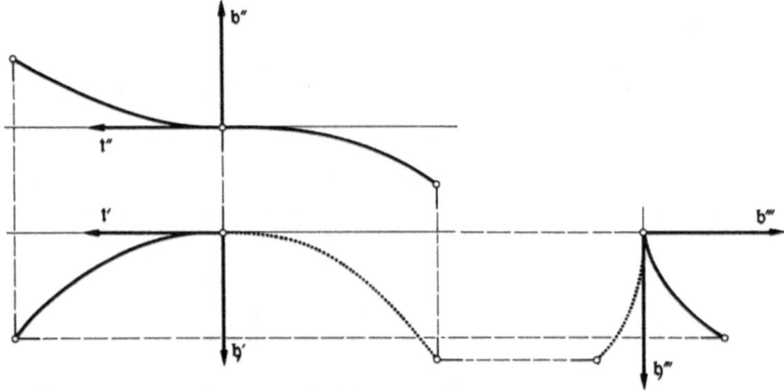

Fig. 2.4. Kanonische Projektionen einer Raumkurve

(2.16) Die Schmiegebene wird von der Kurve im Punkt s = 0 durchsetzt und zwar im Sinne einer Rechts- bzw. Linksschraube für $w(0) \gtrless 0$. Die Projektion in der Normalebene hat im Punkt s = 0 einen Rückkehrpunkt, die Projektion in der rektifizierenden Ebene hat im Punkt s = 0 einen Wendepunkt. Dabei ist angenommen, daß $k(0)$, $k'(0)$ und $w(0)$ nicht verschwinden.

Beim B e w e i s dieses Satzes legen wir $\mathfrak{t}$, $\mathfrak{h}$, und $\mathfrak{b}$ in die Achsen eines x, y, z-Koordinatensystems, dessen Nullpunkt mit dem Kurvenpunkt s = 0 zusammenfällt. Dann liefert der Ansatz

$$\mathfrak{x}(s) = \mathfrak{x}'(0)s + \frac{1}{2}\mathfrak{x}''(0)s^2 + \frac{1}{6}\mathfrak{x}'''(0)s^3 + \dots,$$
$$\mathfrak{x}'(0) = \mathfrak{t}(0) = (1,0,0),\ \mathfrak{x}''(0) = \mathfrak{t}'(0) = k(0)\mathfrak{h}(0) = (0,k(0),0),$$
$$\mathfrak{x}'''(0) = -k^2(0)\mathfrak{t}(0)+k'(0)\mathfrak{h}(0)+k(0)w(0)\mathfrak{b}(0) =$$
$$= (-k^2(0),\ k'(0),\ k(0)w(0))$$

bei entsprechenden Differenzierbarkeitsvoraussetzungen sogleich die *kanonische Entwicklung*

$$\begin{aligned} x(s) &= s \quad * \quad &&- \frac{k^2(0)}{6}s^3 + \dots, \\ y(s) &= * \quad \frac{k(0)}{2}s^2 &&+ \frac{k'(0)}{6}s^3 + \dots, \\ z(s) &= * \quad * &&+ \frac{1}{6}k(0)w(0)s^3 \dots, \end{aligned} \tag{2.17}$$

durch die Satz (2.16) verifiziert ist.

2.5. Natürliche Gleichungen einer Raumkurve. Wir betrachten ein beliebiges Polygon, das jetzt nicht als Sehnenpolygon an eine gegebene Raumkurve gebunden zu sein braucht. Die für Sehnenpolygone eingeführten Bezeichnungen $\Delta s_{j,j+1}$, Krümmung k_j und Windung $w_{j,j+1}$ behalten wir bei. Dann leuchtet folgender Satz unmittelbar ein:

(2.18) Ein Polygon ist durch die Seitenlängen $\Delta s_{j,j+1}$, die Krümmungen k_j und die Windungen $w_{j,j+1}$ bis auf seine Lage im Raum, d.h. bis auf beliebige Bewegungen, eindeutig bestimmt. Die genannten Daten können beliebig vorgeschrieben werden.

Dieser differenzengeometrische Satz legt folgenden differentialgeometrischen Satz nahe:

(2.19) Eine Raumkurve $[\mathfrak{x}]$ ist durch die Krümmung $k(s)$ und die Windung $w(s)$ als stetige Funktionen der Bogenlänge s bis auf ihre Lage im Raum, d.h. bis auf beliebige Bewegungen, eindeutig bestimmt. Die Funktionen $k(s)$ und $w(s)$ können beliebig vorgeschrieben werden.

Man bezeichnet die vom Koordinatensystem bzw. der Lage der Kurve im Raum unabhängigen Gleichungen $k = k(s)$ und $w = w(s)$ als die *natürlichen Gleichungen* der Raumkurve $[\mathfrak{x}]$.

Sind $x(s)$, $y(s)$, $z(s)$ analytische Funktionen, dann liefert die kanonische Entwicklung konvergente Potenzreihen, deren Koeffizienten durch $k(s)$ und $w(s)$ festgelegt sind. Daher ist in diesem Fall gesichert, daß $k(s)$ und $w(s)$ bis auf die Lage im Raum genau eine Kurve festlegen. Wenn man auch nicht-analytische Funktionen in Betracht zieht, kann man Satz (2.19) mit Hilfe der Frenetschen Formeln (2.10) beweisen:

a) Zunächst zeigen wir, daß eine Kurve $[\mathfrak{x}]$ durch $k(s)$ und $w(s)$ bis auf Bewegungen im Raum eindeutig festgelegt ist (E i n d e u t i g k e i t s - s a t z). Wir setzen

$$\mathfrak{t} = (p_{11}, p_{12}, p_{13}),\ \mathfrak{h} = (p_{21}, p_{22}, p_{23}),\ \mathfrak{b} = (p_{31}, p_{32}, p_{33})$$

und können dann die Frenetschen Formeln in die Form bringen

$$(2.20)\qquad \frac{dp_{1j}}{ds} = kp_{2j},\ \frac{dp_{2j}}{ds} = -kp_{1j} + wp_{3j},\ \frac{dp_{3j}}{ds} = wp_{2j}, \qquad (j = 1,2,3).$$

Angenommen, es gebe zwei Kurven $[\mathfrak{x}]$ und $[\bar{\mathfrak{x}}]$, die den Gln. (2.20) genügen und deren begleitende Dreikante für $s = 0$ miteinander zusammenfallen. Dann ist, da die Matrizen p_{ij} und $\bar{p}_{ij}$ orthogonale Matrizen sind,

$$(2.21)\qquad p_{1j}\,\bar{p}_{1j} + p_{2j}\bar{p}_{2j} + p_{3j}\bar{p}_{3j} = 1 \quad \text{für } j = 1,2,3$$

zunächst für $s = 0$. Da aber beide Matrizen den Gln. (2.20) genügen, gilt, wie man leicht nachrechnet,

$$(2.22)\qquad \frac{d}{ds}(p_{1j}\bar{p}_{1j} + p_{2j}\bar{p}_{2j} + p_{3j}\bar{p}_{3j}) = 0 \quad \text{für } j = 1,2,3,$$

weshalb Gl. (2.21) nicht nur für $s = 0$, sondern für jedes s gilt. Daher fallen die Einheitsvektoren (p_{1j}, p_{2j}, p_{3j}) und $(\bar{p}_{1j}, \bar{p}_{2j}, \bar{p}_{2j})$, $j = 1,2,3$, für jedes s zusammen, es ist also $p_{ij}(s) = \bar{p}_{ij}(s)$ für $i = 1,2,3$ und $j = 1,2,3$ und jedes s. Für $i = 1$ folge insbesondere

$$0 = (p_{11}-\bar{p}_{11},\ p_{12}-\bar{p}_{12},\ p_{13}-\bar{p}_{13}) = \mathfrak{t}-\bar{\mathfrak{t}} = \frac{d}{ds}(\mathfrak{x}-\bar{\mathfrak{x}})$$

und aus $\mathfrak{x}(0) - \bar{\mathfrak{x}}(0) = 0$ ergibt sich, wie behauptet, $\mathfrak{x}(s) - \bar{\mathfrak{x}}(s) = 0$.

b) Jetzt ist noch zu zeigen, daß zwei beliebige stetige Funktionen $k(s)$ und $w(s)$ tatsächlich eine Kurve $[\mathfrak{x}]$ bestimmen (E x i s t e n z s a t z). Dazu benützen wir folgendes Existenztheorem aus der Theorie der linearen gewöhnlichen Differentialgleichungen:

Das System der 3 Differentialgleichungen

$$\frac{dq_i}{ds} = \sum_{j=1}^{3} a_{ij}(s)q_j \quad \text{für } i = 1,2,3,$$

deren Koeffizienten $a_{ij}(s)$ im abgeschlossenen Intervall $[0,\bar{s}]$ stetig sind, besitzt in diesem Intervall für beliebig vorgeschriebene Anfangsdaten $q_1(0)$, $q_2(0)$, $q_3(0)$ ein Lösungssystem.

Wir ersetzen nun in den Gln. (2.20) die p_{1j}, p_{2j}, p_{3j} durch q_1, q_2, q_3 und haben dann

$$(2.23) \qquad \frac{dq_1}{ds} = kq_2, \quad \frac{dq_2}{ds} = -kq_1 + wq_3, \quad \frac{dq_3}{ds} = -wq_2.$$

Diese Gleichungen haben nach dem vorausgeschickten Existenztheorem bei vorgegebenen, im abgeschlossenen Intervall $[0,\bar{s}]$ stetigen Funktionen $k(s)$ und $w(s)$ für die drei Systeme von Anfangsdaten

$$(q_1(0), q_2(0), q_3(0)) = \begin{cases} (1, 0, 0), \\ (0, 1, 0), \\ (0, 0, 1) \end{cases}$$

drei Lösungssysteme

$$(q_1(s), q_2(s), q_3(s)) = \begin{cases} (p_{11}(s), p_{21}(s), p_{31}(s)), \\ (p_{12}(s), p_{22}(s), p_{32}(s)), \\ (p_{13}(s), p_{23}(s), p_{33}(s)). \end{cases}$$

Die Matrix der $p_{ij}(s)$ ist für $s = 0$ eine orthogonale Matrix, wegen den aus den Gln. (2.23) folgenden Beziehungen

$$\frac{d}{ds}(p_{1i}p_{1j} + p_{2i}p_{2j} + p_{3i}p_{3j}) = 0 \quad \text{mit } i \text{ und } j = 1,2,3$$

aber auch für jedes s. Daher bilden die drei Vektoren

$$\mathfrak{t} = (p_{11}, p_{12}, p_{13}), \quad \mathfrak{h} = (p_{21}, p_{22}, p_{23}), \quad \mathfrak{b} = (p_{31}, p_{32}, p_{33})$$

ein orthogonales Dreikant und genügen, wie sich aus den Gln. (2.23) ergibt, den Frenetschen Formeln (2.10). Infolgedessen liefert

$$\mathfrak{r}(s) = \int_0^s \mathfrak{t}(\sigma)d\sigma = \left(\int_0^s p_{11}(\sigma)d\sigma, \int_0^s p_{12}(\sigma)d\sigma, \int_0^s p_{13}(\sigma)d\sigma\right)$$

eine Kurve $[\mathfrak{r}]$ mit der Krümmung $k(s)$ und der Windung $w(s)$.

2.6. Beispiele. a) Die G e r a d e n sind durch $k = 0$ gekennzeichnet; w ist nicht definiert. Die e b e n e n K u r v e n sind durch $w = 0$ gekennzeichnet; $k(s)$ bestimmt die Gestalt der ebenen Kurve.

b) Die S c h r a u b e n l i n i e n auf einem Drehzylinder (Fig. 2.5) haben die Parameterdarstellung

$$(2.24) \qquad \mathfrak{r}(u) = (a \cos u, \; a \sin u, \; hu).$$

a ist der Zylinderradius, $2\pi h$ die G a n g h ö h e, d.h. die Zunahme von $z = hu$ im Intervall $0 \le u \le 2\pi$. Aus den Gln. (2.4) und (2.11) ergibt sich

$$(2.25) \qquad s(o,u) = u\sqrt{a^2+h^2}, \quad k = \frac{a}{a^2+h^2}, \quad w = \frac{h}{a^2+h^2}.$$

$k = \text{const}$ und $w = \text{const}$ sind also die natürlichen Gleichungen der Kurven

(2.24). Mit $h \gtrless 0$ erhält man **rechts-** bzw. **linksgewundene Schraubenlinien.**

Als ebene Abwicklung des Zylinders im Intervall $0 \leq u \leq 2\pi$ ergibt sich ein Rechteck mit den Seiten $2\pi a$ und $2\pi h$.. Die Schraubenlinie geht bei dieser Abwicklung in eine Diagonale des Rechtecks über. Daraus sieht man, daß die Schraubenlinie die Mantellinien des Zylinders unter dem konstanten Winkel $\vartheta = \operatorname{arc\,tan} \frac{a}{h}$ schneidet. Natürlich erhält man ϑ als Winkel der Tangenten der Schraubenlinie gegen die Zylinderachse (= z-Achse) auch aus $\mathfrak{t} = \frac{d\mathfrak{r}}{ds} = \left(-\frac{a \sin u}{\sqrt{a^2+h^2}}, \frac{a \cos u}{\sqrt{a^2+h^2}}, \frac{h}{\sqrt{a^2+h^2}}\right)$, also $\cos \vartheta = \frac{h}{\sqrt{a^2+h^2}}$.

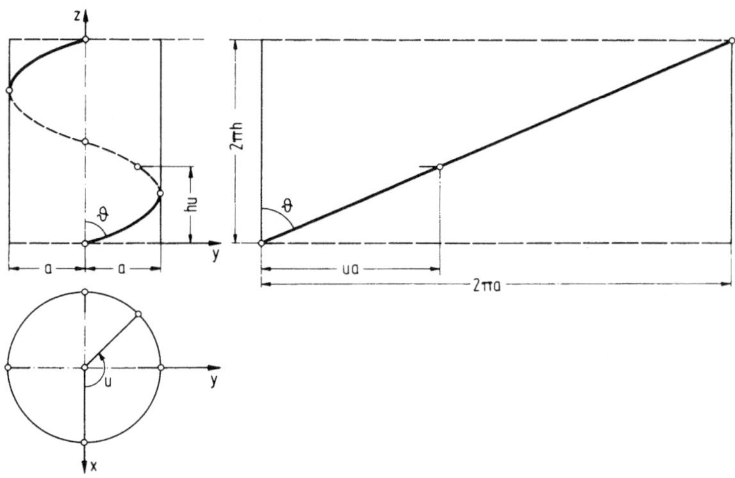

Fig. 2.5. Schraubenlinie auf einem Drehzylinder nebst ebener Abwicklung

c) Die **Schraubenlinien auf einem beliebigen Zylinder** (= Kurven, welche die Mantellinien unter einem konstanten Winkel ϑ schneiden) nennt man auch **Böschungslinien.** Auch sie gehen bei der ebenen Abwicklung des Zylinders in gerade Linien über. Ist $\mathfrak{e}$ der Einheitsvektor in Richtung der Zylinderachse (= z-Achse), so hat man

$$\mathfrak{e}\,\mathfrak{t} = \cos \vartheta = \text{const}, \text{ also } \mathfrak{e}\,\mathfrak{t}' = 0 \text{ und folglich auch } \mathfrak{e}\,\mathfrak{h} = 0.$$

Der Vektor $\mathfrak{e}$ ist also senkrecht zur Hauptnormale $\mathfrak{h}$, liegt also in der von $\mathfrak{t}$ und $\mathfrak{b}$ aufgespannten rektifizierenden Ebene. Daher ist $\mathfrak{e}\,\mathfrak{b} = \sin \vartheta$ und auf Grund der zweiten Frenetschen Formel (2.10) kommt

$$0 = \mathfrak{e}\,\mathfrak{h} = \mathfrak{e}\,\mathfrak{h}' = \mathfrak{e}(-k\mathfrak{t}+w\mathfrak{b}) = -k \cos \vartheta + w \sin \vartheta.$$

Demnach genügen die Böschungslinien der Gleichung

(2.26) $\frac{k}{w} = \tan \vartheta = \text{const.}$

k(s) = beliebige stetige Funktion und w(s) = k(s) · cot ϑ sind die natürlichen Gleichungen der Böschungslinien. Bei Vorgabe der Basiskurve des Zylinders ist k(s) festgelegt.

§ 3. Torsen und Flächenstreifen

In Ziff. 1.1 haben wir die Polygone zu Faltmodellen erweitert. Diese und ihre Entartungen in Pyramiden und Prismen, bei denen das Polygon durch einen eigentlichen bzw. uneigentlichen Punkt ersetzt ist, benützen wir jetzt zum Studium der Torsen und der auf ihnen liegenden Flächenstreifen.

3.1 Definition der Torsen. Vorgegeben ist eine 1-parametrige Ebenenschar

(3.1) $\mathfrak{n}(u)\mathfrak{r} = a(u)$

mit dem Einheitsvektor $\mathfrak{n}$ als Normalenvektor. Die von ihr unter entsprechenden Differenzierbarkeits- und Stetigkeitsvoraussetzungen erzeugte Hüllfläche nennen wir eine Torse. Wenn man die trivialen Fälle des Kegels und des Zylinders ausschließt, bei denen alle Ebenen der Schar durch einen festen eigentlichen oder uneigentlichen Punkt gehen, sind die Torsen Tangentenflächen, sie werden von den Tangenten einer Raumkurve erzeugt. Die Tangenten nennen wir die Erzeugenden der Torse, die Raumkurve ihre Kehllinie und deren Punkte Kehlpunkte. Wenn anstelle der Raumkurve eine ebene Kurve tritt, entartet die Torse zu einer Ebene. Die Kehllinie ist ebenso wie beim Faltmodell (Fig. 1.1) eine Rückkehrkante der Tangentenfläche; die Schnittkurven der Tangentenfläche mit den Normalebenen der Kehllinie haben Rückkehrpunkte.

Nach einer bekannten Methode der Differentialrechnung zur Bestimmung der Hüllfläche einer Flächenschar ergeben sich die Punkte der Hüllfläche aus Gl. (3.1) und der durch Differentiation nach u folgenden Gleichung

(3.2) $\dot{\mathfrak{n}}(u)\mathfrak{r} = \dot{a}(u)$ mit $\dot{} := \frac{d}{du}$.

Die Punkte $\mathfrak{r}$ liegen hiernach auf Geraden mit dem Richtungsvektor (Einheitsvektor)

(3.3) $\mathfrak{e}(u) = \sigma(\mathfrak{n}(u) \times \dot{\mathfrak{n}}(u)), \quad \frac{1}{\sigma} = |\mathfrak{n}(u) \times \dot{\mathfrak{n}}(u)| = |\dot{\mathfrak{n}}(u)|,$

d.h. das Hüllgebilde wird von einer Geradenschar erzeugt. Aus den Gln.

(3.1), (3.2) und der durch nochmalige Differentiation nach u gewonnenen Gleichung

(3.4) $\ddot{\mathfrak{n}}(u)\mathfrak{x} = \ddot{a}(u)$

ergibt sich eine Kurve $\mathfrak{x}(u)$. Durch Einsetzen von $\mathfrak{x}(u)$ werden die Gln. (3.1), (3.2) und (3.4) zu Identitäten. Durch Differentiation der Identitäten (3.1) und (3.2) kommt dann mit Rücksicht auf die Identitäten (3.2) und (3.4) sogleich

(3.5) $\mathfrak{n}(u)\dot{\mathfrak{x}}(u) = 0$ und $\dot{\mathfrak{n}}(u)\dot{\mathfrak{x}}(u) = 0$,

also

(3.6) $\dot{\mathfrak{x}}(u) = \rho\mathfrak{n}(u) \times \dot{\mathfrak{n}}(u) = \tau\,\mathfrak{e}(u)$, ρ und τ = Proportionalitätsfaktoren $\neq 0$.

Das heißt: Die Geraden der Hüllfläche sind die Tangenten der Kurve $\mathfrak{x} = \mathfrak{x}(u)$, die Torse ist (-bei Ausschluß von Kegeln und Zylindern-) in der Tat eine Tangentenfläche in dem vorne erläuterten Sinn; die Kurve $[\mathfrak{x}]$ ist die Kehllinie der Torse.

Das differenzengeometrische Analogon der Tangentenflächen sind die F a l t m o d e l l e (vgl. Fig. 1.1), was wohl im einzelnen keiner Erläuterung bedarf. Mit der in Ziff. 2.2 eingeführten Definition der Schmiegebenen eines Modells gilt:

(3.7) Die Ebenen eines Faltmodells (=Ebenen durch zwei aufeinander folgende Geraden des Modells) sind identisch mit den Schmiegebenen des Polygons $P_0P_1P_2P_3\ldots$.

Diesem trivialen differenzengeometrischen Sachverhalt entspricht folgender Satz:

(3.8) Die eine Torse als Hüllfläche erzeugenden Ebenen sind (-bei Ausschluß von Kegeln und Zylindern-) identisch mit den Schmiegebenen der Kehllinie.

B e w e i s: Für das begleitende Dreibein der Kehllinie mit der Bogenlänge s als Parameter folgt aus den Gln. (3.6) und (3.3)

$$\mathfrak{t} = \tau\mathfrak{e},\ \mathfrak{h} = \frac{1}{k}(\tau'\mathfrak{e} + \tau\mathfrak{e}')\text{und } \mathfrak{n}\mathfrak{t} = 0,\ \mathfrak{n}\mathfrak{h} = 0,\ \text{wobei } ' : = \frac{d}{ds}\,.$$

Demnach ist $\mathfrak{n} = \pm\,\mathfrak{b}$, d.h. die Normalen der die Torse erzeugenden Ebenen fallen zusammen mit den Binormalen (=Normalen der Schmiegebenen) der Kehllinie.

Wir fassen die Faltmodelle und die Pyramiden und Prismen unter der gemeinsamen Bezeichnung T o r s e n m o d e l l e zusammen. Dann gilt folgender triviale Satz:

(3.9) Die Torsenmodelle lassen sich in die Ebene abwickeln, indem man die ebenen Streifen jeweils um die gemeinsame Seite gegeneinander verdreht. Die Geraden eines Faltmodells gehen dabei in die zu Geraden erweiterten Seiten eines ebenen Polygons über, die Geraden einer Pyramide bzw. eines Prismas in Gerade durch einen festen eigentlichen bzw. uneigentlichen Punkt in der Ebene.

Den entsprechenden Satz für Torsen werden wir in Ziff. 7.6 beweisen. Er lautet:

(3.10) Die Torsen (=Tangentenflächen, Kegel und Zylinder) lassen sich in die Ebene verbiegen, d.h. längentreu in die Ebene deformieren. Die Erzeugenden der Torse gehen dabei in die Tangenten einer ebenen Kurve oder in ein ebenes Geradenbüschel mit einem eigentlichen oder uneigentlichen Punkt als Scheitel über.

3.2. Flächenstreifen. Wenn wir auf einer Torse längs einer Kurve $[\mathfrak{r}]$ nur eine schmale Umgebung betrachten, sprechen wir von einem *Flächenstreifen*. Die Kurve $[\mathfrak{r}]$ nennen wir die *Streifenkurve*. Das differenzengeometrische Analogon auf den Torsenmodellen zeigt Fig. 1.1 mit dem schraffierten Streifen am Polygon $Q_0Q_1Q_2\ldots$. Nach den Sätzen (3.9) und (3.10) sind diese Streifen der Torsenmodelle sowie die Flächenstreifen auf den Torsen in die Ebene abwickelbar. Man kann sie daher als schmale Papierstreifen realisieren.

Ein Flächenstreifen kann, unabhängig von der ihn enthaltenden Torse, vorgegeben werden durch eine Kurve $\mathfrak{r} = \mathfrak{r}(s)$ und eine Folge von Ebenen $\{\eta(s)\}$ durch die Tangenten der Kurve. Diese Ebenen werden festgelegt durch ihren Normalenvektor $\mathfrak{n} = \mathfrak{n}(s)$. Er steht senkrecht auf dem Tangentenvektor $\mathfrak{r}'(s)$. Statt durch die Ebenen $\{\eta(s)\}$ kann man den Flächenstreifen auch durch die Erzeugenden mit dem in Gl. (3.3) gegebenen Richtungsvektor $\mathfrak{e}(s)$ festlegen. Dabei darf man aber die Vektoren $\mathfrak{e}(s)$ nicht willkürlich vorschreiben. Sie müssen der Bedingung

$$(3.11) \qquad \langle \mathfrak{r}'(s),\ \mathfrak{e}(s),\ \mathfrak{e}'(s)\rangle = 0$$

genügen. Mit anderen Worten: $\mathfrak{r}'$, $\mathfrak{e}$ und $\mathfrak{e}'$ müssen linear abhängig sein, es muß also eine Linearkombination

$$(3.12) \qquad c_1(s)\,\mathfrak{r}'(s) + c_2(s)\,\mathfrak{e}(s) + c_3(s)\,\mathfrak{e}'(s) = 0$$

existieren, in der $c_1(s)$ nicht verschwindet. Nur wenn Gl. (3.11) bzw. die gleichwertige Bedingung (3.12) erfüllt ist, bilden die durch $\mathfrak{e}(s)$ gegebenen Erzeugenden eine Torse. Dies sieht man so ein:

Die von den Erzeugenden gebildete Fläche

$$\mathfrak{x}^*(s,v) = \mathfrak{x}(s) + v\,\mathfrak{e}(s),$$

wobei s und v unabhändige Parameter sind, muß (-von den Entartungen der Torse in Kegel oder Zylinder abgesehen-) eine Kehllinie $v = v(s)$ besitzen, deren Tangenten mit den d rch $\mathfrak{e}(s)$ gegebenen Erzeugenden zusammenfallen. Das heißt: Der Vektor

$$\frac{d}{ds}\mathfrak{x}^*(s,v(s)) = \mathfrak{x}'(s) + v'\,\mathfrak{e}(s) + v\,\mathfrak{e}'(s)$$

muß zu $\mathfrak{e}(s)$ parallel sein, es muß also die Bedingung (3.12) gelten. Daß diese Bedingung auch hinreichend ist, sieht man leicht ein.

Durch skalare Multiplikation der letzten Gleichung mit $\mathfrak{e}'$ folgt für die Entfernung v von der Streifenkurve zur Kehllinie

(3.13) $\mathfrak{e}'^2 v = -\mathfrak{x}'\mathfrak{e}'.$

3.3 Ableitungsgleichungen. Ähnlich wie wir in Ziff. 2.2 den Kurven ein begleitendes Dreibein zugeordnet haben, läßt sich auch den Flächenstreifen ein begleitendes Dreibein zuordnen (Fig. 3.1):

Tangente $\mathfrak{t}(s) = \mathfrak{x}'(s)$ der Streifenkurve,
Quernormale $\mathfrak{q}(s)$, senkrecht zu $\mathfrak{t}(s)$ in der Streifenebene,
Streifennormale $\mathfrak{n}(s) = \mathfrak{t}(s) \times \mathfrak{q}(s)$.

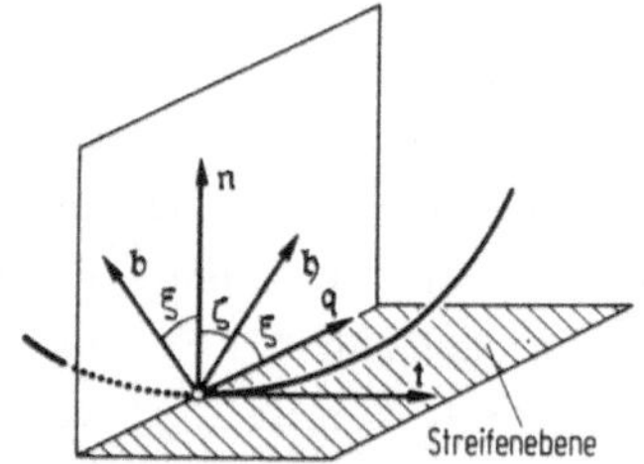

Fig. 3.1. Begleitendes Dreibein eines Flächenstreifens

$\mathfrak{t}, \mathfrak{q}$ und $\mathfrak{n}$ bilden hiernach ein Rechtssystem. $\mathfrak{q}$ und $\mathfrak{n}$ spannen die Normalebene der Streifenkurve auf, sind also Linearkombinationen der Hauptnormale $\mathfrak{h}$ und Binormale $\mathfrak{b}$ der Streifenkurve (vgl. Fig. 3.1):

$$\text{(3.14)}\quad \begin{aligned} \mathfrak{n} &= \sin\xi\,\mathfrak{h} + \cos\xi\,\mathfrak{b},\\ \mathfrak{q} &= \cos\xi\,\mathfrak{h} - \sin\xi\,\mathfrak{b} \end{aligned} \qquad \text{mit } \xi = \sphericalangle(\mathfrak{q},\mathfrak{h}) = \sphericalangle(\mathfrak{n},\mathfrak{b}).$$

Auf Grund der Orthogonalitätsbedingungen erhält man wie in Ziff. 2.3

$$
(3.15)\qquad
\begin{aligned}
\frac{d^2\mathfrak{r}}{ds^2} = \frac{d\mathfrak{t}}{ds} &= \quad * \qquad + g\mathfrak{q} + k_n\mathfrak{n},\\
\frac{d\mathfrak{q}}{ds} &= -g\mathfrak{t} \quad * \qquad + w_g\mathfrak{n},\\
\frac{d\mathfrak{n}}{ds} &= -k_n\mathfrak{t} - w_g\mathfrak{q} \quad *.
\end{aligned}
$$

Auch in Gl. (3.15) bilden die Koeffizienten der rechten Seite auf Grund der Orthogonalitätsbedingungen eine schief-symmetrische Matrix. Sie sind gegeben durch

$$
(3.16)\qquad
\begin{aligned}
k_n(s) &= -\mathfrak{t}\frac{d\mathfrak{n}}{ds} = \mathfrak{n}\frac{d\mathfrak{t}}{ds} && \text{(Normalkrümmung)},\\
g(s) &= \mathfrak{q}\frac{d\mathfrak{t}}{ds} = -\mathfrak{t}\frac{d\mathfrak{q}}{ds} = \langle \mathfrak{n}, \frac{d\mathfrak{r}}{ds}, \frac{d^2\mathfrak{r}}{ds^2}\rangle && \text{(geodätische Krümmung)},\\
w_g(s) &= -\mathfrak{q}\frac{d\mathfrak{n}}{ds} = \mathfrak{n}\frac{d\mathfrak{q}}{ds} = \langle \frac{d\mathfrak{r}}{ds}, \mathfrak{n}\, \frac{d\mathfrak{n}}{ds}\rangle && \text{(geodätische Windung)}.
\end{aligned}
$$

Man beachte, daß k_n, g und w_g mit Vorzeichen definiert sind. Die dreifachen Skalarprodukte ergeben sich aus $\mathfrak{q}\frac{d\mathfrak{t}}{ds}$ und $-\mathfrak{q}\frac{d\mathfrak{n}}{ds}$ durch Einsetzen von $\mathfrak{q} = \mathfrak{n} \times \frac{d\mathfrak{r}}{ds}$.

$k_n = k_n(s)$, $g = g(s)$ und $w_g = w_g(s)$ sind die natürlichen Gleichungen des Flächenstreifens. Satz (2.19) gilt sinngemäß und der Beweise verläuft ebenso wie bei Satz (2.19).

Die geodätische Krümmung g und die Normalkrümmung k_n stehen, wie sich aus den Gln. (3.16) und der ersten Frenetschen Formel (2.10) ergibt, mit der Krümmung k der Kurve $[\mathfrak{r}]$ in einfacher Beziehung (Fig. 3.1):

$$
(3.17)\qquad
\left.
\begin{aligned}
k_n &= k\cdot(\mathfrak{b}\mathfrak{n}) = k\sin\xi = k\cos\zeta\\
g &= k\cdot(\mathfrak{b}\mathfrak{q}) = k\cos\xi
\end{aligned}
\right\}
\begin{aligned}
&\text{mit}\\
&\xi = \sphericalangle(\mathfrak{q},\mathfrak{b}),\ \zeta = \frac{\pi}{2} - \xi = \sphericalangle(\mathfrak{n},\mathfrak{b}).
\end{aligned}
$$

Daraus werden wir folgenden Satz herleiten:

(3.18) Die Normalkrümmung k_n ist die Krümmung des Lotrisses der Streifenkurve in der Normalebene $\{\mathfrak{t},\mathfrak{n}\}$, die geodätische Krümmung g ist die Krümmung des Lotrisses in der Streifenebene $\{\mathfrak{t},\mathfrak{q}\}$ und wird daher auch als Tangentialkrümmung bezeichnet.

Während aber k nach Definition nicht-negativ ist, sind g und k_n in den Gln. (3.17) mit Vorzeichen definiert. Sie sind ($k \neq 0$ vorausgesetzt) positiv, wenn der Winkel $(\mathfrak{b},\mathfrak{n})$ bzw. der Winkel $(\mathfrak{b},\mathfrak{q})$ spitz ist. k_n ändert also das Vorzeichen, wenn die positive und negative Seite der Fläche vertauscht werden ($\mathfrak{n} \Rightarrow -\mathfrak{n}$). g ändert das Vorzeichen, wenn der Durchlaufsinn der Streifenkurve ($\mathfrak{t} \Rightarrow -\mathfrak{t}$) und demnach bei Festhalten von $\mathfrak{n}$ die Richtung von $\mathfrak{q}$ geändert wird.

Satz (3.18) ergibt sich sofort aus folgendem Hilfssatz (Projektionssatz):

(3.19) Die Krümmung k einer Raumkurve und die Krümmung k' ihres Lotrisses in einer Ebene, die durch die Tangente der Raumkurve geht und mit ihrer Schmiegebene den Winkel $\eta \leq \frac{\pi}{2}$ einschließt, sind durch die Gleichung

$$k' = k \cos \eta$$

miteinander verknüpft.

Zum Nachweis dieses Satzes benützen wir ein differenzengeometrisches Modell (Fig. 3.2): Wir ersetzen die Kurve durch ein Sehnenpolygon mit den Seiten P_0P_1 und P_1P_2 und die Ebene des Lotrisses durch eine Ebene durch P_0P_1, die mit der Schmiegebene $\{P_0, P_1, P_2\}$ des Polygons den Winkel η bildet. τ_1 ist der Krümmungswinkel $\sphericalangle(P_0P_1, P_1P_2)$, τ_1' sein Lotriss

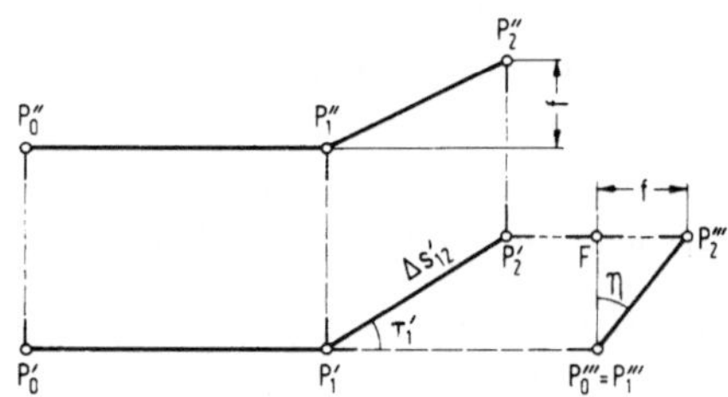

Fig. 3.2. Skizze zum Beweis des Projektionssatzes (3.19)

(=Grundriss in der eben genannten Ebene). Δs_{12} ist die Länge der Polygonseite P_1P_2, $\Delta s_{12}'$ die Länge des Grundrisses $P_1'P_2'$. Dann ist nach Ziff. 2.3 im Punkt P_1

$$k_1 = \frac{\sin \tau_1}{\Delta s_{12}}, \quad k_1' = \frac{\sin \tau_1'}{\Delta s_{12}'} .$$

Im Querriss ha man

$$P_1'''P_2''' = \Delta s_{12} \sin \tau_1, \; FP_1''' = \Delta s_{12} \sin \tau_1 \cos \eta = \Delta s_{12}' \sin \tau_1' .$$

Daraus folgt

$$\frac{\sin \tau_1'}{\Delta s_{12}'} = \frac{\sin \tau_1}{\Delta s_{12}} \cdot \cos \eta \cdot \left(\frac{\Delta s_{12}}{\Delta s_{12}'}\right)^2, \text{ also } k_1' = k_1 \cos \eta \left(\frac{\Delta s_{12}}{\Delta s_{12}'}\right)^2 .$$

Beim Grenzprozess $\varepsilon \to 0$ hat man $k_1' \to k'$, $k_1 \to k$ und

$$\left(\frac{\Delta s'_{12}}{\Delta s_{12}}\right) = 1 - \sin^2\tau_1 \sin^2\eta \to 1,$$

womit die Behauptung (3.19) bestätigt ist.

Die geodätische Windung läßt sich nach der letzten Gln. (3.16) dem Betrage nach folgendermaßen durch einen Grenzprozess definieren: $\mathfrak{n}(0)$ und $\mathfrak{n}(s)$ seien die Streifennormalen in benachbarten Punkten der Streifenkurve, $\gamma(s)$ sei der Winkel, den der Lotriss von $\mathfrak{n}(s)$ in der Normalebene der Streifenkurve im Punkt $s = 0$ mit $\mathfrak{n}(0)$ einschließt. Dann ist

(3.20) $$|n_g(0)| = \lim_{s\to 0} \frac{\gamma(s)}{s}.$$

3.4. Spezielle Flächenstreifen. a) Schmiegstreifen sind die an der Kehllinie einer Tangentenfläche anliegenden Flächenstreifen. Bei Fortsetzung über die Kehllinie haben sie die Kehllinie als Rückkehrkante. Die Streifennormalen und die Erzeugenden fallen mit den Binormalen der Kehllinie (-bis auf unbestimmtes Vorzeichen-) und mit den Tangenten der Kehllinie zusammen, die Streifenebenen also mit den Schmiegebenen der Streifenkurve, also

(3.21) $$\mathfrak{n} = \pm\mathfrak{b}, \quad \mathfrak{e} = \mathfrak{t}, \quad \mathfrak{q} = \pm\mathfrak{h}.$$

b) Bei den geodätischen Streifen ist

(3.22) $\mathfrak{n} = \pm\mathfrak{h}$, also auch $\mathfrak{q} = \pm\mathfrak{b}$.

Die Streifennormalen fallen (-bis auf unbestimmtes Vorzeichen-) mit den Hauptnormalen der Streifenkurve zusammen.

c) Bei den Krümmungsstreifen sind die Erzeugenden senkrecht zur Streifenkurve,

(3.23) $\mathfrak{t}\,\mathfrak{e} = 0$, also $\mathfrak{e} = \pm\mathfrak{q}$.

Die Streifenkurve ist Orthogonaltrajektorie der Erzeugenden.

Aus diesen Definitionen folgt:

(3.24) Die a) Schmiegstreifen, b) geodätische Streifen, c) Krümmungsstreifen sind gekennzeichnet durch $k_n = 0$, $g = 0$, $w_g = 0$.

In der Tat liefert

a) $$\mathfrak{n} = \pm\mathfrak{b} > k_n = \mathfrak{n}\frac{d\mathfrak{t}}{ds} = \pm\mathfrak{b}\frac{d\mathfrak{t}}{ds} = \pm k\,\mathfrak{b}\,\mathfrak{h} = 0,$$

b) $$\mathfrak{n} = \pm\mathfrak{h} > g = \langle \mathfrak{n}, \mathfrak{t}, \frac{d\mathfrak{t}}{ds}\rangle = \pm k\,\langle \mathfrak{h}, \mathfrak{t}, \mathfrak{h}\rangle = 0,$$

c) $$\mathfrak{q} = \pm\mathfrak{e} > w_g = -\mathfrak{q}\frac{d\mathfrak{n}}{ds} = \mp\mathfrak{e}\frac{d\mathfrak{n}}{ds} = \mp\frac{1}{\left|\frac{d\mathfrak{n}}{ds}\right|}\left(\mathfrak{n}\times\frac{d\mathfrak{n}}{ds}\right)\frac{d\mathfrak{n}}{ds} = 0.$$

Bei c) ist Gl. (3.3) benützt.

Umgekehrt hat man:

a) $k_n = \mathfrak{n}\frac{d\mathfrak{t}}{ds} = 0 > \mathfrak{n} \perp \mathfrak{h}$, und da außerdem $\mathfrak{n} \perp \mathfrak{t}$, folgt $\mathfrak{n} = \pm \mathfrak{b}$;

b) $g = \mathfrak{q}\frac{d\mathfrak{t}}{ds} = 0 > \mathfrak{q} \perp \mathfrak{h}$, und da außerdem $\mathfrak{q} \perp \mathfrak{t}$, folgt $\mathfrak{q} = \pm \mathfrak{b}$;

c) $w_g = \langle \mathfrak{t}, \mathfrak{n}, \frac{d\mathfrak{n}}{ds} \rangle = 0 \rangle\ \mathfrak{t} \perp (\mathfrak{n} \times \frac{d\mathfrak{n}}{ds})$, also auch $\mathfrak{t} \perp \mathfrak{e}$, und da außerdem $\mathfrak{e} \perp \mathfrak{n}$, folgt $\mathfrak{e} = \pm \mathfrak{q}$.

Die Schmiegstreifen und geodätischen Streifen sind auf Grund ihrer Definitionen durch die Streifenkurve eindeutig festgelegt; denn die Ebenen der Schmiegstreifen sind die Schmiegebenen, die Ebenen der geodätischen Streifen sind die rektifizierenden Ebenen der Streifenkurve. Bei den Schmiegstreifen ist der Betrag der geodätischen Krümmung gleich der Krümmung der Streifenkurve wegen

(3.25) $$k = -\mathfrak{t}\frac{d\mathfrak{h}}{ds} = \mp \mathfrak{t}\frac{d\mathfrak{q}}{ds} = \pm g;$$

bei den geodätischen Streifen ist der Betrag der geodätischen Windung gleich dem Betrag der Windung der Streifenkurve wegen

(3.26) $$w = -\mathfrak{h}\frac{d\mathfrak{b}}{ds} = \mp \mathfrak{n}\frac{d\mathfrak{q}}{ds} = \mp w_g.$$

Die Krümmungsstreifen haben folgende bemerkenswerte Eigenschaft:

(3.27) Die Streifennormalen längs der Streifenkurve eines Krümmungsstreifens bilden eine Torse.

Zum Beweis setzen wir

$$\mathfrak{x}^*(s,v) = \mathfrak{x}(s) + v\,\mathfrak{n}(s).$$

Dann tritt anstelle der Gl. (3.11) die Beziehung

(3.28) $$\langle \mathfrak{x}'(s), \mathfrak{n}(s), \mathfrak{n}'(s) \rangle = 0$$

als Bedingung, daß die Streifennormalen eine Torse bilden. Nach der letzten der Gln. (3.16) ist dies aber die Bedingung dafür, daß die geodätische Windung verschwindet, daß es sich also um einen Krümmungsstreifen handelt.

Man kann Gl. (3.28) auch durch die der Gl. (3.12) entsprechende Beziehung

$$c_1\mathfrak{x}' + c_2\mathfrak{n} + c_3\mathfrak{n}' = 0$$

ersetzen, in der c_1 nicht verschwindet. Die Multiplikation mit $\mathfrak{n}$ liefert $c_2 = 0$, also $c_1\mathfrak{x}' + c_3\mathfrak{n}' = 0$ und somit

(3.29) $$\mathfrak{x}'(s) \times \mathfrak{n}'(s) = 0$$

d.h. Vektoren $\mathfrak{t} = \mathfrak{x}'(s)$ und $\mathfrak{n}'(s)$ sind parallel. Daraus folgt nach der letzten Gl. (3.16) von neuem, daß die geodätische Windung der Krümmungsstreifen verschwindet.

Die Streifenkurve legt einen Krümmungsstreifen nicht fest, wie dies bei den Schmiegstreifen und geodätischen Streifen der Fall ist, sondern es gilt der Satz von Joachimsthal:

(3.30) Durch eine vorgegebene Kurve läßt sich eine 1-parametrige Menge von Krümmungsstreifen legen. Je zwei solcher Streifen schneiden sich unter konstantem Winkel. Dreht man also die Ebenen eines Krümmungsstreifens um die Tangenten der Streifenkurve um einen konstanten Winkel, so entsteht wieder ein Krümmungsstreifen.

Beweis: Ein beliebig vorgegebener Flächenstreifen $\{\mathfrak{r}(s), \mathfrak{t}(s), \mathfrak{q}(s), \mathfrak{n}(s)\}$ sei bei Festhaltung der Streifenkurve durch Verdrehung der Ebenen um vorgegebene Winkel $\varphi(s)$ in einen neuen Streifen

$$\bar{\mathfrak{r}}(s) = \mathfrak{r}(s),\ \bar{\mathfrak{t}}(s) = \mathfrak{t}(s) = \mathfrak{r}'(s), \bar{\mathfrak{n}}(s) = \cos\varphi(s)\ \mathfrak{n}(s) + \sin\varphi(s)\ \mathfrak{q}(s),$$

$$\bar{\mathfrak{q}}(s) = \bar{\mathfrak{n}}(s) \times \bar{\mathfrak{t}}(s) = -\sin\varphi(s)\ \mathfrak{n}(s) + \cos\varphi(s)\ \mathfrak{q}(s)$$

übergeführt. Dann ist bei Berücksichtigung der Ableitungsgleichungen (3.15)

$$\begin{aligned}\bar{\mathfrak{n}}' &= \varphi'(\cos\varphi\ \mathfrak{q} - \sin\varphi\ \mathfrak{n}) - \cos\varphi(k_n \mathfrak{t} + w_g \mathfrak{q}) + \sin\varphi(-g\mathfrak{t} + w_g \mathfrak{n}) \\ &= -(\cos\varphi \cdot k_n + \sin\varphi \cdot g)\mathfrak{t} + \cos\varphi(\varphi' - w_g)\mathfrak{q} - \sin\varphi(\varphi' - w_g)\mathfrak{n}.\end{aligned}$$

Daraus folgt für die geodätische Windung des verdrehten Streifens

$$\bar{w}_g = -\bar{\mathfrak{n}}'\bar{\mathfrak{q}} = w_g - \varphi'.$$

Der verdrehte Streifen ist also ein Krümmungsstreifen, d.h. $\bar{w}_g$ verschwindet, wenn der Drehwinkel $\varphi(s)$ der Bedingung $\varphi' = w_g$ genügt. Der Verdrehungswinkel

$$\varphi(s) = \varphi(0) + \int_0^s w_g(t)dt \tag{3.31}$$

ist also nur bis auf die additive Konstante $\varphi(0)$ bestimmt, womit Satz (3.3o) bewiesen ist.

3.5. Evolventen und Evoluten. Die Orthogonaltrajektoren der Erzeugenden einer Tangentenfläche

$$\mathfrak{r}^*(s,v) = \mathfrak{r}(s) + v\mathfrak{r}'(s), \tag{3.32}$$

wobei s die Bogenlänge der Kehllinie $[\mathfrak{r}]$ und v die Längen auf den Erzeugenden, von der Kehllinie $v = 0$ an gerechnet, bedeutet, sind durch die Bedingung

$$0=\frac{d}{ds}\Big(\mathfrak{r}(s)+v(s)\mathfrak{r}'(s)\Big)\mathfrak{r}'(s)=[\mathfrak{r}'(s)\Big(1+v'(s)\Big)+v(s)\mathfrak{r}''(s)]\mathfrak{r}'(s)$$
$$=1+v'(s)$$

gegeben. Daraus folgt

(3.33) $v = -s + \text{const.}$

Die Orthogonaltrajektorien kann man sich also mechanisch erzeugt denken als Bahnkurven bei der Abwicklung eines auf der Raumkurve aufgespulten Fadens, der bei der Abwicklung gespannt und immer in der Tangentenrichtung der Raumkurve bleibt. Wegen dieses Zusammenhangs nennt man die vorgegebene Raumkurve Evolute und die Orthogonaltrajektorien ihrer Erzeugenden Evolventen. Aus Gl. (3.33) folgt:

(3.34) Die Evolventen einer vorgegebenen Evolute (=Orthogonaltrajektorien der Tangenten) schneiden die Tangenten der Evolute äquidistant.

Gibt man umgekehrt eine Evolvente vor, so sind die zugehörigen Evoluten die Kehllinien der Torsen, die von Normalen der Evolvente erzeugt werden. Die Flächenstreifen dieser Torsen längs der vorgegebenen Evolvente sind Krümmungsstreifen. Infolgedessen läßt sich Satz (3.30) anwenden:

(3.35) Zu jeder vorgegebenen Evolvente gibt es eine 1-parametrige Menge von Evoluten als Kehllinien der Torsen, deren Erzeugende die vorgegebene Evolvente senkrecht schneiden. Aus einer dieser Evoluten erhält man die übrigen, indem man die Tangentenebenen ihrer Torse um die Tangenten der vorgegebenen Evolvente um einen konstanten Winkel dreht.

Eine ebene Evolvente besitzt eine ebene Evolute. Die übrigen Evoluten sind Raumkurven auf dem Zylinder über der ebenen Evolute als Basiskurve. Die Tangentenebenen ihrer Torsen haben mit der Ebene der Evolvente einen konstanten Neigungswinkel, die Torsen sind also sogenannte Böschungsflächen. Ihre Kehllinien sind, wie man leicht einsieht, Böschungslinien (vgl. Ziff. 2.6).

§ 4. Regelflächen

Die in § 3 behandelten Torsen sind ein Spezialfall der allgemeinen Geradenflächen, d.h. der von einer 1-parametrigen Geradenschar erzeugten Flächen. Diese Geradenflächen mit Ausschluß der Torsen nennt man Regelflächen. Sie bilden den Gegenstand dieses Abschnitts. Als differenzengeometrisches Modell dienen die Stangenmodelle (vgl. Fig. 1.2).

<u>4.1. Parameterdarstellungen der Regelflächen und Torsen.</u> Eine Geradenfläche kann dargestellt werden durch

(4.1) $\mathfrak{r}(u,v) = \mathfrak{q}(u) + v\mathfrak{e}(u)$.

Die Leitkurve $[\mathfrak{q}]$ ist eine beliebige auf der Geradenfläche liegende Kurve, der Richtungsvektor $\mathfrak{e}(u)$ (Einheitsvektor) gibt die Richtung der Geraden (Erzeugende der Geradenfläche) an, der von u unabhängige Parameter v ist gleich der Länge des Erzeugendenabschnitts vom Punkt Q(u) der Leitkurve bis zum Punkt P(u,v) der Geradenfläche (Fig. 4.1). $\mathfrak{e}(u)$, als Ortsvektor genommen, liefert das sphärische Erzeugendenbild der Geradenfläche auf einer Einheitskugel als Bildkugel. Der hier eingeführte Ortsvektor $\mathfrak{q}(u)$ ist nicht zu verwechseln mit der in Ziff. 3.3 eingeführten Quernormalen $\mathfrak{q}$.

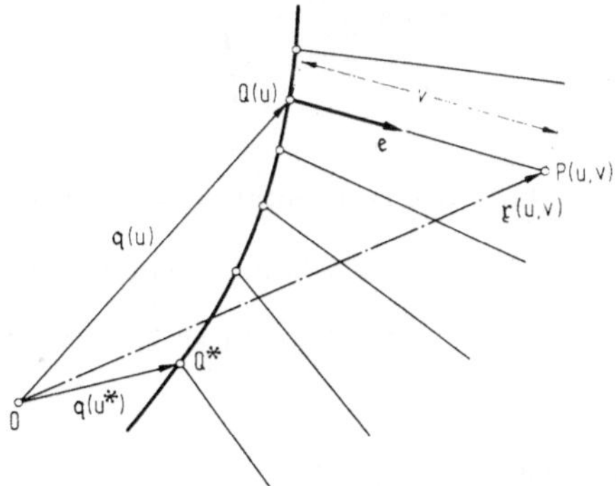

Fig. 4.1. Darstellung einer Regelfläche

Als Parameter u kann man beispielsweise die Bogenlänge der Leitkurve oder auch die Bogenlänge des sphärischen Erzeugendenbildes nehmen.

Nach Gl. (3.11) sind die Torsen durch die Bedingung

(4.2) $\langle \dot{\mathfrak{q}}(u), \mathfrak{e}(u), \dot{\mathfrak{e}}(u) \rangle = 0$

ausgezeichnet. Diese Bedingung wurde in Ziff. (3.2) für die Tangentenflächen und Kegel hergeleitet, sie gilt aber offensichtlich auch für Zylinder ($\dot{\mathfrak{e}}(u) = 0$). Im Spezialfall $\mathfrak{e}(u) \times \dot{\mathfrak{q}}(u) = 0$ ist die vorgegebene Leitkurve die Kehllinie der Torse.

Die Regelflächen (-also die Geradenflächen mit Ausschluß der Torsen-) erfüllen nach Gl. (4.2) die Ungleichung

(4.3) $\langle \dot{\mathfrak{q}}(u), \mathfrak{e}(u), \dot{\mathfrak{e}}(u) \rangle \neq 0$.

Den Fall, daß eine Regelfläche für einzelne Werte von u die Torsenbedingung (4.2) erfüllt, schließen wir aus.

Statt eine Geradenfläche durch ihre Punkte mittels Gl. (4.1) mit den zwei unabhängigen Parametern u, v darzustellen, kann man sie auch durch die Geraden allein mit einem Parameter u darstellen, wenn man für die Geraden Sechservektoren

(4.4) $\mathfrak{P}(u) = \{\mathfrak{p}(u), \overline{\mathfrak{p}}(u)\}$ mit $\mathfrak{p} = \rho\mathfrak{e}, \overline{\mathfrak{p}} = \mathfrak{q} \times \mathfrak{p} = \rho(\mathfrak{q} \times \mathfrak{e})$

einführt (Fig. 4.2).

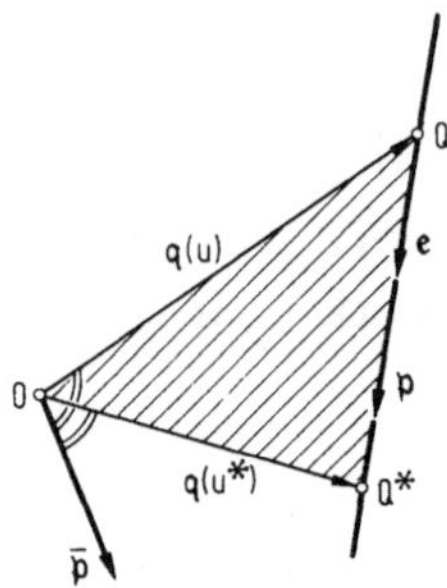

Fig. 4.2. Sechservektor einer Geraden

Diese Sechservektoren mit den 2 × 3 Komponenten $\mathfrak{p} = (p_1, p_2, p_3)$, $\overline{\mathfrak{p}} = (\overline{p}_1, \overline{p}_2, \overline{p}_3)$ erfüllen die Nebenbedingung (Plückersche Identität).

(4.5) $\mathfrak{p}\overline{\mathfrak{p}} = p_1\overline{p}_1 + p_2\overline{p}_2 + p_3\overline{p}_3 = 0.$

Wir bezeichnen sie als singuläre Sechservektoren, da wir später (vgl. Ziff. 15.1) allgemeinere Sechservektoren einführen werden, welche der Plückerschen Identität nicht genügen. Der Sechservektor $\mathfrak{P}$ ist durch die Gerade, die er darstellen soll, nur bis einen beliebigen Proportionalitätsfaktor $\rho \neq 0$ festgelegt. Außerdem kann in Fig. 4.2 statt des Punktes Q ein beliebiger anderer Punkt Q* der Geraden genommen werden, denn es ist wegen $\mathfrak{q}^* = \mathfrak{q} + \sigma\mathfrak{e}$ und $\mathfrak{p} \times \mathfrak{e} = 0$

$$\overline{\mathfrak{p}} = \mathfrak{q} \times \mathfrak{p} = \mathfrak{q}^* \times \mathfrak{p}.$$

Wir definieren als Produkt zweier Sechservektoren

(4.6) $\mathfrak{P}\mathfrak{R} = \mathfrak{p}\overline{\mathfrak{r}} + \overline{\mathfrak{p}}\mathfrak{r} = p_1\overline{r}_1 + p_2\overline{r}_2 + p_3\overline{r}_3 + \overline{p}_1 r_1 + \overline{p}_2 r_2 + \overline{p}_3 r_3.$

Dann ist

(4.7) $\mathfrak{P}\mathfrak{P} = 2\mathfrak{p}\overline{\mathfrak{p}} = 0$

eine neue Schreibweise für die Plückersche Identität (4.5).

(4.8) $\mathfrak{P}^{I}\mathfrak{P}^{II} = 0$

ist notwendige und hinreichende Bedingung dafür, daß die beiden durch $\mathfrak{P}^I$, $\mathfrak{P}^{II}$ gegebenen Geraden g^I, g^{II} sich in einem Punkt S schneiden oder parallel sind (Fig. 4.3); denn die Forderung

$$0 = \mathfrak{P}^I \mathfrak{P}^{II} = \mathfrak{p}^I \overline{\mathfrak{p}}^{II} + \overline{\mathfrak{p}}^I \mathfrak{p}^{II} = \mathfrak{p}^I (\mathfrak{q}^{II} \times \mathfrak{p}^{II}) + (\mathfrak{q}^I \times \mathfrak{p}^I) \mathfrak{p}^{II} = \langle \mathfrak{p}^I, \mathfrak{p}^{II}, \mathfrak{q}^I - \mathfrak{q}^{II} \rangle$$

ist gleichbedeutend damit, daß die Gerade $Q^I Q^{II}$ und die Geraden g^I, g^{II} in einer Ebene liegen.

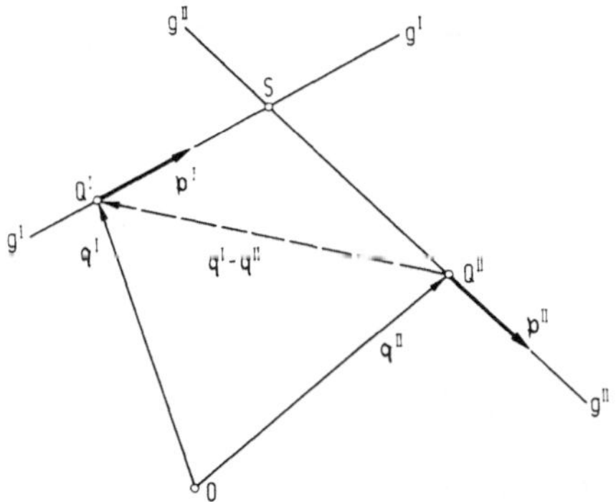

Fig. 4.3. Schnittbedingung zweier Geraden

Die Torsenbedingung (4.2) kann man, wenn man die Parameterdarstellung (4.4) benützt, in

(4.9) $\langle \dot{\mathfrak{q}}(u), \mathfrak{p}(u), \dot{\mathfrak{p}}(u) \rangle = 0$

umformen.

<u>4.2. Schränkung, Verwerfung und Biegung einer Regelfläche.</u> Als differenzengeometrisches Modell stellen wir den Regelflächen die Stangenmodelle (vgl. Fig. 1.2) zur Seite. Wir benützen sie hier als Limesmodelle, d.h. wir entnehmen die Geraden einer vorgegebenen Regelfläche für die Parameterwerte $u = u_0 \pm j\varepsilon (\varepsilon > 0;\ j = 0, 1, 2, \ldots)$ und wenden dann auf diese der Regelfläche einbeschriebenen Stangenmodelle den Grenzprozeß $\varepsilon \to 0$ an.

Wie in Ziff. 1.1 setzen wir voraus, daß aufeinander folgende Geraden g_j, g_{j+1} windschief sind, und führen folgende Bezeichnungen ein (Fig. 4.4): Die Schnittpunkte der Geraden g_j mit den zu ihnen senkrechten Geraden $l_{j-1,j}$ und $l_{j,j+1}$ bezeichnen wir mit $E_{j,j-1}$ und $E_{j,j+1}$. $\mathfrak{e}_j$ sind die Einheitsvektoren der Geraden g_j in der Richtung von $E_{j,j-1}$ nach $E_{j,j+1}$. $\mathfrak{h}_{j,j+1}$ sind die Einheitsvektoren der Geraden $l_{j,j+1}$

in der Richtung von $E_{j,j+1}$ nach $E_{j+1,j}$. $\Delta h_{j,j+1} = E_{j,j+1}\,E_{j+1,j}$ sind die kürzesten Abstände der aufeinander folgenden Geraden g_j, g_{j+1}; sie werden positiv gezählt. Ebenso sind $\Delta f_j = E_{j,j-1}\,E_{j,j+1}$ die kürzesten Abstände der Geraden $l_{j-1,j}$, $l_{j,j+1}$; auch sie werden, wenn sie nicht verschwinden, positiv gezählt. Die Winkel $\Delta\varphi_{i,j+1} = \sphericalangle(g_j, g_{i+1})$ und $\Delta\omega_j = \sphericalangle(l_{j-1,j}, l_{j,j+1})$ werden in dem Drehsinn positiv gezählt, der zusammen mit der Richtung $\mathfrak{h}_{j,j+1}$ bzw. $\mathfrak{e}_j$ eine Rechtsschraube liefert. Die Punkte $E_{j,j+1}$ und $E_{j+1,j}$ nennen wir K e h l p u n k t e des Stangenmodells. Sie bilden die beiden (-in Fig. 4.4 gestrichelten-) K e h l p o l y g o n e $E_{12}\,E_{23}\,E_{34}\ldots$ und $E_{21}\,E_{32}\,E_{43}\ldots$.

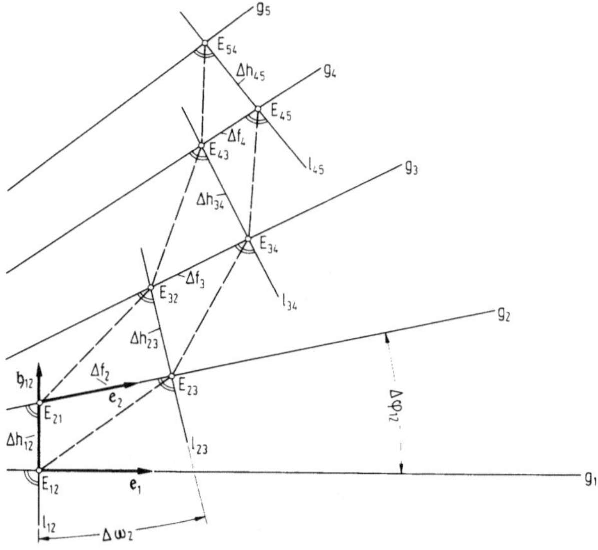

Fig. 4.4. Erläuterung der Bezeichnungen an einem Stangenmodell

Beim Grenzprozeß $\varepsilon \to 0$ konvergieren die Vektoren $\mathfrak{e}_j$ und $\mathfrak{h}_{j,j+1}$ gegen die R i c h t u n g s v e k t o r e n $\mathfrak{e}(u)$ und die A b s t a n d s v e k t o r e n $\mathfrak{h}(u)$ der gegebenen Regelfläche, die Kehlpunkte und beide Kehlpolygone des Stangenmodells konvergieren gegen die K e h l p u n k t e und die K e h l l i n i e der Regelfläche. Die Grenzwerte

$$(4.10) \qquad p = \lim_{\varepsilon\to 0} \frac{\Delta h_{j,j+1}}{\Delta\varphi_{j,j+1}}, \quad q = \lim_{\varepsilon\to 0} \frac{\Delta f_j}{\Delta\varphi_{j,j+1}}, \quad \beta = \lim_{\varepsilon\to 0} \frac{\Delta\omega_j}{\Delta\varphi_{j,j+1}}$$

definieren die Schränkung p, Verwerfung q und Biegung β. p und q haben die Dimension einer Länge, β ist dimensionslos. Eine Verwechslung von p,q mit den Vektoren $\mathfrak{p},\mathfrak{q}$ in Ziff. 4.1 ist wohl nicht zu befürchten.

Ihrer Definition nach sind p,q und β von der Wahl des Parameters u in den Gl. (4.1) und (4.4) unabhängig. Wir verwenden fortan als Parameter u die Bogenlänge φ des sphärischen Erzeugendenbildes $\mathfrak{e} = \mathfrak{e}(\varphi)$ der gegebenen Regelfläche und setzen $' := \frac{d}{d\varphi}$ für die Ableitung nach diesem Parameter. Dann ist $|\mathfrak{e}'| = 1$. Beim Grenzprozeß $\varepsilon \to 0$ ist

(4.11) $$\varphi = \lim_{\varepsilon \to 0} \sum \Delta\varphi_{j,j+1}.$$

Wenn die Abstandsvektoren $\mathfrak{h}(\varphi)$ auf der Einheitskugel eine Kurve liefern, ist

(4.12) $$B = \lim_{\varepsilon \to 0} \sum \Delta\omega_j = \int \beta(\varphi)d\varphi$$

die Bogenlänge dieser Kurve. Die geometrische Bedeutung der beiden weiteren Integralinvarianten

(4.13) $$P = \lim_{\varepsilon \to 0} \sum h_{j,j+1} = \int p(\varphi)d\varphi, \quad Q = \lim_{\varepsilon \to 0} \sum f_j = \int q(\varphi)d\varphi$$

werden wir in Satz (4.26) kennen lernen.

<u>4.3. Ableitungsgleichungen.</u> Wir ordnen in dem Stangenmodell jedem Kehlpunkt $E_{j,j+1}$ ein begleitendes Dreibein zu. Es besteht aus den bereits in Ziff. 4.2 eingeführten Einheitsvektoren $\mathfrak{e}_j$ und $\mathfrak{h}_{j,j+1}$ sowie einem dritten Vektor, für den wir jeweils einen der beiden Vektoren $\mathfrak{n}_{j,j+1}$ oder $\hat{\mathfrak{n}}_j$ nehmen derart, daß die drei Vektoren in der angegebenen Reihenfolge ein Rechtssystem bilden.

(4.14) $\left.\begin{matrix}\mathfrak{n}_{j,j+1} \\ \hat{\mathfrak{n}}_j\end{matrix}\right\}$ steht senkrecht auf $\left\{\begin{matrix}\mathfrak{h}_{j,j+1} & \text{und der Winkelhalbierenden von} \\ \mathfrak{e}_j & \end{matrix}\right.\left\{\begin{matrix}\mathfrak{e}_j \text{ und } \mathfrak{e}_{j+1}, \\ \mathfrak{h}_{j-1,j} \text{ und } \mathfrak{h}_{j,j+1}.\end{matrix}\right.$

Die so am Stangenmodell definierten Dreibeine sind nicht orthogonal, beim Grenzprozeß $\varepsilon \to 0$ konvergieren sie aber gegen orthogonale Dreibeine $[\mathfrak{e}(\varphi), \mathfrak{h}(\varphi), \mathfrak{n}(\varphi)]$. Die Scheitel dieser der Regelfläche angehefteten Dreibeine liegen auf der Kehllinie.

Zwischen den begleitenden Dreibeinen des Stangenmodells in aufeinander folgenden Kehlpunkten $E_{j,j+1}$ und $E_{j+1,j+2}$ gelten die trigonometrischen Beziehungen

$$(4.15)\qquad \begin{aligned} \mathfrak{e}_{j+1} - \mathfrak{e}_j &= -\mathfrak{n}_{j,j+1} \cdot 2\sin\frac{\Delta\varphi_{j,j+1}}{2} \\ \mathfrak{b}_{j+1,j+2} - \mathfrak{b}_{j,j+1} &= \hat{\mathfrak{n}}_{j+1} \cdot 2\sin\frac{\Delta\omega_j}{2}\,. \end{aligned}$$

Beim Grenzprozeß $\varepsilon \to 0$ folgen hieraus die A b l e i t u n g s g l e i c h u n g e n für $\mathfrak{e}(\varphi)$, $\mathfrak{b}(\varphi)$ und $\mathfrak{n}(\varphi)$

$$(4.16)\qquad \begin{aligned} \frac{d\mathfrak{e}}{d\varphi} &= * \quad * \quad -\mathfrak{n}, \\ \frac{d\mathfrak{b}}{d\varphi} &= * \quad * \quad +\beta\mathfrak{n}, \\ \frac{d\mathfrak{n}}{d\varphi} &= \mathfrak{e} \quad -\beta\mathfrak{b} \quad *\,. \end{aligned}$$

Die letzte Gleichung ergibt sich aus den beiden vorangehenden vermöge der Orthogonalitätsbeziehung

$$\mathfrak{n} = \mathfrak{e} \times \mathfrak{b}, \quad \frac{d\mathfrak{n}}{d\varphi} = \frac{d\mathfrak{e}}{d\varphi} \times \mathfrak{b} + \mathfrak{e} \times \frac{d\mathfrak{b}}{d\varphi}\,.$$

Zur Festlegung der Geraden der begleitenden Dreibeine benötigt man nach Gl. (4.4) noch die Vektoren

$$(4.17)\qquad \bar{\mathfrak{e}} = \mathfrak{r} \times \mathfrak{e}, \quad \bar{\mathfrak{b}} = \mathfrak{r} \times \mathfrak{b}, \quad \bar{\mathfrak{n}} = \mathfrak{r} \times \mathfrak{n}.$$

Dabei bezeichnen wir hier mit $\mathfrak{r}$ den Ortsvektor nach dem Scheitel des betreffenden Dreibeins auf der Kehllinie der Regelfläche; $\mathfrak{r}$ entspricht hier also dem Vektor $\mathfrak{q}$ in Gl. (4.4). Aus dem Stangenmodell entnimmt man die Beziehung für den Übergang von $E_{j,j+1}$ zu $E_{j+1,j+2}$

$$\mathfrak{r}_{j+1,j+2} - \mathfrak{r}_{j,j+1} = \Delta h_{j,j+1}\, \mathfrak{b}_{j,j+1} + \Delta f_{j+1}\, \mathfrak{e}_{j+1}.$$

Beim Grenzprozeß $\varepsilon \to 0$ folgt hieraus

$$(4.18)\qquad \frac{d\mathfrak{r}}{d\varphi} = p\mathfrak{b} + q\mathfrak{e}.$$

Durch Einsetzen der Gln. (4.18) und (4.16) in

$$\frac{d\bar{\mathfrak{e}}}{d\varphi} = \frac{d\mathfrak{r}}{d\varphi} \times \mathfrak{e} + \mathfrak{r} \times \frac{d\mathfrak{e}}{d\varphi}$$

und die entsprechenden Beziehungen für $\frac{d\bar{\mathfrak{b}}}{d\varphi}$ und $\frac{d\bar{\mathfrak{n}}}{d\varphi}$ ergeben sich dann die A b l e i t u n g s g l e i c h u n g e n für $\bar{\mathfrak{e}}$, $\bar{\mathfrak{b}}$ und $\bar{\mathfrak{n}}$:

$$(4.19\qquad \begin{aligned} \frac{d\bar{\mathfrak{e}}}{d\varphi} &= -p\mathfrak{n} - \bar{\mathfrak{n}}, \\ \frac{d\bar{\mathfrak{b}}}{d\varphi} &= q\mathfrak{n} + \beta\bar{\mathfrak{n}}, \\ \frac{d\bar{\mathfrak{n}}}{d\varphi} &= p\mathfrak{e} - q\mathfrak{b} + \bar{\mathfrak{e}} - \beta\bar{\mathfrak{b}}. \end{aligned}$$

$\bar{\mathfrak{e}}, \bar{\mathfrak{b}}, \bar{\mathfrak{n}}$ haben wie p, q die Dimension einer Länge $\mathfrak{e}, \mathfrak{b}, \mathfrak{n}$ sind wie β dimensionslos.

<u>4.4. Natürliche Gleichungen.</u> Die Schränkung p, Verwerfung q und Biegung β als Funktionen von φ liefern die natürliche Gleichungen

(4.20) $\quad p = p(\varphi), \quad q = q(\varphi), \quad \beta = \beta(\varphi)$

der Regelflächen im gleichen Sinn, wie in Satz (2.19) $k = k(s)$ und $w = w(s)$ als natürliche Gleichungen der Raumkurven eingeführt wurden. Der Beweis, daß $p(\varphi)$, $q(\varphi)$ und $\beta(\varphi)$ eine Regelfläche bis auf Bewegungen festlegen, erfolgt ähnlich wie in Ziff. 2.5. Man kann sich den Sachverhalt am Stangenmodell als heuristischem Modell durch folgenden unmittelbar einleuchtenden Satz veranschaulichen:

(4.21) Ein Stangenmodell ist durch die Winkel $\Delta\varphi_{j,j+1}$, die kürzesten Abstände $\Delta h_{j,j+1}$ und Δf_i und die Winkel $\Delta\omega_j$ bis auf Bewegungen eindeutig bestimmt. Die genannten Daten können beliebig vorgeschrieben werden.

Die Invarianten $p(\varphi)$, $q(\varphi)$ und $\beta(\varphi)$ lassen sich durch die Sechservektoren $\{\mathfrak{e}(\varphi), \overline{\mathfrak{e}}(\varphi)\}$, durch die man die Regelfläche nach Gl. (4.4) darstellen kann, ausdrücken. So ergibt sich aus der ersten Gl. (4.19) durch skalare Multiplikation mit $\mathfrak{e}' = -\mathfrak{n}$ $(' := \frac{d}{d\varphi})$

(4.22) $\quad p = \mathfrak{e}'\overline{\mathfrak{e}}' = \langle \mathfrak{r}', \mathfrak{e}, \mathfrak{e}' \rangle$

und aus der dritten Gl. (4.16) durch skalare Multiplikation mit $-\mathfrak{h} = \mathfrak{e} \times \mathfrak{n} = -\mathfrak{e} \times \mathfrak{e}'$

(4.23) $\quad \beta = \langle \mathfrak{e}, \mathfrak{e}', \mathfrak{e}'' \rangle.$

Für die Verwerfung q als Funktion von $\mathfrak{e}, \overline{\mathfrak{e}}$ und Ableitungen dieser Vektoren erhält man einen wesentlich komplizierteren Ausdruck. Wir verzichten darauf ihn hier herzuleiten, sondern berechnen statt dessen q als Funktion von $\mathfrak{r}$ und $\mathfrak{e}$, also im Anschluß an die Parameterdarstellung (4.1), bezogen auf die Kehllinie $\mathfrak{q} = \mathfrak{r}$. Hier folgt dann aus Gl. (4.18) sofort die sehr einfache Beziehung

(4.24) $\quad q = \mathfrak{r}'\mathfrak{e}.$

Spezialfälle:

a) Aus der ersten Definitionsgleichung (4.10) ergibt sich: Wenn die Regelfläche zu einer Torse oder einem Kegel entartet, ist $p = 0$ (verschwindende Schränkung). Wenn sie zu einem Zylinder entartet, ist $\frac{1}{p} = 0$. Wenn die Regelfläche zu einer Torse entartet, geht die Kehllinie der Regelfläche in die Kehllinie der Torse (vgl. Ziff. 3.1) über.

b) Aus der zweiten Definitionsgleichung (4.10) und ebenso aus Gl. (4.24) folgt: Die Regelflächen, deren Kehllinie Orthogonaltrajektorie der Erzeugenden ist, sind durch $q = 0$ (verschwindende Verwerfung) gekennzeichnet.

c) Nach der dritten Definitionsgleichung (4.10) und ebenso nach der zweiten Gl. (4.16) ist $\beta = 0$ (verschwindende Biegung) für die Regelflächen kennzeichnend, deren Erzeugende zu einer Ebene parallel sind ($\mathfrak{h}$ = const).

d) Die Regelflächen, deren Erzeugende eine Gerade (Achse) senkrecht schneiden (allgemeine Wendelfläche) sind durch die natürlichen Gleichungen

$$p = p(\varphi), \quad q = 0, \quad \beta = 0 \tag{4.25}$$

bestimmt.

4.5. Verbiegungen und Verschrotungen von Regelflächen. Wir denken uns die gemeinsamen Lote aufeinander folgender Geraden eines Stangenmodells als Blechhülsen ausgebildet, in denen die als Stangen realisierten Geraden beliebig verschiebbar und verdrehbar sind (Fig. 4.5). Wir unterscheiden zwei Arten von stetigen Deformationen der Stangenmodelle, nämlich Verknickungen und Verschrotungen.

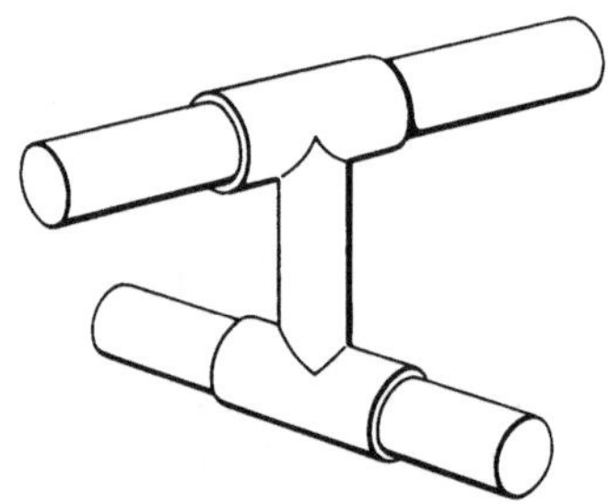

Fig. 4.5. Verkoppelung aufeinander folgender Geraden eines Stangenmodells

Bei den Verknickungen dürfen die Hülsen längs der Stangen nicht verschoben werden. Es bleiben daher sowohl die $\Delta\varphi_{j,j+1}$ und $\Delta h_{j,j+1}$ als auch die Δf_j unverändert, während die $\Delta\omega_j$ geändert werden dürfen; aufeinander folgende Stangenpaare können also gegeneinander verdreht werden.

Bei den Verschrotungen sind die Stangen in den Hülsen verschiebbar. Es bleiben daher nur die $\Delta\varphi_{j,j+1}$ und $\Delta h_{j,j+1}$ unverändert, während sowohl die Δf_j als auch die $\Delta\omega_j$ geändert werden dürfen; aufeinander folgende Stangenpaare sind nicht nur gegeneinander verdrehbar, sondern auch längs der gemeinsamen Stangen gegeneinander verschiebbar.

Den Verknickungen der Stangenmodelle entsprechen die Verbiegungen der Regelflächen, bei denen die Schränkung $p(\varphi)$ und die Verwerfung $q(\varphi)$ ungeändert bleiben, die Biegung $\beta(\varphi)$ aber abgeändert werden darf. Diese Verbiegungen werden wir in Ziff. 7.7 als längentreue Deformationen der Regelflächen näher untersuchen. Mit $\beta(\varphi) \equiv 0$ lassen sich alle Regelflächen in solche deformieren, deren Erzeugende in parallelen Ebenen liegen. Mit Hilfe dieser Regelflächen [R] lassen sich die in den Gln. (4.13) eingeführten Integralinvarianten deuten:

(4.26) | P ist der Abstand der Parallelebenen, in denen die Erzeugenden der Regelfläche [R] liegen, Q ist die Bogenlänge des Grundrisses der Kehllinie der Regelfläche [R] in den Parallelebenen.

Den Verschrotungen der Stangenmodelle entsprechen die ebenso benannten Verschrotungen der Regelflächen, bei denen nur die Schränkung $p(\varphi)$ ungeändert bleiben muß. Mit $q(\varphi) \equiv 0$ und $\beta(\varphi) \equiv 0$ lassen sich alle Regelflächen in allgemeine Wendelflächen durch Verschrotung deformieren.

§ 5. Grundbegriffe der ebenen und räumlichen Kinematik

Der Begriff der Verschrotung von Regelflächen steht mit der räumlichen Kinematik in enger Beziehung. Wir beschäftigen uns hier mit diesen Zusammenhängen und schicken einige Bemerkungen zur ebenen und sphärischen Kinematik voraus.

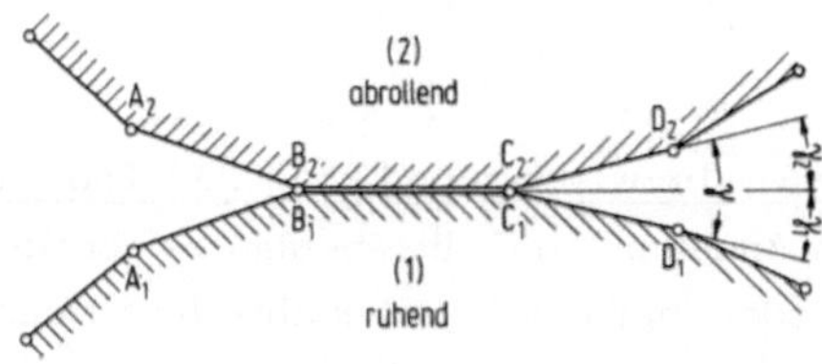

Fig. 5.1. Abrollen zweier ebener Polygone

5.1. Ebene und spährische Kinematik. Jeder Bewegungsvorgang in der Ebene läßt sich, wenn man von Parallelverschiebungen absieht, durch das Abrollen zweier Kurven der Ebene oder, was dasselbe ist, durch das Abrollen zweier auf der Ebene senkrechter Zylinder realisieren. Wir stellen diesen Vorgang durch ein differenzengeometrisches Modell dar, nämlich durch das Abrollen zweier ebener Polygone mit paarweise gleich langen korrespondierenden Seiten bzw. zweier senkrechter Prismen über diesen Polygonen (Fig. 5.1). Durch einen Grenzprozeß $\varepsilon \to 0$ lassen wir dann das Abrollen der Polygone in ein Abrollen von Kurven übergehen.

In Fig. 5.1 soll das Polygon (1) als ruhend betrachtet werden. Das Polygon (2) rollt am Polygon (1) ab. Zunächst mögen die Seiten $B_1C_1 = B_2C_2$ zusammenfallen. Um dann die Seite C_2D_2 mit C_1D_1 zur Deckung zu bringen, muß das Polygon (2) um die Ecke $C_1 = C_2$ mit dem Drehwinkel $\gamma = \gamma_1 + \gamma_2$ gedreht werden. Das Abrollen der Polygone besteht also aus einer Folge von Drehungen. Die Drehzentren sind die Ecken des Polygons (1) in der ruhenden und die Ecken des Polygons (2) in der abrollenden Ebene.

Beim Grenzprozeß $\varepsilon \to 0$ ergeben sich zwei Kurven (1) und (2), die punktweise umkehrbar eindeutig durch gleiche Bogenlängen aufeinander bezogen sind und ohne zu gleiten sich aneinander abwickeln. In jedem Zeitpunkt berühren sich die beiden Kurven. Der Berührpunkt ist das *momentane Drehzentrum* für die momentale "infinitesimale Drehung".

Die Betrachtungen lassen sich sofort von der ebenen auf die sphärische Geometrie übertragen, d.h. auf Bewegungsvorgänge im Raum bei festbleibendem Nullpunkt 0. Hier gibt es kein Analogon zu den Parallelverschiebungen der ebenen Kinematik, alle Bewegungen setzen sich aus Drehungen zusammen, deren Achsen durch den Punkt 0 gehen. Anstelle der abrollenden Prismen bzw. Zylinder treten abrollende Pyramiden bzw. Kegel.

<u>5.2. Verzahnungen an zylindrischen und konischen Rädern.</u> Wir beschränken uns jetzt auf die Annahme, daß die aneinander abrollenden Kurven Kreise seien, die außen oder innen aneinander abrollen. Dann kann man den Bewegungsvorgang umdeuten (Fig. 5.2) indem man ihn nicht mehr von der Ebene der Kurve (1) aus als ruhender Ebene betrachtet, sondern die beiden Kreise sich um ihre Mittelpunkte M_1 und M_2 als ruhende Punkte drehen läßt. Die Drehgeschwindigkeit stehen dabei im umgekehrten Verhältnis der Kreisradien r_1 und r_2 (*Übersetzungsverhältnis* $z=r_1:r_2$). Die Kreise rollen dann ebenso wie bei der Deutung in Ziff. 5.1 aneinander

ab, aber das momentane Drehzentrum bleibt jetzt immer an derselben Stelle C.

Die aneinander abrollenden Kreise bzw. Zylinder erzeugen eine Übertragung von Drehungen um parallele Achsen. Um diese Verkoppelung der Drehungen technisch herbeizuführen, reichen die geringen Reibungskräfte i.a. nicht aus, sondern man muß die beiden Zylinder mit *zylindrischen Verzahnungen* versehen (*Stirnräder*). Die korrespondierenden *Zahnflanken* berühren sich beim Abrollen der beiden Kreise (1) und (2) (*Teilkreise*) ständig, sie rollen aber nicht aneinander ab, sondern gleiten aneinander ab.

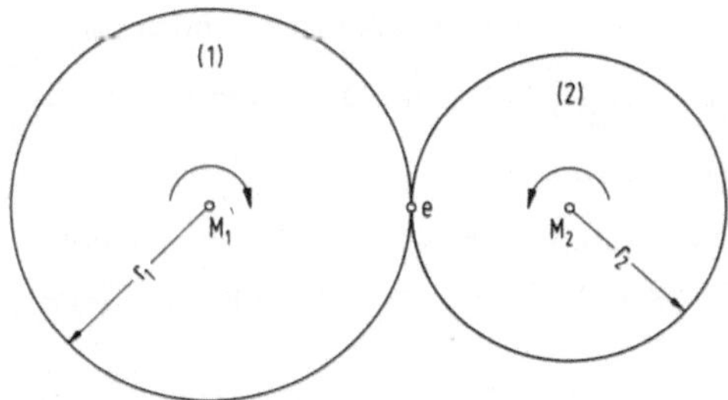

Fig. 5.2. Übertragung von Drehungen um parallele Achsen

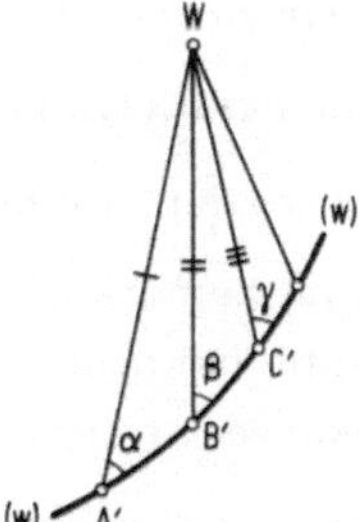

Fig. 5.3. Wälzkurve mit starr verbundenem Wälzpunkt

Die korrespondierenden Zahnflanken können als *Rollkurven* erzeugt werden, die beim äußeren oder inneren Abrollen einer *Wälzkurve* w an den Teilkreisen als Bahnkurven eines mit der Wälzkurve w starr verbundenen *Wälzpunktes* W entstehen (Fig. 5.3). Läßt man die Wälzkurve an einem ganzen Satz von Teilkreisen abrollen, so ergibt sich ein Satz von korrespondierenden Zahnflanken. Man kann auf diese

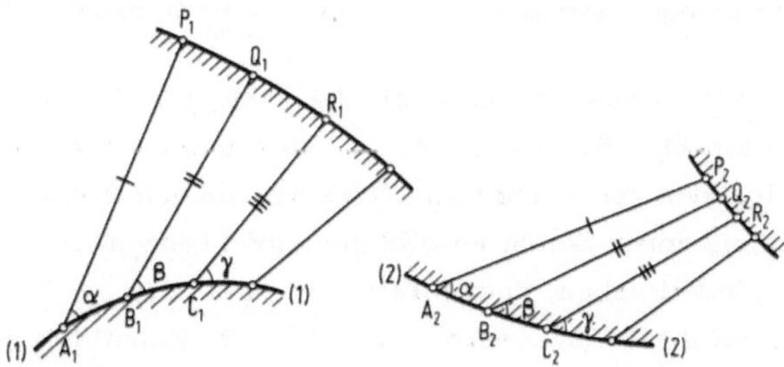

Fig. 5.4. Konstruktion einer korrespondierenden Zahnflanke zu einer vorgegebenen Zahnflanke

Weise zu einer am Teilkreis (1) vorgegebenen Zahnflanke die korrespondierende Zahnflanke zum Teilkreis (2) konstruieren (Fig. 5.4), wobei hier die durch etwaige Singularitäten entstehenden Schwierigkeiten außer Betracht bleiben sollen:

Man geht von Punkten $P_1, Q_1, \ldots$ der Zahnflanke des Teilkreises (1) aus und geht auf den Normalen bis zu den Punkten $A_1, B_1, \ldots$ des Teilkreises (1). Diese Normalen schneiden den Teilkreis (1) unter den Winkeln $\alpha, \beta, \ldots$, die in Fig. 5.3 auch an der Wälzkurve auftreten. Dann überträgt man die Bogenlängen A_1B_1 usf. des Teilkreises (1) auf den Teilkreis (2) und erhält so die korrespondierenden Punkte $A_2, B_2, \ldots$. In diesen Punkten überträgt man die Winkel $\alpha, \beta, \ldots$ gegen den Teilkreis (2) und trägt unter diesen Winkeln die Längen $A_1P_1 = A_2P_2$ usf. auf. Die Punkte $P_2, Q_2, \ldots$ sind Punkte der korrespondierenden Zahnflanke.

Es ist bemerkenswert, daß dieselbe Konstruktion auch für "unrunde" Räder gilt, bei denen anstelle der Teilkreise nicht-kreisförmige abrollende Teilkurven treten.

Der hier beschriebene kontinuierliche Prozeß läßt sich folgendermaßen durch ein differenzengeometrisches Modell erläutern (Fig. 5.5):

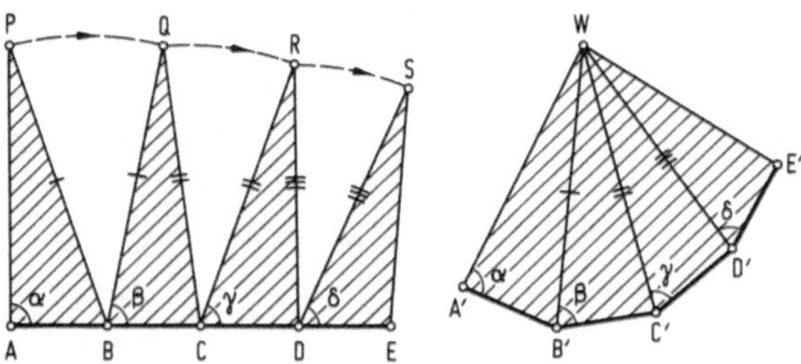

Fig. 5.5. Differenzengeometrisches Modell der Zahnflankenkonstruktion

Das Modell besteht aus starren Dreiecken ABP, BCQ..., die paarweise gleiche Seiten BP = BQ, CQ = CR,... haben und um die Basispunkte B,C,... gegeneinander verdrehbar sind. Ersetzt man die Teilkurven (1), (2) durch Polygone, deren Seiten jeweils dieselben Längen AB, BC,.. wie das vorliegende Modell haben, dann bilden die Punkte P,Q,... beim Auflegen des Modells auf die Teilkurvenpolygone (1), (2) Zahnflankenpolygone $P_1Q_1\ldots$ und $P_2Q_2\ldots$, welche die Zahnflanken der Fig. 5.4 approximieren. Klappt man ferner das Modell zusammen derart, daß die Punkte P,Q,...

in einen Punkt W zusammenfallen, so entsteht ein Polygon A'B'..., das die Wälzkurve der Fig. 5.3 approximiert.

Alle diese Betrachtungen lassen sich von der ebenen auf die sphärische Geometrie übertragen. Anstelle der zylindrischen Stirnräder für die Übertragung von Drehungen um parallele Achsen treten dann Kegelräder für die Übertragung von Drehungen um sich schneidende Achsen. Statt der ebenen Teilkreise hat man abrollende Kreise auf der Kugel bzw. abrollende Kegel, statt der Wälzkurve einen Wälzkegel und anstelle der zylindrischen Zahnflanken konische Zahnflanken.

5.3. Räumliche Kinematik. Bei Ausschluß der Parallelverschiebung ist nach Ziff. 5.1 die "Momentanbewegung" in der Ebene eine Drehung um den jeweiligen Berührpunkt zweier aneinander abrollender Kurven. Im Raum ist, wiederum bei Ausschluß der reinen Parallelverschiebung, die Momentanbewegung eine Schraubung, d.h. eine Drehung um eine Achse und eine Parallelverschiebung in Richtung dieser Achse. Von diesen Bewegungsschrauben und ihrer Darstellung durch Sechservektoren wird in § 15 die Rede sein. Hier beschränken wir uns darauf, den Bewegungsvorgang ähnlich wie in Ziff. 5.1 anschaulich darzustellen:

Wir gehen aus von den in Ziff. 4.2 verwendeten Modellen für Regelflächen, den sogenannten Stangenmodellen, die hier dieselbe Rolle spielen wie die zur Darstellung der ebenen Bewegung in Fig. 5.1 angegebenen Polygone. Statt zweier Polygone mit paarweise gleichen entsprechenden Seiten benützen wir jetzt zwei Stangenmodelle mit paarweise gleichen Winkeln $\Delta\varphi_{j,j+1}$ und paarweise gleichen kürzesten Abständen $\Delta h_{j,j+1}$ entsprechender Geradenpaare der Stangenmodelle (Vgl. Fig. 4.4). Der Bewegungsvorgang besteht dann darin, daß die entsprechenden Geradenpaare nacheinander zur Deckung gebracht werden sollen. Das erfordert beim Übergang von einem zum darauffolgenden Geradenpaar eine Drehung um die gemeinsame Gerade sowie eine zusätzliche Parallelverschiebung in Richtung der gemeinsamen Geraden. Die Drehungen sind durch die Winkel $\Delta\omega_j$, die Parallelverschiebungen durch die Längen Δf_j der beiden Stangenmodelle festgelegt. Wir bezeichnen diesen dem Abrollen der Polygone in Fig. 5.1 entsprechenden Vorgang als ein Abschroten der beiden Stangenmodelle, weil die beiden Stangenmodelle im Sinne von Ziff. 4.5 durch Verschrotung auseinander entstehen. Wenn die beiden Stangenmodelle in den Längen Δf_j übereinstimmen (-nach Länge und Richtungssinn-), also im Sinne von Ziff. 4.5 durch Verknickung auseinander entstehen, dann entfallen die Parallelverschiebungen und die den

Abschrotvorgang konstituierenden Schraubungen spezialisieren sich zu reinen Drehungen.

Beim Grenzübergang $\varepsilon \to 0$ von den Stangenmodellen zu Regelflächen treten anstelle der Stangenmodelle zwei Regelflächen, deren Erzeugende durch gleiche Bogenlängen im sphärischen Erzeugendenbild (vgl. Ziff. 4.1) einander zugeordnet sind und die in entsprechenden Erzeugenden dieselbe Schränkung haben. Wir nennen solche Regelflächen, die durch Verschrotung (vgl. Ziff. 4.5) auseinander hervorgehen, schränkungsgleiche Regelflächen und erhalten dann folgenden differentialgeometrischen Satz der räumlichen Kinematik:

(5.1) Die bei Ausschluß reiner Parallelverschiebungen allgemeinste räumliche Bewegung entsteht durch Abschroten zweier schränkungsgleicher Regelflächen aneinander: In jedem Augenblick des Prozesses berühren sich die beiden Regelflächen längs einer gemeinsamen Erzeugenden; vgl. Satz (6.23). Die Momentanbewegung ist eine Schraubenbewegung mit der jeweils gemeinsamen Erzeugenden als Schraubenachse. Wenn die beiden Regelflächen nicht nur schränkungsfest sind, sondern in entsprechenden Erzeugenden auch in der Verwerfung übereinstimmen, also durch Verbiegung auseinander hervorgehen, spezialisiert sich die Momentanbewegung zu einer reinen Drehbewegung und das Abschroten zu einem Abrollen.

Die wichtigste Anwendung bieten die Hyperboloidräder. Sie übertragen Drehungen um zueinander windschiefe Achsen (1), (2). Anstelle der Teilkreise (vgl. Fig. 5.2) der Stirnräder hat man hier zwei einschalige Drehhyperboloide, die in der Schränkung übereinstimmen. Während sie sich um die beiden Achsen (1), (2) drehen, berühren sie sich jeweils längs einer im Raum festen Geraden. Die Konstruktion der Verzahnung der Hyperboloidräder ist naturgemäß erheblich mühsamer als die Zahnflankenkonstruktion der Stirnräder. Sie kann im Rahmen dieses Buches nicht behandelt werden.

§ 6. Sehnendreiecksnetze einer Fläche

In Ziff. 1.2 haben wir den Flächen Sehnendreiecksnetze einbeschrieben und für diese Netze als Limes-Modelle (vgl. Ziff. 1.1) einen Grenzprozess $\varepsilon \to 0$ definiert. Wir vertiefen jetzt diese Betrachtungen zu einer differenzengeometrischen Herleitung der Grundgleichungen der Flächentheorie (Gleichungen von

Mainardi und Codazzi und Gausssche Formel), die uns dann in § 8 als Integrierbarkeitsbedingungen der Ableitungsgleichungen wieder begegnen werden. Wieder setzen wir voraus, daß die jeweils erforderlichen Differenzierbarkeits- und Stetigkeitsbedingungen erfüllt sind. Die auftretenden Restglieder von der Größenordnung ε^{ν} werden mit $O(\varepsilon^{\nu})$ bezeichnet. Vgl. hierzu [14].

6.1. Bezeichnungen. Wir ordnen den Knotenpunkten $u/v(\overline{u} \leq u \leq \overline{\overline{u}}, \overline{v} \leq v \leq \overline{\overline{v}})$ in Fig. 1.3 des Sehnendreiecksnetzes das aus zwei Sehnendreiecken bestehende, i.a. nicht ebene Viereck mit den übrigen Eckpunkten $u + \varepsilon/v$, $u + \varepsilon/v + \varepsilon$, $u/v + \varepsilon$ zu und führen folgende Bezeichnungen ein (Fig. 6.1), wobei alle auftretenden Größen Funktionen von ε und von u,v sind.

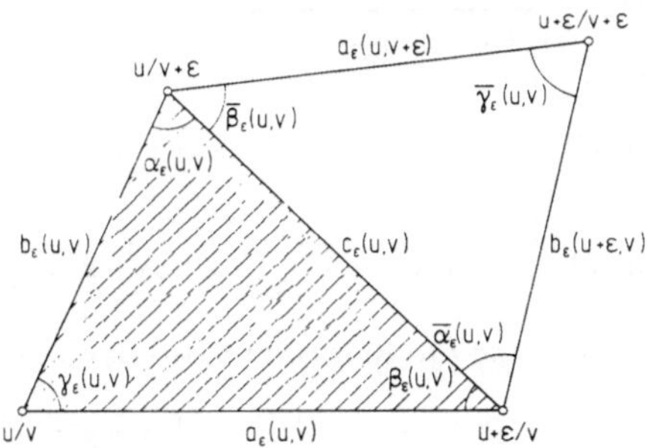

Fig. 6.1. Bezeichnungen bei Sehnendreiecksnetzen

α_{ε}, β_{ε}, γ_{ε} und a_{ε}, b_{ε}, c_{ε} sind die Winkel und Seiten des in Fig. 6.1 schraffierten Dreiecks, $\overline{\alpha}_{\varepsilon}$, $\overline{\beta}_{\varepsilon}$, $\overline{\gamma}_{\varepsilon}$ sind die Winkel des benachbarten Dreiecks. $\varkappa_{\varepsilon}$, λ_{ε}, μ_{ε} sind die Keilwinkel zwischen der Ebene des schraffierten Dreiecks und den Ebenen der an den Seiten mit den Längen a_{ε}, b_{ε}, c_{ε} benachbarten Dreiecke. Diese Keilwinkel werden positiv gezählt, wenn das Dreiecksnetz an der betreffenden Kante auf der positiven Seite des Netzes (vgl. Ziff. 1.3) konvex ist.

Alle diese Größen ergeben sich aus den Ortsvektoren $\mathfrak{r}$ der Punkte der zu untersuchenden Fläche:

$$(6.1) \quad \begin{aligned} a_{\varepsilon}^2(u,v) &= [\mathfrak{r}(u+\varepsilon,v) - \mathfrak{r}(u,v)]^2, \\ b_{\varepsilon}^2(u,v) &= [\mathfrak{r}(u,v+\varepsilon) - \mathfrak{r}(u,v)]^2, \\ c_{\varepsilon}^2(u,v) &= [\mathfrak{r}(u+\varepsilon,v) - \mathfrak{r}(u,v+\varepsilon)]^2, \end{aligned}$$

$$\cos \alpha_\varepsilon(u,v) = \frac{b_\varepsilon^2(u,v) + c_\varepsilon^2(u,v) - a_\varepsilon^2(u,v)}{2b_\varepsilon(u,v)\, c_\varepsilon(u,v)},$$

$$\text{(6.2)} \qquad \cos \overline{\alpha}_\varepsilon(u,v) = \frac{b_\varepsilon^2(u+\varepsilon,v) + c_\varepsilon^2(u,v) - a_\varepsilon^2(u,v+\varepsilon)}{2b_\varepsilon(u+\varepsilon,v)\, c_\varepsilon(u,v)},$$

β_ε, $\overline{\beta}_\varepsilon$ und γ_ε, $\overline{\gamma}_\varepsilon$ analog.

$$\sin \varkappa_\varepsilon(u,v) = \frac{a_\varepsilon(u,v) \cdot D_1}{\Delta f_\varepsilon(u,v)\, \overline{\Delta f}_\varepsilon(u,v-\varepsilon)},$$

$$\sin \lambda_\varepsilon(u,v) = \frac{b_\varepsilon(u,v) \cdot D_2}{\Delta f_\varepsilon(u,v)\, \overline{\Delta f}_\varepsilon(u-\varepsilon,v)}$$

$$\text{(6.3)} \qquad \sin \mu_\varepsilon(u,v) = \frac{c_\varepsilon(u,v) \cdot D_3}{\Delta f_\varepsilon(u,v)\, \overline{\Delta f}_\varepsilon(u,v)}$$

$$\Delta f_\varepsilon(u,v) = a_\varepsilon(u,v)\, b_\varepsilon(u,v) \sin \gamma_\varepsilon(u,v),$$

mit

$$\overline{\Delta f}_\varepsilon(u,v) = a_\varepsilon(u,v+\varepsilon)\, b_\varepsilon(u+\varepsilon,v) \sin \overline{\gamma}_\varepsilon(u,v).$$

$\frac{1}{2}\Delta f_\varepsilon(u,v)$ und $\frac{1}{2}\overline{\Delta f}_\varepsilon(u,v)$ sind die Flächeninhalte der beiden in Fig. 6.1 dargestellten Dreiecke. Ferner sind mit D_1, D_2, D_3 die folgenden dreifachen Skalarprodukte bezeichnet.

$$\begin{aligned}
D_1 &:= \langle \mathfrak{r}(u+\varepsilon,v-\varepsilon)-\mathfrak{r}(u,v),\ \mathfrak{r}(u+\varepsilon,v-\varepsilon)-\mathfrak{r}(u+\varepsilon,v),\\
&\qquad \mathfrak{r}(u+\varepsilon,v-\varepsilon)-\mathfrak{r}(u,v+\varepsilon)\rangle,\\
\text{(6.4)} \qquad D_2 &:= \langle \mathfrak{r}(u-\varepsilon,v+\varepsilon)-\mathfrak{r}(u,v),\ \mathfrak{r}(u-\varepsilon,v+\varepsilon)-\mathfrak{r}(u+\varepsilon,v),\\
&\qquad \mathfrak{r}(u-\varepsilon,v+\varepsilon)-\mathfrak{r}(u,v+\varepsilon)\rangle,\\
D_3 &:= \langle \mathfrak{r}(u+\varepsilon,v+\varepsilon)-\mathfrak{r}(u,v),\ \mathfrak{r}(u+\varepsilon,v+\varepsilon)-\mathfrak{r}(u+\varepsilon,v),\\
&\qquad \mathfrak{r}(u+\varepsilon,v+\varepsilon)-\mathfrak{r}(u,v+\varepsilon)\rangle.
\end{aligned}$$

D_1, D_2, D_3 sind die sechsfachen Volumina des Tetraeders mit den Eckpunkten u/v, $u+\varepsilon/v$, $u/v+\varepsilon$ und $u+\varepsilon/v-\varepsilon$ bzw. $u-\varepsilon/v+\varepsilon$ bzw. $u+\varepsilon/v+\varepsilon$.

Die Vorzeichen von $\varkappa_\varepsilon$, λ_ε, μ_ε stimmen mit der vorher getroffenen Verabredung überein, wenn wir die Vorderseite der Fig. 6.1 als positive Seite nehmen. Mit anderen Worten: Die Richtungen der Vektoren $\mathfrak{r}(u+\varepsilon,v)-\mathfrak{r}(u,v)$ und $\mathfrak{r}(u,v+\varepsilon)-\mathfrak{r}(u,v)$ und die Richtung des auf der positiven Netzseite errichteten Normalenvektors auf der Ebene des in Fig. 6.1 schraffierten Dreiecks folgen im Sinn einer Rechtsschraube aufeinander.

<u>6.2. Grenzprozeß $\varepsilon \to 0$.</u> Für $\varepsilon \to 0$ ergeben sich folgende Entwicklungen

(6.5) $$a_\varepsilon(u,v) = \varepsilon a(u,v) + \varepsilon^2 a^*(u,v) + O(\varepsilon^3),$$

b_ε und c_ε analog.

$$\alpha_\varepsilon(u,v) = \alpha(u,v) + \varepsilon\alpha^*(u,v) + \varepsilon^2\alpha^{**}(u,v) + O(\varepsilon^3),$$

β_ε und γ_ε analog;

(6.6) $$\overline{\alpha}_\varepsilon(u,v) - \alpha_\varepsilon(u,v) = \varepsilon\varphi(u,v) + \varepsilon^2\varphi^*(u,v) + O(\varepsilon^3),$$

$\overline{\beta}_\varepsilon$ und $\overline{\gamma}_\varepsilon$ mit χ_ε und ψ_ε analog.

(6.7) $$\tfrac{1}{2}[\Delta f_\varepsilon(u,v) + \overline{\Delta f}_\varepsilon(u,v)] = \varepsilon^2 f(u,v) + O(\varepsilon^3),$$
$$\Delta f_\varepsilon(u,v) - \overline{\Delta f}_\varepsilon(u,v) = O(\varepsilon^3).$$

(6.8) $$\varkappa_\varepsilon(u,v) = \varepsilon\varkappa(u,v) + \varepsilon^2\varkappa^*(u,v) + O(\varepsilon^3),$$

λ_ε und μ_ε analog.

Die mit Sternen behafteten Glieder werden später nicht explizit benötigt werden. Es sind lediglich die Identitäten

(6.9) $$\alpha^* + \beta^* + \gamma^* = \alpha^{**} + \beta^{**} + \gamma^{**} = \varphi + \chi + \psi = \varphi^* + \chi^* + \psi^* = 0$$

zu beachten. Für die Berechnung der übrigen Glieder benützen wir die Bezeichnungen

(6.10) $$E = \mathfrak{r}_u^2, \quad F = \mathfrak{r}_u\mathfrak{r}_v, \quad G = \mathfrak{r}_v^2,$$

woraus

(6.11) $$EG - F^2 = (\mathfrak{r}_u \times \mathfrak{r}_u)^2$$

folgt, sowie

(6.12) $$L = \frac{\langle \mathfrak{r}_u, \mathfrak{r}_v, \mathfrak{r}_{uu}\rangle}{\sqrt{EG - F^2}}, \quad M = \frac{\langle \mathfrak{r}_u, \mathfrak{r}_v, \mathfrak{r}_{uv}\rangle}{\sqrt{EG - F^2}}, \quad N = \frac{\langle \mathfrak{r}_u, \mathfrak{r}_v, \mathfrak{r}_{vv}\rangle}{\sqrt{EG - F^2}}.$$

Dabei gelten die Ungleichungen

(6.13) $$E > 0, \quad G > 0, \quad EG - F^2 > 0,$$

da wir gemäß Ziff. 2.1 $\mathfrak{r}_u \neq 0$ und $\mathfrak{r}_v \neq 0$ verlangen und nach der ebenfalls in Ziff. 2.1 getroffenen Voraussetzung die Kurven $u = \text{const}$ und $v = \text{const}$ sich nicht berühren sollen, was $\mathfrak{r}_u \times \mathfrak{r}_v \neq 0$ zur Folge hat. Die Funktionen E, F, G bzw. L, M, N werden uns in § 7 bzw. § 9 als Koeffizienten der sogenannten *ersten* bzw. *zweiten Grundform der Flächentheorie* wieder begegnen.

Mit den hier eingeführten Bezeichnungen lassen sich dann die Entwicklungskoeffizienten in den Gln. (6.5) bis (6.8) mit Ausnahme der mit Sternen versehenen Größen folgendermaßen darstellen:

(6.14) $$a^2 = E, \quad b^2 = G, \quad c^2 = E - 2F + G,$$

$$(6.15)\qquad \cos\alpha = \frac{G-F}{\sqrt{G(E-2F+G)}},\quad \cos\beta = \frac{E-F}{\sqrt{E(E-2F+G)}},\quad \cos\gamma = \frac{F}{\sqrt{EG}},$$

$$(6.16)\qquad \varphi = \frac{GE_v - FG_u}{2G\sqrt{EG-F^2}},\quad \chi = \frac{EG_u - FE_v}{2E\sqrt{EG-F^2}},\quad \psi = -(\varphi+\chi),$$

$$(6.17)\qquad f = ab\sin\gamma = \sqrt{EG-F^2},$$

$$(6.18)\qquad \varkappa = \frac{\sqrt{E}(N-M)}{\sqrt{EG-F^2}},\quad \lambda = \frac{\sqrt{G}(L-M)}{\sqrt{EG-F^2}},\quad \mu = \frac{\sqrt{E-2F+G}\,M}{\sqrt{EG-F^2}}.$$

Die Gln. (6.14), ((.15) und (6.17) ergeben sich aus den Gln. (6.1) und (6.2) sowie den in den Gln. (6.3) enthaltenen Definitionen für Δf_ε und $\overline{\Delta f}_\varepsilon$ unmittelbar mit Hilfe von

$$a_\varepsilon(u,v+\varepsilon) = \varepsilon a + \varepsilon^2(a_v + a^*) + 0(\varepsilon^3),$$

$$\cos\alpha_\varepsilon(u,v) = \cos(\alpha + \varepsilon\alpha^* + 0(\varepsilon^2)) = \cos\alpha + \varepsilon\alpha^*\sin\alpha + 0(\varepsilon^2),$$

$$\cos\overline{\alpha}_\varepsilon(u,v) = \cos\alpha + \varepsilon(\alpha^* + \varphi)\sin\alpha + 0(\varepsilon^2)$$

und analogen Beziehungen.

Zur Herleitung der Gln. (6.16), z.B. der Gleichung für φ, eliminiert man $c_\varepsilon^2(u,v)$ aus den beiden Gln. (6.2) und findet mann

$$\alpha_\varepsilon^2(u,v) - b_\varepsilon^2(u,v) + 2b_\varepsilon(u,v)\,c_\varepsilon(u,v)\cos\alpha_\varepsilon(u,v)$$

$$= a_\varepsilon^2(u,v+\varepsilon) - b_\varepsilon^2(u+\varepsilon,v) + 2b_\varepsilon(u+\varepsilon,v)\,c_\varepsilon(u,v)\cos\overline{\alpha}_\varepsilon(u,v).$$

Entwickelt man die Glieder dieser Gleichung nach Potenzen von ε mit Hilfe der Gln. (6.5) und (6.6), dann verschwindet das von ε freie Glied identisch und der Faktor des in ε linearen Gliedes enthält die mit Stern versehenen Funktionen a^*, α^* usf. nicht. Durch Nullsetzen dieses Faktors

$$2(aa_v - bb_u + cb_u\cos\alpha - \varphi bc\sin\alpha)$$

ergibt sich Gl. (6.16) für φ.

Zur Herleitung der Gln. (6.18), hat man die in Gl. (6.4) eingeführten dreifachen Skalarprod.ıkte D_1, D_2, D_3 nach Potenzen von ε zu entwikkeln.

6.3. Flächennormale und Tangentenebene. Die nach außen gerichteten Normalen der Dreiecke des Sehnendreiecksnetzes, errichtet etwa jeweils in der Ecke u,v des in Fig. 6.1 schraffierten Dreiecks, gehen beim Grenzprozeß $\varepsilon \to 0$ in die Flächennormalen, d.h. in die zu den Tangentenvektoren

$$(6.19)\qquad \mathfrak{r}_u = \lim_{\varepsilon\to 0}\frac{\mathfrak{r}(u+\varepsilon,v) - \mathfrak{r}(u,v)}{\varepsilon},\quad \mathfrak{r}_v = \lim_{\varepsilon\to 0}\frac{\mathfrak{r}(u,v+\varepsilon) - \mathfrak{r}(u,v)}{\varepsilon}$$

senkrechten Einheitsvektoren

(6.20) $$\mathfrak{n} = \frac{\mathfrak{r}_u \times \mathfrak{r}_v}{\sqrt{EG-F^2}}$$

über, wobei von Gl. (6.11) Gebrauch gemacht ist. Die zur Flächennormale des Flächenpunkts u/v senkrechte Ebene (T a n g e n t e n e b e n e) enthält die Tangenten aller durch den Flächenpunkt gehenden Kurven $\mathfrak{r} = \mathfrak{r}(u(t), v(t))$; denn aus Gl. (6.20) folgt

$$\mathfrak{n}\dot{\mathfrak{r}}(t) = \mathfrak{n}(\mathfrak{r}_u \dot{u} + \mathfrak{r}_v \dot{v}) = 0.$$

Als Anwendung ermitteln wir die Tangentenebenen der Torsen und Regelflächen:
Für die durch G. (4.1) gegebene Geradenfläche ist

$$\mathfrak{r}_u = \dot{\mathfrak{q}} + v\dot{\mathfrak{e}}, \quad \mathfrak{r}_v = \mathfrak{e}, \qquad \text{also}$$
$$\mathfrak{n} = \frac{1}{\rho}(\dot{\mathfrak{q}} \times \mathfrak{e} + v\dot{\mathfrak{e}} \times \mathfrak{e})$$

mit $\rho = |\dot{\mathfrak{q}} \times \mathfrak{e} + v\dot{\mathfrak{e}} \times \mathfrak{e}|$. Bei T o r s e n sind nach Gl. (4.2) die Vektoren $\dot{\mathfrak{q}}$, $\mathfrak{e}$ und $\dot{\mathfrak{e}}$ linear abhängig. Daher ist $\dot{\mathfrak{q}} \times \mathfrak{e} = \sigma\dot{\mathfrak{e}} \times \mathfrak{e}$, also

(6.21) $$\mathfrak{n} = \frac{1}{\rho}(\sigma + v)\dot{\mathfrak{e}} \times \mathfrak{e};$$

d.h.: E i n e T o r s e h a t l ä n g s j e d e r E r z e u g e n d e n e i n e g e m e i n s a m e T a n g e n t e n e b e n e. Dies folgt natürlich auch aus der in Ziff. 3.1 gegebenen Definition der Torsen als Hüllgebilde einer Ebenenschar. Wenn es sich um eine Tangentenfläche handelt, ist die gemeinsame Tangentenebene die Schmiegebene der Kehllinie.

Ist die durch Gl. (4.1) gegebene Geradenfläche eine R e g e l f l a c h e, dann gilt die Ungleichung (4.3). Die Vektoren $\dot{\mathfrak{q}}$, $\mathfrak{e}$, $\dot{\mathfrak{e}}$ sind in diesem Fall nicht linear abhängig und die Tangentenebenen bilden längs einer Erzeugenden ein Ebenenbüschel. Wenn wir als Leitkurve die Kehllinie $\mathfrak{r} = \mathfrak{r}(u)$ der Regelfläche und als Parameter u die Bogenlänge φ des sphärischen Erzeugendenbildes nehmen, ist

$$\mathfrak{n} = \frac{1}{\rho}(\mathfrak{r}' \times \mathfrak{e} + v\mathfrak{e}' \times \mathfrak{e}), \quad \rho = |\mathfrak{r}' \times \mathfrak{e} + v\mathfrak{e}' \times \mathfrak{e}| \quad \text{mit } ' : = \frac{d}{d\varphi}.$$

Nach Gl. (4.18) und der ersten Gl. (4.16) erhält man nach kurzer Rechnung

(6.22) $$\rho\mathfrak{n} = -p\mathfrak{n}_0 - v\mathfrak{h}.$$

Dabei ist $\mathfrak{n}_0$ die in Ziff. 4.3 mit $\mathfrak{n}$ bezeichnete Normale des in Kehlpunkt angehefteten begleitenden Dreibeins. Aus Gl. (6.22) folgt

(6.23) Zwei Regelflächen, die eine Erzeugende g gemeinsam haben und an dieser Erzeugenden in der Schränkung p übereinstimmen, berühren sich längs g, wenn man die Kehlpunkte auf g und die Tangentenebenen in den Kehlpunkten zusammenfallen läßt.

<u>6.4. Schließungssätze für ein durch die Dreieckswinkel und die Keilwinkel vorgegebenen Dreiecksnetze.</u> Durch die Dreieckswinkel $\alpha_\varepsilon, \beta_\varepsilon, \gamma_\varepsilon, \overline{\alpha}_\varepsilon, \overline{\beta}_\varepsilon, \overline{\gamma}_\varepsilon$ und die Keilwinkel $\varkappa_\varepsilon, \lambda_\varepsilon, \mu_\varepsilon$ ist ein Dreiecksnetz bis auf Ähnlichkeitstransformationen und die Lage im Raum bestimmt. Die genannten Winkel können aber nicht willkürlich vorgegeben werden, sondern müssen neben der trivialen Forderung $\alpha_\varepsilon + \beta_\varepsilon + \gamma_\varepsilon = \overline{\alpha}_\varepsilon + \overline{\beta}_\varepsilon + \overline{\gamma}_\varepsilon = \pi$ noch drei S c h l i e ß u n g s s ä t z e n genügen, damit aus den Dreiecken sich schließende Sechskante und hierauf aus den Sechskanten ein Dreiecksnetz aufgebaut werden können. Dies sieht man folgendermaßen ein:

In Fig. 6.2 ist ein Sechskant mit dem zugeordneten sphärischen Polarsechseck dargestellt, wobei die Dreieckswinkel am Scheitel des Sechskants, die gleich den Außenwinkeln des sphärischen Sechsecks sind, sowie die Keilwinkel zwischen den Sechskantebenen, die gleich den Seitenlängen des sphärischen Sechsecks sind, als Funktionen der Parameter u,v und der Maschenweite ε eingezeichnet sind. Die Figur bezieht sich auf den Fall positiver Keilwinkel, das Sechskant hat also, von der positiven Seite des Dreiecksnetzes betrachtet, lauter konvexe Kanten. Die nachfolgenden Überlegungen gelten aber für beliebige Vorzeichen der Keilwinkel.

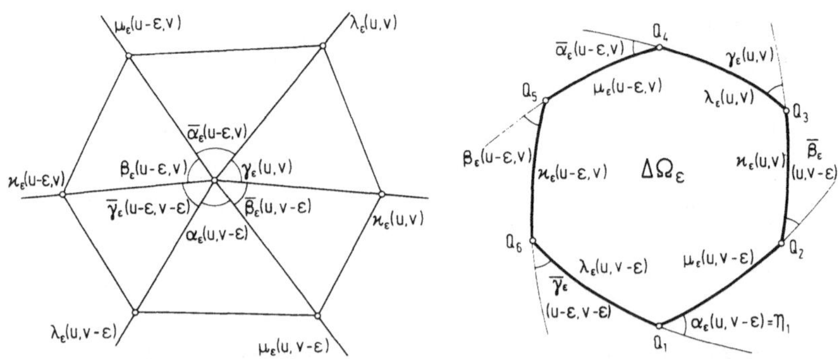

Fig. 6.2. Sechskant und sphärisches Polarsechseck

Zwei Schließungssätze ergeben sich durch folgende Gedankenkonstruktion. Wir sehen zunächst vom Winkel $\alpha_\varepsilon = \eta_1$ an der Ecke Q_1 des sphärischen Sechsecks in Fig. 6.2 ab und konstruieren aus den übrigen Winkeln und aus allen Seiten des Sechsecks den sphärischen Sechseckzug $Q_1 Q_2 \ldots Q_6 Q_7$ (Fig. 6.3). Die Schließungsforderung, daß Q_1 mit Q_7 zusammenfallen soll ($Q_1 = Q_7$), führt auf zwei Gleichungen

(6.24) $A = 0, \quad B = 0$

zwischen allen Seiten und Winkeln des in Fig. 6.2 angegebenen sphärischen Sechsecks mit Ausnahme des Winkels bei Q_1. Es ist, wie sich in

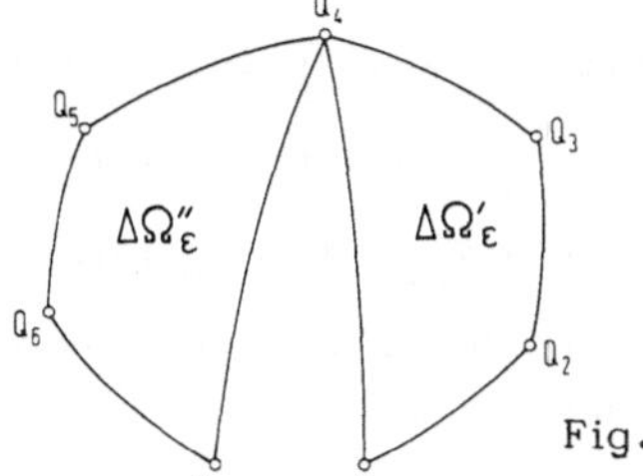

Fig. 6.3. Erläuterung zu den Schließungssätzen

Ziff. 6.6 zeigen wird, nicht nötig die komplizierten analytischen Ausdrücke A und B explizit anzugeben. Es genügt, A und B durch ihre geometrische Bedeutung zu fixieren:

A = sphärische Normalprojektion des Sechszuges $Q_1 \ldots Q_7$ auf den die Seite Q_1Q_2 enthaltenden Größtkreis,

B = sphärische Normalprojektion des Sechszuges $Q_1 \ldots Q_7$ auf den zur Seite Q_1Q_2 mittelsenkrechten Größtkreis.

Zu den zwei Bedingungen (6.24) für die Schließung des Sechszuges $Q_1 \ldots Q_7$ ($Q_7 = Q_1$) kommt als dritte Bedingung hinzu, daß an der Ecke $Q_1 = Q_7$ der vorgeschriebene Außenwinkel $\alpha_\varepsilon(u, v-\varepsilon)$ gemäß Fig. 6.2 auftritt. Auch diesen dritten Schließungssatz

(6.25) $C = 0$

brauchen wir nicht explizit anzugeben, sondern können uns wieder darauf beschränken, die geometrische Bedeutung von C zu fixieren. Es seien

$\Delta\Omega'_\varepsilon$ = Fläche des sphärischen Vierecks $Q_1Q_2Q_3Q_4$ in Fig. 6.3,
$\Delta\Omega''_\varepsilon$ = Fläche des sphärischen Vierecks $Q_4Q_5Q_6Q_7$
$\Delta\Omega_\varepsilon$ = Fläche des sphärischen Sechsecks $Q_1Q_2 \ldots Q_6Q_1$ in Fig. 6.2.

Aus der Forderung

$$\Delta\Omega'_\varepsilon + \Delta\Omega''_\varepsilon = \Delta\Omega_\varepsilon$$

und der Flächenformel (1.3) der sphärischen Trigonometrie, hier also

$$\Delta\Omega_\varepsilon = 2\pi - \text{Summe der Außenwinkel bei } Q_1, \ldots, Q_6$$

folgt dann

$$C := \Delta\Omega'_\varepsilon + \Delta\Omega''_\varepsilon + \sum_{j=1}^{6} \sphericalangle Q_j - 2\pi = 0$$

6.5. Grundgleichungen der Flächentheorie. Die drei Schließungssätze (6.24) und (6.25) gehen beim Grenzprozeß $\varepsilon \to 0$ in folgende drei Grundgleichungen der Flächentheorie für die in Ziff. 6.2 eingeführten Funktionen α, β, γ, φ, χ, ψ und $\varkappa, \lambda, \mu$ über:

$$(\mu_u - \mu_v)\sin\alpha + \varkappa_u \sin\gamma + \varkappa(\varphi + \gamma_u)\cos\gamma - \lambda(\chi + \gamma_v) + \mu(\psi + \alpha_u + \beta_v)\cos\gamma = 0, \tag{6.26}$$

$$(\mu_v - \mu_u)\sin\beta + \lambda_v \sin\gamma + \lambda(\chi + \gamma_v)\cos\gamma - \varkappa(\varphi + \gamma_u) + \mu(\psi + \alpha_u + \beta_v)\cos\gamma = 0, \tag{6.27}$$

$$\lambda\mu \sin\alpha + \mu\varkappa \sin\beta + \varkappa\lambda \sin\gamma + \gamma_{uv} + \varphi_v + \chi_u = 0. \tag{6.28}$$

Die beiden ersten Gleichungen gehen durch Vertauschung von u und v, α und β, φ und χ sowie $\varkappa$ und λ auseinander hervor.

Wenn wir in diesen Gleichungen mit Hilfe der Gln. (6.14) bis (6.18) die Funktionen E,F,G und L,M,N einführen, ergeben sich aus den Gln. (6.26) und (6.27) die Gleichungen von Mainardi und Codazzi

$$\begin{aligned}&\frac{\partial}{\partial u}\left(\frac{N}{\sqrt{EG-F^2}}\right) - \frac{\partial}{\partial v}\left(\frac{M}{\sqrt{EG-F^2}}\right)\\ &= \frac{1}{2(EG-F^2)^{3/2}}\Big[\big(FG_v - 2GF_v + GG_u\big)L + 2\big(GE_v - FG_u\big)M - \big(GE_u + FE_v - 2FF_u\big)N\Big],\end{aligned} \tag{6.29}$$

$$\begin{aligned}&\frac{\partial}{\partial v}\left(\frac{L}{\sqrt{EG-F^2}}\right) - \frac{\partial}{\partial u}\left(\frac{M}{\sqrt{EG-F^2}}\right)\\ &= \frac{1}{2(EG-F^2)^{3/2}}\Big[\big(FE_u - 2EF_u + EE_v\big)N + 2\big(EG_u - FE_v\big)M - \big(EG_v + FG_u - 2FF_v\big)L\Big]\end{aligned} \tag{6.30}$$

und aus Gl. (6.28) die Gausssche Formel (Theorema egregium)

$$\frac{LN-M^2}{EG-F^2} = -\frac{1}{4(EG-F^2)^2}\begin{vmatrix} E & E_u & E_v \\ F & F_u & F_v \\ G & G_u & G_v \end{vmatrix} - \frac{1}{2\sqrt{EG-F^2}}\left[\frac{\partial}{\partial v}\left(\frac{E_v - F_u}{\sqrt{EG-F^2}}\right) + \frac{\partial}{\partial u}\left(\frac{G_u - F_v}{\sqrt{EG-F^2}}\right)\right] \tag{6.31}$$

in der von G. Frobenius angegebenen symmetrischen Darstellung.

Der vergleichsweise einfache Bau der Gln. (6.26) bis (6.28) gegenüber den gleichbedeutenden Gln. (6.29) bis (6.31) wird sich später bei der Übertragung differenzengeometrischer auf differentialgeometrische Aussagen als nützlich erweisen.

Man beachte auch, daß die Gln. (6.26) bis (6.28) keine Längen, sondern nur Winkel enthalten. Sie sind daher nicht nur gegen Bewegungen, sondern auch gegen gleichsinnige Ähnlichkeitstransformationen invariant. Sowohl die α, β, γ als auch die φ, χ, ψ sind Funktionen der a,b,c bzw. E,F,G, vgl. die Gln. (6.15) und (6.16).

Den Gln. (6.29) bis (6.31) werden wir in § 8 als **Integrierbarkeitsbedingungen der Ableitungsgleichungen der Flächentheorie** wieder begegnen. Ähnlich wie bei den Raumkurven (vgl. Ziff. 2.5) und den Regelflächen (vgl. Ziff. 4.4) läßt sich zeigen, daß die Funktionen E,F,G,L,M,N, falls die Integrierbarkeitsbedingungen erfüllt sind, eine Fläche bis auf Bewegungen festlegen. Diesem Sachverhalt entspricht der aus Ziff. 6.4 sich ergebende differenzengeometrische Satz:

(6.32) Durch $a_\varepsilon, b_\varepsilon, c_\varepsilon$ und $\varkappa_\varepsilon, \lambda_\varepsilon, \mu_\varepsilon$ ist, falls die drei Schließungsbedingungen (6.24) und (6.25) erfüllt sind, ein Dreiecksnetz bis auf Bewegungen festgelegt.

6.6. Durchführung des Grenzprozesses für die Schließungssätze. Wir wenden uns zunächst zu den beiden Schließungssätzen (6.24): Das sphärische Sechseck der Fig. 6.2 wird vom Kugelmittelpunkt aus auf die Tangentenebene im Punkt Q_1 projiziert. Dadurch ergibt sich das in Fig. 6.4. dargestellte ebene, geradlinig begrenzte Sechseck mit den Seiten $s_1, \ldots, s_6$ und

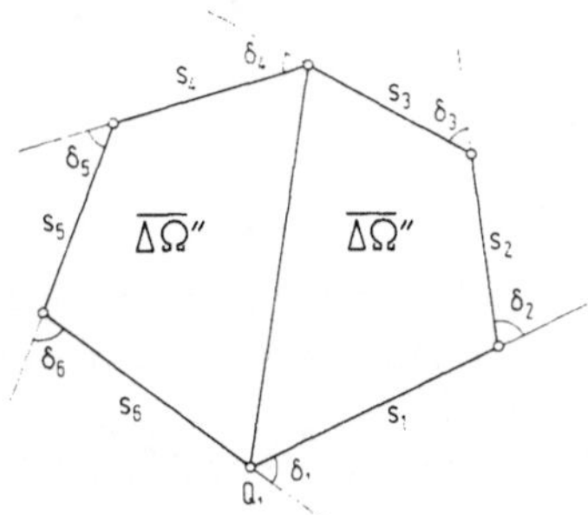

Fig. 6.4. Tangentialprojektion des sphärischen Sechsecks der Fig. 6.2

den Außenwinkeln $\delta_1, \ldots, \delta_6$. Die Projektion des geschlossenen Sechseckszuges parallel und senkrecht zur Seite s_1 gibt dann in leicht verständlicher Schreibweise

$$(6.33)\qquad \left.\begin{matrix}\bar{A}\\ \bar{B}\end{matrix}\right\} = s_1\begin{Bmatrix}1\\0\end{Bmatrix} + s_2\begin{Bmatrix}\cos\delta_2\\ \sin\delta_2\end{Bmatrix} + s_3\begin{Bmatrix}\cos(\delta_2+\delta_3)\\ \sin(\delta_2+\delta_3)\end{Bmatrix} + \ldots + s_6\begin{Bmatrix}\cos(\delta_2+\ldots\delta_6)\\ \sin(\delta_2+\ldots+\delta_6)\end{Bmatrix} = 0.$$

Für $\varepsilon \to 0$ erhält man für die in Ziff 6.4 eingeführten Ausdrücke A,B

$$\lim_{\varepsilon\to 0}\frac{\bar{A}}{A} = 1, \qquad \lim_{\varepsilon\to 0}\frac{\bar{B}}{B} = 1.$$

Die Längen des sphärischen Sechsecks und die entsprechenden Längen des ebenen Sechsecks in der Projektion auf die Tangentialebene von Q unterscheiden sich um Glieder $0(\varepsilon^3)$, die Winkel also um Glieder $0(\varepsilon^2)$. Daher erhält man für die Seiten s_i und die Winkel δ_i folgende Entwicklungen (vgl. hierzu Fig. 6.2)

$$(6.34)\quad \left.\begin{aligned} s_2 &= \varepsilon\varkappa + \varepsilon^2\varkappa^* \\ s_3 &= \varepsilon\lambda + \varepsilon^2\lambda^* \\ s_4 &= \varepsilon\mu + \varepsilon^2(\mu^* - \mu_u) \\ s_5 &= \varepsilon\varkappa + \varepsilon^2(\varkappa^* - \varkappa_u) \\ s_6 &= \varepsilon\lambda + \varepsilon^2(\lambda^* - \lambda_v) \\ s_1 &= \varepsilon\mu + \varepsilon^2(\mu^* - \mu_v) \end{aligned}\right\} + 0(\varepsilon^3),$$

und

$$(6.35)\quad \left.\begin{aligned} \delta_2 &= \beta + \varepsilon(\beta^* + \chi - \beta_v) \\ \delta_3 &= \gamma + \varepsilon\,\gamma^* \\ \delta_4 &= \alpha + \varepsilon(\alpha^* + \varphi - \alpha_u) \\ \delta_5 &= \beta + \varepsilon(\beta^* - \beta_u) \\ \delta_6 &= \gamma + \varepsilon(\gamma^* + \psi - \gamma_n - \gamma_v) \\ \delta_1 &= \alpha + \varepsilon(\alpha^* - \alpha_v) \end{aligned}\right\} + 0(\varepsilon^2).$$

Durch Einsetzen in die Gln. (6.33) und mit Berücksichtigung der Gleichung $\alpha + \beta + \gamma = \pi$ und der Identitäten (6.9) kommt

$$\left.\begin{aligned} &\left[\mu+\varepsilon\left(\mu^*-\mu_v\right)\right]\cdot\begin{Bmatrix}1\\0\end{Bmatrix} + \left[\mu+\varepsilon\left(\mu^*-\mu_u\right)\right]\cdot\begin{Bmatrix}\cos\\ \sin\end{Bmatrix}\left[\pi-\varepsilon\left(\psi+\beta_v+\alpha_u\right)\right] \\ &+\left[\varkappa + \varepsilon\varkappa^*\right]\cdot\begin{Bmatrix}\cos\\ \sin\end{Bmatrix}\left[\beta + \varepsilon\left(\beta^* + \chi - \beta_v\right)\right] \\ &+\left[\varkappa + \varepsilon\left(\varkappa^* - \varkappa_u\right)\right]\cdot\begin{Bmatrix}\cos\\ \sin\end{Bmatrix}\left[\pi + \beta + \varepsilon\left(\beta^* - \psi - \beta_v + \gamma_u\right)\right] \\ &+\left[\lambda + \varepsilon\lambda^*\right]\cdot\begin{Bmatrix}\cos\\ \sin\end{Bmatrix}\left[\pi - \alpha + \varepsilon\left(-\alpha^* + \chi - \beta_v\right)\right] \\ &+\left[\lambda + \varepsilon\left(\lambda^* - \lambda_v\right)\right]\cdot\begin{Bmatrix}\cos\\ \sin\end{Bmatrix}\left[2\pi - \alpha + \varepsilon\left(-\alpha^* + \alpha_v\right)\right] \end{aligned}\right\} = 0(\varepsilon^2).$$

Die summe der von ε freien Glieder verschwindet identisch. Die Summe der in ε linearen Glieder muß ebenfalls verschwinden. Dies liefert die beiden Gleichungen

$$\text{(a)}\quad (\mu_u-\mu_v)+\varkappa_u\cos\beta+\varkappa(\varphi+\gamma_u)\sin\beta-\lambda_v\cos\alpha-\lambda(\chi+\gamma_v)\sin\alpha = 0,$$

$$\text{(b)}\quad \mu(\psi+\alpha_u+\beta_v)+\varkappa_u\sin\beta-\varkappa(\varphi+\gamma_u)\cos\beta+\lambda_v\sin\alpha-\lambda(\chi+\gamma_v)\cos\alpha = 0.$$

Durch die Linearkombinationen

$$(a)\sin\alpha + (b)\cos\alpha = 0 \quad \text{und} \quad -(a)\sin\beta + (b)\cos\beta = 0$$

ergeben sich die zu verifizierenden Gln. (6.26) und (6.27).

Jetzt bleibt noch der Grenzprozeß für den dritten Schließungssatz (6.25) durchzurechnen:

Die sphärischen Flächeninhalte $\Delta\Omega'_\varepsilon$, $\Delta\Omega''_\varepsilon$ der Fig. 6.3 und die ebenen Flächeninhalte $\Delta\overline{\Omega}'$, $\Delta\overline{\Omega}''$ der Fig. 6.4 unterscheiden sich nur um Glieder $O(\varepsilon^3)$, also ist

$$\Delta\Omega'_\varepsilon = \Delta\overline{\Omega}' + O(\varepsilon^3), \quad \Delta\Omega''_\varepsilon = \Delta\overline{\Omega}''_\varepsilon + O(\varepsilon^3).$$

Wir brauchen daher $\Delta\overline{\Omega}'$ und $\Delta\overline{\Omega}''$ nur bis zum Glied mit ε^2 explizit anzugeben und erhalten, wenn wir in den Gln. (6.34) und (6.35) jeweils nur das erste Glied einsetzen und die Vierecksformel der ebenen Geometrie

$$\Delta\overline{\Omega}' = \tfrac{1}{2}\Big[s_1 s_2 \sin\delta_2 + s_2 s_3 \sin\delta_3 + s_3 s_1 \sin\big(\delta_2 + \delta_3\big)\Big],$$

$$\Delta\overline{\Omega}'' = \tfrac{1}{2}\Big[s_4 s_5 \sin\delta_5 + s_5 s_6 \sin\delta_6 + s_6 s_1 \sin\big(\delta_5 + \delta_6\big)\Big]$$

benützen, die Flächeninhaltsformel

$$(6.36) \qquad \Delta\Omega'_\varepsilon + \Delta\Omega''_\varepsilon = \varepsilon^2\big(\lambda\mu\sin\alpha + \mu\varkappa\sin\beta + \varkappa\lambda\sin\gamma\big) + O\big(\varepsilon^3\big).$$

Denselben Flächeninhalt $\Delta\Omega'_\varepsilon + \Delta\Omega''_\varepsilon = \Delta\Omega_\varepsilon$ kann man nun aber auch aus der Flächeninhaltsformel (1.3) für sphärische Sechsecke mit Hilfe der in Gl. (1.3) mit η_i bezeichneten Außenwinkel berechnen. Hierzu benötigt man dann für die η_i die Entwicklungen nach ε bis zu den Gliedern ε^2 einschließlich. So ergibt sich (vgl. Fig. 6.2 rechts)

$$\left.\begin{aligned}
\eta_1 &= \alpha + \varepsilon\big(\alpha^* - \alpha_v\big) + \varepsilon^2\big(\alpha^{**} - \alpha^*_v - \tfrac{1}{2}\alpha_{vv}\big)\\
\eta_2 &= \beta + \varepsilon\big(\beta^* + \chi - \beta_v\big) + \varepsilon^2\big(\beta^{**} - \beta^*_v + \chi^* - \chi_v - \tfrac{1}{2}\beta_{vv}\big)\\
\eta_3 &= \gamma + \varepsilon\gamma^* + \varepsilon^2\gamma^{**}\\
\eta_4 &= \alpha + \varepsilon\big(\alpha^* + \varphi - \alpha_u\big) + \varepsilon^2\big(\alpha^{**} - \alpha^*_u + \varphi^* - \varphi_u - \tfrac{1}{2}\alpha_{uu}\big)\\
\eta_5 &= \beta + \varepsilon\big(\beta^* - \beta_u\big) + \varepsilon^2\big(\beta^{**} - \beta^*_u - \tfrac{1}{2}\beta_{uu}\big)\\
\eta_6 &= \gamma + \varepsilon\big(\gamma^* + \psi - \gamma_u - \gamma_v\big) + \varepsilon^2\big(\gamma^{**} - \gamma^*_u - \gamma^*_v + \psi^* - \psi_u - \psi_v\\
&\qquad - \tfrac{1}{2}\gamma_{uu} - \tfrac{1}{2}\gamma_{vv} + \gamma_{uv}\big)
\end{aligned}\right\} + O\big(\varepsilon^3\big).$$

Die Summation liefert

$$\eta_1 + \ldots + \eta_6 = 2\pi + \varepsilon^2\big(\gamma_{uv} + \varphi_v + \chi_u\big) + O\big(\varepsilon^3\big),$$

also

(6.37) $$\Delta\Omega_\varepsilon = 2\pi - \left(\eta_1 + \dots + \eta_6\right) = -\varepsilon^2\left(\gamma_{uv} + \varphi_v + \chi_u\right) + O\left(\varepsilon^3\right).$$

Durch Gegenüberstellung mit Gl. (6.36) folgt die zu beweisende Gl.(6.28).

§ 7. Metrik auf der Fläche (Erste Grundform der Flächentheorie)

Die Funktionen E,F,G und die mit ihnen als Koeffizienten gebildete erste Grundform der Flächentheorie bestimmen die Metrik auf der Fläche (Bogenlängen und Schnittwinkel der Flächenkurven, Flächeninhalte, geodätische Krümmung der Flächenkurven, Krümmungsmaß der Fläche usw.). Bei Verbiegungen (= stetige längentreue Deformationen) der Flächen bleibt die Metrik erhalten.

7.1. Bogenlängen, Schnittwinkel, Flächeninhalte.

Als erste Grundform der Flächentheorie bezeichnen wir die quadratische Form (vgl. die Gln. (6.10))

(7.1) $$ds^2 = d\mathfrak{r}^2 = \left(\mathfrak{r}_u du + \mathfrak{r}_v dv\right)^2 = E(u,v)du^2 + 2F(u,v)du dv + G(u,v)dv^2.$$

Ihrer Definition nach sowie wegen der Ungleichungen (6.13)

$$E > 0,\; G > 0,\; EG - F^2 = \left(\mathfrak{r}_u \times \mathfrak{r}_v\right)^2 > 0$$

ist die quadratische Form positiv definit. E,F und G nennt man Fundamentalgrößen erster Art.

Durch $u = u(t)$, $v = (t)$ ist eine Kurve $\mathfrak{r} = \mathfrak{r}(u(t), v(t)) = \mathfrak{r}(t)$ auf der Fläche $[\mathfrak{r}]$ festgelegt. Für ihre Bogenlänge $s(t)$ gilt nach Gl. (2.6)

(7.2) $$\dot{s} := \left(\frac{ds}{dt}\right)^2 = E(u(t), v(t))\dot{u}^2 + 2F(u(t), v(t))\dot{u}\dot{v} + G(u(t), v(t))\dot{v}^2.$$

Insbesondere sind

(7.3) $$(ds)_{v=\text{const}} = \sqrt{E}\,du \quad \text{und} \quad (ds)_{u=\text{const}} = \sqrt{G}\,dv$$

die Linienelemente der Parameterkurven. Für den Winkel $\gamma(u,v)$, unter dem sich zwei Flächenkurven $\mathfrak{r} = \mathfrak{r}_1(t)$ und $\mathfrak{r} = \mathfrak{r}_2(t)$ schneiden, gilt

(7.4) $$\cos\gamma = \frac{\dot{\mathfrak{r}}_1(t)\dot{\mathfrak{r}}_2(t)}{|\dot{\mathfrak{r}}_1|\cdot|\dot{\mathfrak{r}}_2|} = \frac{E\dot{u}_1\dot{u}_2 + F(\dot{u}_1\dot{v}_2 + \dot{u}_2\dot{v}_1) + G\dot{v}_1\dot{v}_2}{\sqrt{\left(E\dot{u}_1^2 + 2F\dot{u}_1\dot{v}_1 + G\dot{v}_1^2\right)\left(E\dot{u}_2^2 + 2F\dot{u}_2\dot{v}_2 + G\dot{v}_2^2\right)}}.$$

Im Zähler steht die Bilinearform der ersten Grundform. Das Nullsetzen der Bilinearform,

(7.5) $$E\dot{u}_1\dot{u}_2 + F\left(\dot{u}_1\dot{v}_2 + \dot{u}_2\dot{v}_1\right) + G\dot{v}_1\dot{v}_2 = 0$$

liefert zueinander senkrechte Richtungen. Für den Winkel der Parameterkurven $\left(\dot{u}_1 = 0 \text{ und } \dot{v}_2 = 0\right)$ spezialisiert sich Gl. (7.4) zu

$$(7.6) \qquad \cos\gamma = \frac{F}{\sqrt{EG}},$$

F = 0 ist also für orthogonale Parameterkurven kennzeichnend.

Der Grenzprozeß $\varepsilon \to 0$ vom Sehnendreiecksnetz zur Fläche liefert aus Gl. (6.7) und Gl. (6.17) für die Berechnung von Flächeninhalten auf der Fläche das Flächenelement

$$(7.7) \qquad \sqrt{EG-F^2}\,dudv = \left|\mathfrak{x}_u \times \mathfrak{x}_v\right| dudv.$$

Da sonach die erste Grundform die Bogenlängen und infolgedessen auch die Schnittwinkel und Flächeninhalte auf der Fläche festgelegt, ist durch sie die *Metrik auf der Fläche* unabhängig von ihrer Einbettung in den Raum vollständig bestimmt. Bei den schon früher erwähnten *Verbiegungen* der Fläche, d.h. bei stetigen längentreuen Deformationen, bleibt die Metrik erhalten, durch Verbiegung auseinander hervorgehende Flächen haben also die erste Grundform gemeinsam, wenn man einander entsprechenden Punkten dieselben Parameter u,v zuweist. Wir werden uns in Ziff. 7.6 mit Verbiegungen der Torsen und Regelflächen beschäftigen und in den §§ 12,13,14 Verbiegungen weiterer Flächenklassen untersuchen.

Den Verbiegungen der Flächen entsprechen differenzengeometrische *Verknickungen von Dreiecksnetzen*, speziellen Verbiegungen (vgl. §§ 12,13) auch *Verknickungen von Vierecksnetzen*. Bereits in § 1 haben wir aber in den Sätzen (1.8) und (1.9) darauf hingewiesen, daß man Sätze über Verknickungen nicht ohne weiteres auf Verbiegungen übertragen kann. In der Tat sind Sehnendreiecksnetze (- und dasselbe gilt für Sehnenvierecksnetze-) keine Limesmodelle für das Studium der Flächenverbiegung; denn bei einer Flächenverbiegung ändern sich die Längen $a_\varepsilon, b_\varepsilon, c_\varepsilon$ und die Winkel $\alpha_\varepsilon, \beta_\varepsilon, \gamma_\varepsilon$ der Sehnendreiecksnetze. Die Maschen eines Sehnendreiecksnetzes bleiben also bei einer Verbiegung der Fläche nicht starr. Ungeändert bleiben jedoch die Fundamentalgrößen E,F,G und daher auch die Entwicklungskoeffizienten $a, b, c, \alpha, \beta, \gamma, \varphi, \chi, \psi$ in den Gln. (6.5) und (6.6).

<u>7.2. Krümmungsmaß.</u> Nach Ziff. 1.3 kann der in Fig. 1.5 dargestellte Schlitzwinkel $\Delta\Omega$ eines längs einer Kante aufgeschnittenen und hierauf in die Ebene ausgebreiteten Sechskants eines Dreiecksnetzes als Flächeninhalt des zugeordneten sphärischen Polarsechsecks gedeutet werden. Für Sehnendreiecksnetze haben wir in Gl. (6.37) diesen Flächeninhalt $\Delta\Omega_\varepsilon$

berechnet. Desgleichen können wir jetzt für den in Gl. (1.4) eingeführten Flächeninhalt $\Delta\tilde{f}_\varepsilon$ nach den Gln. (6.7) und (6.17) setzen

$$(7.8)\qquad \Delta\tilde{f}_\varepsilon = \tfrac{1}{2}\left(\Delta f_\varepsilon + \Delta\bar{f}_\varepsilon\right) + 0\left(\varepsilon^3\right) = \varepsilon^2 f(u,v) + 0\left(\varepsilon^3\right) = \varepsilon^2 ab\sin\gamma + 0\left(\varepsilon^3\right)$$
$$= \varepsilon^2\sqrt{EG-F^2} + 0\left(\varepsilon^3\right)$$

Infolgedessen ergibt sich beim Grenzprozeß $\varepsilon \to 0$ für das in Gl. (1.5) definierte Krümmungsmaß

$$(7.9)\qquad K(u,v) = -\frac{\gamma_{uv} + \varphi_v + \chi_u}{ab\sin\gamma}$$

Aus Gl. (6.28) folgt für $K(u,v)$ außerdem

$$(7.10)\qquad K(u,v) = \frac{\lambda\mu\sin\alpha + \mu\varkappa\sin\beta + \varkappa\lambda\sin\gamma}{ab\sin\gamma}\,.$$

Während die rechte Seite der Gl. (7.9) durch die Metrik auf der Fläche allein bestimmt ist, enthält die rechte Seite der Gl. (7.10) auch die Winkel $\varkappa, \lambda, \mu$, welche die Gestalt der Fläche, d.h. ihre Einbettung in den Raum kennzeichnen. Obwohl also die rechte Seite der Gl. (7.10) auch die Funktionen $\varkappa, \lambda, \mu$ enthält, die durch die Metrik nicht festgelegt sind, ist das Krümmungsmaß K doch eine durch die Metrik allein bestimmte Größe. Dies ist der Inhalt des Theorema egregium (6.31).

Gl. (7.10) liefert, nach Umformung mit Hilfe der Gln. (6.14) bis (6.16),

$$(7.11)\qquad K = \frac{LN - M^2}{EG - F^2}$$

entsprechend der linken Seite der Gl. (6.31); Gl. (7.9) dagegen liefert K als Funktion von E, F, G und der ersten und zweiten Ableitungen von E, F, G, entsprechend der rechten Seite der Gl. (6.31).

Wir können das Theorema egregium auch so formulieren:

(7.12) Obwohl bei Verbiegungen einer Fläche L, M, N bzw. $\varkappa, \lambda, \mu$ sich i.a. ändern, bleibt der Ausdruck $LN-M^2$ bzw. $\lambda\mu\sin\alpha+\mu\varkappa\sin\beta+\varkappa\lambda\sin\gamma$ und infolgedessen das Krümmungsmaß K der Fläche ungeändert.

Der Ausdruck $\dfrac{LN - M^2}{EG - F^2}$ ist nicht nur biegungsinvariant, sondern auch gegen Parametersubstitutionen

$$(7.13)\qquad u' = u'(u,v),\ v' = v'(u,v) \text{ mit der Funktionaldeterminante } \Delta := \begin{vmatrix} u'_u & u'_v \\ v'_u & v'_v \end{vmatrix} \neq 0$$

invariant; denn wegen

$$(7.14)\qquad EG-F^2=\left(\mathfrak{r}_u\times\mathfrak{r}_v\right)^2=\left|\left(\mathfrak{r}_{u'}u'_u+\mathfrak{r}_{v'}v'_u\right)\times\left(\mathfrak{r}_{u'}u'_v\times\mathfrak{r}_{v'}v'_v\right)\right|^2$$

$$=\Delta^2\cdot\left(E'G'-F'^2\right)$$

ändert sich die Diskriminante $EG - F^2$ der ersten Fundamentalform $Edu^2 + 2Fdudv + Gdv^2$ bei der Parametersubstitution (7.13) um den nicht verschwindenden Faktor Δ^2 und dasselbe gilt, wie wir in Ziff. 9.1 sehen werden, auch für $LN - M^2$.

Durch $K \gtrless 0$ sind die *Flächen positiven* bzw. *negativen Krümmungsmaßes* gekennzeichnet. Die Flächen $K = 0$ sind, wie sich in Ziff. 7.6 zeigen wird, die *Torsen*.

7.3. Geodätische Krümmung einer Flächenkurve. Die in Satz (3.18) gegebene Definition der *geodätischen Krümmung* eines Flächenstreifens läßt sich unmittelbar auf Kurven einer vorgegebenen Fläche $[\mathfrak{r}]$ übertragen, indem man den von den Tangentenebenen der Fläche längs der betreffenden Kurve erzeugten Streifen betrachtet.

(7.15) Die geodätische Krümmung g einer Flächenkurve in einem Punkt P ist gleich der Krümmung des Lotrisses der Flächenkurve in der Tangentenebene der Fläche in P. Man bezeichnet die geodätische Krümmung daher auch als Tangentialkrümmung. Dabei ist g mit Vorzeichen definiert gemäß den zweiten Gln. (3.17) und (3.16), nämlich

$$g = k\cos\xi = \left\langle \mathfrak{n}, \frac{d\mathfrak{r}}{ds}, \frac{d^2\mathfrak{r}}{ds^2}\right\rangle.$$

s ist die Bogenlänge der Kurve, ξ ist nach Ziff. 3.3 der Winkel zwischen der Hauptnormale $\mathfrak{h}$ und der Quertangente $\mathfrak{q}$ (= Winkel zwischen der Binormale $\mathfrak{b}$ und der Flächennormale $\mathfrak{n}$).

Hieraus ergibt sich folgende *Vorzeichenfestsetzung* im Einklang mit Satz (3.18):

(7.16) Für $g > 0$ bzw. $g < 0$ liegt, wenn man die positive Seite der Fläche nimmt, die Kurve in Richtung wachsender s in der Umgebung des betrachteten Punktes auf der linken bzw. rechten Seite der Tangente. Bei Umkehrung des Durchlaufsinnes der Kurve ($s \Rightarrow -s$) ändert sich also das Vorzeichen von g.

Die geodätische Krümmung der Parameterkurven läßt sich differenzengeometrisch aus den Sehnendreiecksnetzen als Limes-Modell herleiten, wobei wir die geodätische Krümmung nach Satz (7.15) als Tangentialkrümmung definieren (Fig. 7.1):

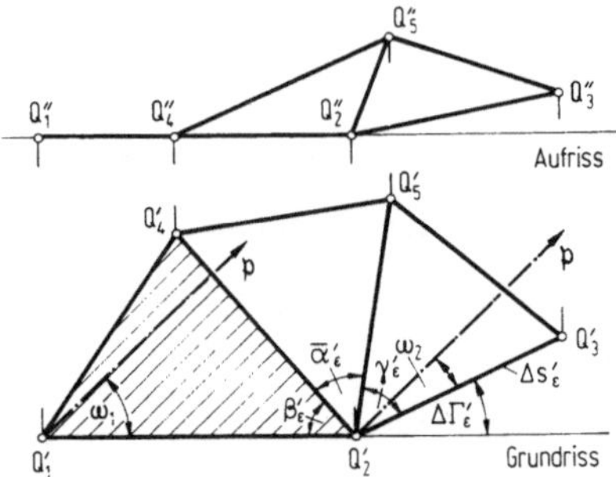

Fig. 7.1. Differenzengeometrische Definition der geodätischen Krümmung

Die längs eines Leitpolygons $Q_1Q_2Q_3$ eines Sehnendreiecksnetzes aufeinander folgenden drei Dreiecke $Q_1Q_2Q_4$ (-in Fig. 7.1 schraffiert-), $Q_2Q_4Q_5$ und $Q_2Q_5Q_3$ sind im Grundriß (Grundrißebene = Ebene des schraffierten Dreiecks) und im Aufriß dargestellt. Das schraffierte Dreieck bildet mit den beiden übrigen Dreiecken Keilwinkel von der Größenordnung $O(\varepsilon)$. Deshalb unterscheiden sich sowohl die Dreiecksseitenlängen Δs_ε als auch die Dreieckswinkel β_ε, $\overline{\alpha}_\varepsilon$ und γ_ε des Sehnendreiecksnetzes im Raum von den entsprechenden Größen $\Delta s'_\varepsilon$, β'_ε, $\overline{\alpha}'_\varepsilon$ und γ'_ε des Grundrisses nur um Abweichungen $O(\varepsilon^2)$. Wenn wir also

$$\Delta\Gamma_\varepsilon = \pi - \left(\beta_\varepsilon + \overline{\alpha}_\varepsilon + \gamma_\varepsilon\right), \quad \Delta\Gamma'_\varepsilon = \pi - \left(\beta'_\varepsilon + \overline{\alpha}'_\varepsilon + \gamma'_\varepsilon\right) \tag{7.17}$$

setzen, ist

$$g_\varepsilon = \frac{\Delta\Gamma_\varepsilon}{\Delta s_\varepsilon} = \frac{\Delta\Gamma'_\varepsilon}{\Delta s'_\varepsilon} + O(\varepsilon) \quad \text{mit } \Delta s_\varepsilon = Q_1Q_2. \tag{7.18}$$

Dabei ist nach der oben getroffenen Vorzeichenfestsetzung angenommen, daß die Kurve in der Richtung von Q_1 über Q_2 nach Q_3 durchlaufen wird und dabei die Quertangente $\mathfrak{q}$ nach links gerichtet ist. Fig. 7.1 zeigt dann die positive Flächenseite. Beim Grenzprozeß $\varepsilon \to 0$ folgt aus der Definition der geodätischen Krümmung als Tangentialkrümmung

$$g = \lim_{\varepsilon \to 0} \frac{\Delta\Gamma'_\varepsilon}{\Delta s'_\varepsilon} \tag{7.19}$$

und wegen Gl. (7.18) können wir dafür auch

$$g = \lim_{\varepsilon \to 0} \frac{\Delta\Gamma_\varepsilon}{\Delta s_\varepsilon} \tag{7.20}$$

treten lassen. In dieser Formel treten dann nur Größen aus dem Sehnendreiecksnetz auf, die wir in Ziff. 6.1 und 6.2 eingeführt und für die wir dort Entwicklungen nach Potenzen von ε angegeben haben.

Die Berechnung der geodätischen Krümmung der Parameterkurven verläuft demnach folgendermaßen: Für $\Delta\Gamma_\varepsilon$ und Δs_ε erhalten wir (Fig. 7.2)

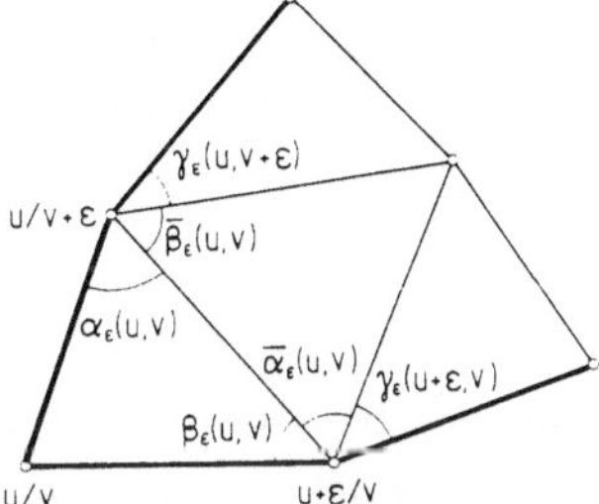

Fig. 7.2. Berechnung der geodätischen Krümmung der Parameterkurven

$$\Delta\Gamma_\varepsilon = \begin{cases} \pi - \left[\beta_\varepsilon(u,v) + \bar{\alpha}_\varepsilon(u,v) + \gamma_\varepsilon(u+\varepsilon,v)\right] \\ \pi - \left[\alpha_\varepsilon(u,v) + \bar{\beta}_\varepsilon(u,v) + \gamma_\varepsilon(u,v+\varepsilon)\right] \end{cases} \text{mit } \Delta s_\varepsilon = \begin{matrix} a_\varepsilon(u+\varepsilon,v) & v=\text{const}, \\ & \text{für} \\ b_\varepsilon(u,v+\varepsilon) & u=\text{const}. \end{matrix}$$

Für $\varepsilon \to 0$ ergibt sich dann mit Rücksicht auf die Gln. (6.5), (6.6) und die Definition (7.20) sowie die Vorzeichenfestsetzung (7.16)

$$\text{(7.21)} \qquad g = \begin{cases} \frac{1}{b}\left(\gamma_v + \chi\right) \\ -\frac{1}{a}\left(\gamma_u + \varphi\right) \end{cases} \text{für die Kurven} \begin{cases} u = \text{const}, \\ v = \text{const}. \end{cases}$$

Wegen $\Delta\Omega_\varepsilon = O(\varepsilon^2)$ nach Gl. (6.37) bekommt man denselben Grenzwert, wenn man die Dreiecksstreifen jeweils auf der anderen Seite des betreffenden Sehnenpolygons einer Kurve u = const bzw. v = const benützt.

Da die geodätische Krümmung nach den Gln. (7.21) nur von der Flächenmetrik abhängt, also bei Verbiegungen der Fläche erhalten bleibt, und da außerdem nach Satz (7.15) die geodätische Krümmung einer Flächenkurve gleich ihrer geodätischen Krümmung auf der die Fläche längs der Flächenkurve berührenden Torse ist, läßt sich die geodätische Krümmung auch folgendermaßen definieren.

(7.22) Die geodätische Krümmung g einer Flächenkurve ist gleich ihrer Abwicklungskrümmung, d.h. der Krümmung der ebenen Kurve, die sich bei der ebenen Abwicklung des Flächenstreifens, der von den Tangentenebenen der Fläche längs der betreffenden Flächenkurve erzeugt wird, ergibt.

Hierbei ist von Satz. (3.10) über die Abwickelbarkeit von Torsen (=Verbiegbarkeit in die Ebene) Gebrauch gemacht; den Beweis für Satz (3.10) werden wir in Ziff. 7.6 nachholen.

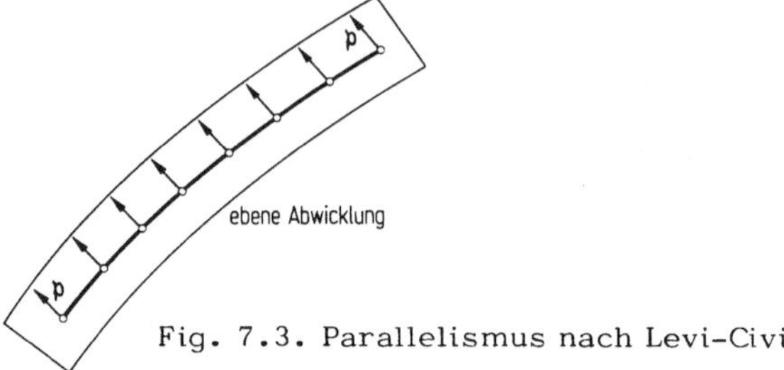

Fig. 7.3. Parallelismus nach Levi-Civita

In enger Beziehung zum Begriff der geodätischen Krümmung steht der Begriff des Parallelismus nach Levi-Civita (Fig. 7.3):

Wenn man einen von einem Flächenpunkt P ausgehenden Tangentenvektor $\mathfrak{p}$ längs einer Flächenkurve parallel verschiebt, so tritt dabei der Vektor im allgemeinen aus dem die Fläche längs der Flächenkurve berührenden Streifen heraus. Wenn man aber den Flächenstreifen in die Ebene abwickelt, die Parallelverschiebung in der ebenen Abwicklung vornimmt und den Flächenstreifen dann wieder auf die Fläche auflegt, so bleiben die verschobenen Vektoren in dem Flächenstreifen. Diese Art der Parallelverschiebung, die bei einem tieferen Eindringen in die Metrik der Fläche und vor allem bei Verallgemeinerung auf höherdimensionale Räume von großer Bedeutung ist, nennt man Parallelismus nach Levi-Civita.

Die Parallelverschiebung eines Vektors $\mathfrak{p}$ von einem Punkt P nach einem Punkt Q hängt vom Weg ab, auf dem man von P nach Q vorwärtsgeht. Bei verschiedenen Wegen, also auch verschiedenen Flächenstreifen, erhält man in Q durch die Parallelverschiebung i.a. einen anderen Vektor. Die Parallelverschiebung des Vektors $\mathfrak{p}$ von Q_1 und Q_2 ist in Fig. 7.1 eingezeichnet. Man liest aus der Figur die Beziehung

$$(7.23) \qquad \omega_2 - \omega_1 = - \Delta\Gamma'_\varepsilon$$

ab, wobei $\omega_1 = \sphericalangle(\mathfrak{p}, Q_1'Q_2')$ und $\omega_2 = \sphericalangle(\mathfrak{p}, Q_2'Q_3')$ ist. Der Grenzprozeß $\varepsilon \to 0$ liefert

$$(7.24) \qquad \frac{d\omega}{ds} = -g \qquad \text{mit } \omega = \sphericalangle(\mathfrak{p}, \text{Flächenkurve})$$

als Differentialgleichung für die Parallelverschiebung des Vektors nach Levi-Civita.

7.4. Geodätische Linien. Geodätische Linien sind die Kurven, deren geodätische Krümmung in jedem ihrer Punkte verschwindet. Nach den Sätzen (7.15) und (7.22) sind die geodätischen Linien durch jede der beiden folgenden Eigenschaften gekennzeichnet:

(7.25)
(a) Die geodätischen Linien haben in jedem ihrer Punkte die Tangentialkrümmung Null. Ihre Hauptnormalen $\mathfrak{h}$ fallen also mit den Flächennormalen $\pm\,\mathfrak{n}$ zusammen-
(b) Die geodätischen Linien haben in jedem ihrer Punkte die Abwicklungskrümmung Null. Bei der ebenen Abwicklung der Flächenstreifen längs einer geodätischen Linie (geodätische Streifen, vgl. Ziff. 3.4) gehen die geodätischen Linien in Gerade über.

Man stellt sofort fest, daß die Geraden die geodätischen Linien der Ebene und die Größtkreise die geodätischen Linien der Kugel sind. Die Eigenschaft (b) führt zur folgenden "mechanischen Erzeugung" der geodätischen Linien nach Seb. Finsterwalder [10] : Wenn man einen ebenen Streifen mit gerader Achse tangential auf eine Fläche auflegt, dann ist die Achse des auf der Fläche aufgelegten Streifens eine geodätische Linie.

Nach Teil (a) des Satzes (7.25) sind die Ebenen eines geodätischen Streifens die rektifizierenden Ebenen der geodätischen Linie. Demnach geht der von den rektifizierenden Ebenen einer Kurve erzeugte Flächenstreifen (rektifizierende Fläche) bei der ebenen Abwicklung in einen Streifen mit geradliniger Achse über. Darauf soll die Bezeichnung "rektifizierende Ebene" hinweisen.

Aus den Gln. (7.21) und mit Rücksicht auf die Gln. (6.15) und (6.16) ergibt sich als Bedingung dafür, daß die Parameterkurven geodätische Linien sind, sogleich

(7.26)
$$\gamma_v + \chi = 0 \qquad FG_v + GG_u - 2GF_v = 0 \qquad \text{für } u = \text{const},$$
$$\text{bzw.}$$
$$\gamma_u + \varphi = 0 \qquad FE_u + EE_v - 2EF_u = 0 \qquad \text{für } v = \text{const}.$$

Aus Gl. (7.15) folgt

(7.27)
$$\langle \mathfrak{n}, \dot{\mathfrak{r}}, \ddot{\mathfrak{r}} \rangle = 0$$

als Bedingung dafür, daß eine Kurve $\mathfrak{r} = \mathfrak{r}(u(t), v(t)) = \mathfrak{r}(t)$ geodätische Linie ist. Daraus erhält man, wie wir sogleich sehen werden, die Gleichung der geodätischen Linien

(7.28)
$$\left(EG-F^2\right)(\dot{u}\ddot{v}-\ddot{u}\dot{v})+(E\dot{u}+F\dot{v})\left[\left(F_u-\tfrac{1}{2}E_v\right)\dot{u}^2+G_u\dot{u}\dot{v}+\tfrac{1}{2}G_v\dot{v}^2\right]$$
$$-(G\dot{v}+F\dot{u})\left[\left(F_v-\tfrac{1}{2}G_u\right)\dot{v}^2+E_v\dot{u}\dot{v}+\tfrac{1}{2}E_u\dot{u}^2\right]=0,$$

mit $\dot{} := \frac{d}{dt}$.

H e r l e i t u n g : Mit $\dot{\mathfrak{r}} = \dot{u}\mathfrak{r}_u + \dot{v}\mathfrak{r}_v$ erhält man

$$\mathfrak{n} \times \dot{\mathfrak{r}} = \frac{1}{\sqrt{EG-F^2}} \left\{\dot{u}\left(\mathfrak{r}_u \times \mathfrak{r}_v\right) \times \mathfrak{r}_u + \dot{v}\left(\mathfrak{r}_u \times \mathfrak{r}_v\right) \times \mathfrak{r}_v\right\}$$

$$= \frac{1}{\sqrt{EG-F^2}} \left\{\dot{u}\left(E\mathfrak{r}_v - F\mathfrak{r}_u\right) + \dot{v}\left(F\mathfrak{r}_v - G\mathfrak{r}_u\right)\right\},$$

ferner

$$\ddot{\mathfrak{r}} = \ddot{u}\mathfrak{r}_u + \ddot{v}\,\mathfrak{r}_v + \dot{u}^2\,\mathfrak{r}_{uu} + 2\dot{u}\dot{v}\,\mathfrak{r}_{uv} + \dot{v}^2\mathfrak{r}_{vv}.$$

Durch Einsetzen in die Bedingung (7.27) und mit Berücksichtigung der Identitäten

$$\mathfrak{r}_u\mathfrak{r}_{uu} = \tfrac{1}{2}E_u, \quad \mathfrak{r}_u\mathfrak{r}_{uv} = \tfrac{1}{2}E_v, \quad \mathfrak{r}_u\mathfrak{r}_{vv} = F_v - \tfrac{1}{2}G_u,$$

$$\mathfrak{r}_v\mathfrak{r}_{vv} = \tfrac{1}{2}G_v, \quad \mathfrak{r}_v\mathfrak{r}_{uv} = \tfrac{1}{2}G_u, \quad \mathfrak{r}_v\mathfrak{r}_{uu} = F_u - \tfrac{1}{2}E_v$$

ergibt sich zu beweisende Gl. (7.28).

Mit $t = u$ als Parameter, also $\dot{u} = 1$, $\ddot{u} = 0$, $\dot{v} = \frac{dv}{du}$, $\ddot{v} = \frac{d^2v}{du^2}$

ist Gl. (7.28) eine nach der zweiten Ableitung aufgelöste Differentialgleichung zweiter Ordnung

$$\frac{d^2v}{du^2} = \varphi\left(u, v, \frac{dv}{du}\right).$$

Aus dem Existenzsatz über die Lösungen dieser Differentialgleichungen erhält man dann:

(7.29) | Durch jeden Punkt u/v der Fläche und jede Tangentenrichtung du : dv (also $\frac{dv}{du}$ bzw. $\frac{du}{dv}$) ist genau eine geodätische Linie festgelegt. Jeder Punkt u/v ist also Scheitel eines Büschels geodätischer Linien.

Wir betrachten nun einen Bereich der Fläche, der von einer 1-parametrigen Schar sich nicht schneidender geodätischer Linien überdeckt wird. Wir nehmen diese Linien als Parameterkurven v = const und ihre Orthogonaltrajektorien als Parameterkurven u = const (Fig. 7.4). Dann hat das Linienelement die charakteristische Form

$$(7.30) \qquad ds^2 = du^2 + G(u,v)dv^2.$$

Denn wegen der Orthogonalität ist F = 0 und aus der zweiten Gl. (7.26), die sich auf $EE_v = 0$ reduziert, folgt $E = E(u)$ und nach geeigneter Parametersubstitution $du' = \sqrt{E(u)}du$ ergibt sich Gl. (7.30), wenn wir statt u' wieder u schreiben.

Nach Gl. (7.30) ist die Bogenlänge aller geodätischen Linien $v = \text{const}$ zwischen zwei Kurven $u = u_1$ und $u = u_2 > u_1$ gleich, nämlich $u_2 - u_1$. Man

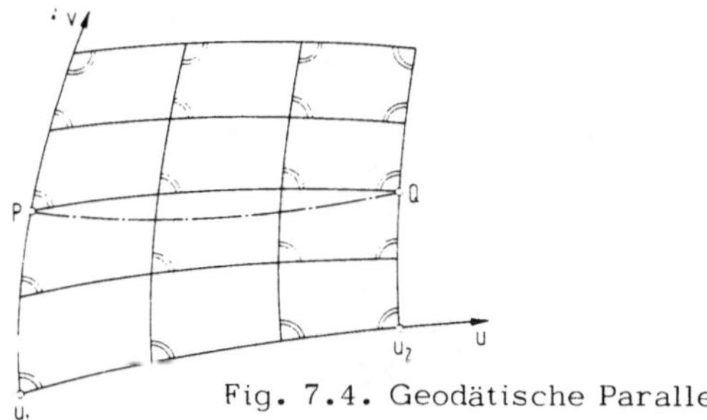

Fig. 7.4. Geodätische Parallelkoordinaten

bezeichnet daher die hier gewählten Koordinaten u, v als *geodätische Parallelkoordinaten*. Die Bogenlänge irgendeiner Kurve $v = v(u)$, welche die Punkte P, Q einer geodätischen Linie zwischen den Orthogonaltrajektorien $u = u_1$ und $u = u_2$ verbindet, ist gegeben durch

$$s(u_1, u_2) = \int_{u=u_1}^{u=u_2} \sqrt{1 + G\left(\frac{dv}{du}\right)^2}\, du \geq u_2 - u_1 .$$

Dabei gilt das Gleichheitszeichen nur für $\frac{dv}{du} = 0$, also $v = \text{const}$. Hiermit haben wir eine weitere Eigenschaft der geodätischen Linien gewonnen:

(7.31) Die geodätischen Linien sind kürzeste Verbindungslinien zwischen zwei Flächenpunkten P, Q, sofern man sich jeweils auf einen Bereich beschränkt, in dem man die von P nach Q führende geodätische Linie in eine 1-parametrige Menge sich nicht schneidender geodätischer Linien einbetten kann.

Diese Extremaleigenschaft ist in der Ebene für alle Geraden und auf der Kugel für alle Größtkreisbögen erfüllt, die kürzer als ein halber Größtkreis sind.

7.5. Integralsatz von Gauss und Bonnet. Wir nehmen jetzt die Betrachtungen von Ziff. 1.3 wieder auf und zwar zunächst für ein beliebiges Dreiecksnetz, das nicht als Sehnendreiecksnetz an eine Fläche gebunden zu sein braucht. Das Dreiecksnetz (vgl. Fig. 1.3) enthalte m Leitstreifen der einen und n Leitstreifen der anderen Schar, also $m+1$ bzw. $n+1$ Leitpolygone. Aus diesem Dreiecksnetz nehmen wir die den Randpolygonen anliegenden Dreiecksstreifen heraus, schneiden dieses Randstreifengebilde längs einer Dreiecksseite (etwa längs der Seite 34 in Fig. 7.5) auf und breiten es dann in die Ebene aus (Fig. 7.5). Die aus zwei Dreiecken zusammengesetzte Vierecksmasche 1234 ist in Fig. 7.5 in zwei Exemplaren eingetragen. Beim Auflegen auf das räumliche Dreiecksnetz kommen diese beiden Maschen miteinander zur Deckung.

Fig. 7.5. Ebene Abwicklung der Randstreifen eines Dreiecksnetzes

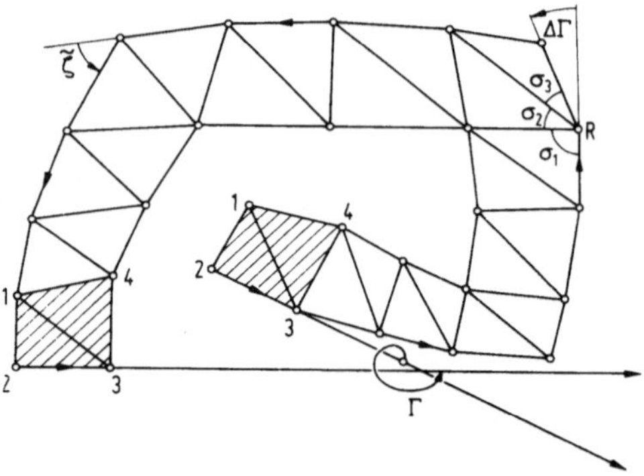

Das Randpolygon in der Abwicklung durchlaufen wir auf der positiven Seite des Dreiecksnetzes im Gegensinn des Uhrzeigers und bezeichnen die ebenfalls im Gegensinn des Uhrzeigers positiv zu nehmenden Außenwinkel mit $\Delta\Gamma$. Für die einem Randpunkt R anliegenden Dreieckswinkel $\sigma_k(r)$ ($k = 1$ oder $1,2$ oder $1,2,3$) gilt dann

$$\Delta\Gamma(R) = \pi - \sum_R \sigma_k(R). \tag{7.32}$$

Um die Summe sämtlicher Dreieckswinkel $\eta_i(P)$ an den Knotenpunkten P (vgl. Ziff. 1.3) und $\sigma_k(R)$ an den Randpunkten R zu finden, gehen wir von folgender Abzählung aus:

Anzahl aller Dreiecke = 2 m n ,

Anzahl aller Knotenpunkte = $(m - 1)\cdot(n - 1)$,

Anzahl aller Rankpunkte = $2(m + n)$.

Für die Summe aller Winkel kommt dann

$$2mn\pi = \sum_P\Big(\sum_i \eta_i(P)\Big) + \sum_R\Big(\sum_k \sigma_k(R)\Big).$$

Unter Berücksichtigung der Gln. (1.3) und (7.32)

$$\sum_i \eta_i(P) = 2\pi - \Delta\Omega(P), \quad \sum_k \sigma_k(R) = \pi - \Delta\Gamma(R)$$

folgt hieraus

$$2mn\pi = \Big[(m-1)(n-1)2\pi - \sum_P \Delta\Omega(P)\Big] + \Big[2(m+n)\pi - \sum_R \Delta\Gamma(R)\Big]$$

und mit

$$\Omega = \sum_P \Delta\Omega(P), \quad \Gamma = \sum \Delta\Gamma(R)$$

hat man schließlich

(7.33) $\Omega + \Gamma = 2\pi.$

Ω ist dabei der in Ziff. 1.3 (vgl. Gl. (1.6)) eingeführte Flächeninhalt des sphärischen Normalenbildes des Dreiecksnetzes, Γ der im Sinne der Fig. 7.5 zu verstehende Gesamtdrehwinkel beim Durchlaufen des Randpolygons der in die Ebene abgewickelten Randstreifen.

Wir wenden jetzt Gl. (7.33) auf Sehnendreiecksnetze an und ersetzen demgemäß $\Delta\Omega$ und $\Delta\Gamma$ durch $\Delta\Omega_\varepsilon$ und $\Delta\Gamma_\varepsilon$. Wir setzen ferner im Einklang mit Gl. (1.4) und Gl. (7.18)

$$\Delta\Omega_\varepsilon = K_\varepsilon \Delta\tilde{f}_\varepsilon, \quad \Delta\Gamma_\varepsilon = g_\varepsilon \Delta s_\varepsilon.$$

Dabei werden Rankpunkte, welche Ecken der Randkurve des Flächenbereichs sind, dem die Sehnendreiecksnetze zugehören, zunächst ausgeschlossen. Die Außenwinkel dieser Eckpunkte bezeichnen wir mit $\tilde{\zeta}_j$. Dann geht Gl. (7.33) über in

(7.34) $$\sum_P K_\varepsilon \Delta\tilde{f}_\varepsilon + \sum_R g_\varepsilon \Delta s_\varepsilon + \sum \tilde{\zeta}_j = 2\pi$$

und der Grenzprozeß $\varepsilon \to 0$ mit $\tilde{\zeta}_j \to \zeta_j$ liefert den Integralsatz von Gauss und Bonnet

(7.35) $$\int K df + \oint g\, ds + \sum \zeta_j = 2\pi.$$

Die Verallgemeinerung der Sätze (7.33) und (7.35) für mehrfach zusammenhängende Bereiche bietet keine Schwierigkeit.

Durch die vorangehenden Betrachtungen ist wegen der Biegungsinvarianz von g und ζ folgender dem Satz (1.7) entsprechende differentialgeometrische Satz bewiesen:

(7.36) Obwohl bei Verbiegungen einer Fläche die Gestalt des sphärischen Normalenbildes sich ändert, bleibt der Flächeninhalt des sphärischen Normalenbildes ungeändert. Der Flächeninhalt des sphärischen Normalenbildes ist also gegenüber Verbiegungen der vorliegenden Fläche invariant.

Satz (7.35) sagt natürlich noch mehr aus: Er gibt einen einfachen Zusammenhang zwischen der Totalkrümmung $\int K df$ eines vorgegebenen Flächenbereichs und der geodätischen Totalkrümmung $\oint g ds$ der Randkurve. Beide Begriffe sind biegungsinvariant.

7.6. Flächen verschwindenden Krümmungsmaßes K = 0.

Die Torsen (Tangentenflächen, Kegel und Zylinder) besitzen als Hüllgebilde einer 1-parametrigen Ebenenschar die Ebenen dieser Schar als Tangentenebenen. Das sphärische Bild einer Torse entartet daher in ein 1-dimensionales Gebilde, d.h. in eine Kurve der Einheitskugel. Daraus folgt, daß Ω und damit auch

$\int$ Kdf für jeden Ausschnitt aus einer Torse verschwindet, was nur möglich ist für $K = 0$.

Wenn umgekehrt für eine Fläche $K = 0$ gilt, entartet das sphärische Normalenbild in eine Kurve oder einen Punkt. Die Fläche ist daher das Hüllgebilde einer 1-dimensionalen Menge von Tangentenebenen, also eine Torse, oder sie ist eine Ebene als Spezialfall der Torsen. Wir fassen zusammen:

(7.37) Die Flächen verschwindenden Krümmungsmaßes $K = 0$ sind identisch mit den Torsen und den Ebenen als Spezialfall der Torsen.

Wir beweisen jetzt außerdem den bereits in Ziff. 3.1 ausgesprochenen Satz (3.10), daß die Torsen *abwickelbare*, d.h. in die Ebene stetig verbiegbare Flächen sind. Die Umkehrung, daß jede abwickelbare Fläche eine Torse ist, folgt unmittelbar aus der Tatsache, daß die Ebene das Krümmungsmaß $K = 0$ hat und das Krümmungsmaß bei Verbiegungen erhalten bleibt. Im Folgenden beschränken wir uns auf Tangentenflächen. Die entsprechenden Sätze über Kegel und Zylinder kann sich der Leser leicht selbst zurechtlegen.

Zur Darstellung einer Tangentenfläche benützen wir die Darstellung

$$(7.38)\qquad \mathfrak{x}(u,v) = \mathfrak{r}(u) + v\dot{\mathfrak{r}}(u), \quad \dot{} := \frac{d}{du}.$$

Dabei ist $[\mathfrak{r}(u)]$ die Kehllinie der Tangentenfläche und u die Bogenlänge der Kehllinie. Aus

$$(7.39)\qquad \mathfrak{x}_u = \dot{\mathfrak{r}} + v\ddot{\mathfrak{r}}, \quad \mathfrak{x}_v = \dot{\mathfrak{r}},$$

also

$$(7.40)\qquad \mathfrak{x}_u^2 = 1 + v^2\ddot{\mathfrak{r}}^2, \quad \mathfrak{x}_u\mathfrak{x}_v = 1 \quad \mathfrak{x}_v^2 = 1$$

ergibt sich das Linienelement der Tangentenfläche

$$(7.41)\qquad ds^2 = \left(1 + v^2\ddot{\mathfrak{r}}^2\right)du^2 + 2dudv + dv^2.$$

Nach der ersten Gl. (2.10) ist $\ddot{\mathfrak{r}}^2 = k^2$, wobei k die Krümmung der Kehllinie ist. Aus Gl. (7.41) folgt der oben erwähnte Satz (3.10) und zwar in folgender Verschärfung:

(7.42) Die Tangentenflächen aller Kurven, deren Krümmung k als Funktion der Bogenlänge u übereinstimmt, sind mit Erhaltung der Erzeugenden aufeinander verbiegbar. Sie lassen sich auf diese Weise insbesondere in die Ebene verbiegen, wo sie als Tangentenfläche der ebenen Kurve mit den natürlichen Gleichungen $k = k(u)$, $w = 0$ erscheinen.

Als unmittelbare Folgerung hieraus hat man:

(7.43) | Da alle Tangentenflächen abwickelbar sind, lassen sie sich auch gegenseitig aufeinander verbiegen. Dabei gehen die Erzeugenden i.a. nicht wieder in Erzeugende über.

Dasselbe gilt natürlich auch für Kegel und Zylinder.

7.7. Verbiegung der Regelflächen mit Erhaltung der Erzeugenden. Verbiegungen besonderer Flächenklassen werden uns später weithin beschäftigen. Hier wollen wir in Ergänzung zu Ziff. 4.5 Verbiegungen der Regelflächen studieren, und zwar solche Verbiegungen, bei denen die Erzeugenden Erzeugende bleiben, die Regelflächen also in Regelflächen mit Erhaltung der Erzeugenden verbogen werden. Wir benützen die Parameterdarstellung aus Ziff. 4.1 (Fig. 7.6)

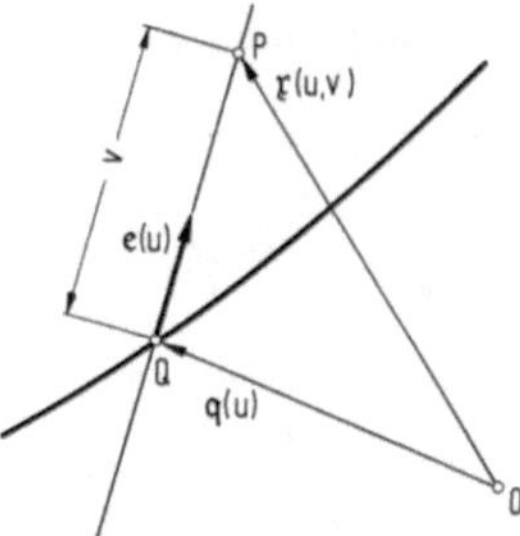

Fig. 7.6. Regelfläche mit Leitkurve

$$(4.1) \qquad \mathfrak{r}(u,v) = \mathfrak{q}(u) + v\mathfrak{e}(u),$$

in der $[\mathfrak{q}]$ eine beliebige Leitkurve und $[\mathfrak{e}]$ das sphärische Bild der Erzeugenden ist. Wir wählen jetzt als u die Bogenlänge des sphärischen Bildes $\left(' := \frac{d}{du} \right)$. Bei Ausschluß der Torsen ist nach Ziff. 4.1 $\langle \mathfrak{q}', \mathfrak{e}, \mathfrak{e}' \rangle \neq 0$ und zwar ist dieser Ausdruck gleich der Schränkung p der Regelfläche,

$$(7.44) \qquad p = \langle \mathfrak{q}', \mathfrak{e}, \mathfrak{e}' \rangle \neq 0.$$

H e r l e i t u n g : Die Gl. (4.22), in der

$$\mathfrak{r} = \mathfrak{q} + v(u)\mathfrak{e}, \text{ also } \mathfrak{r}' = \mathfrak{q}' + v(u)\mathfrak{e}' + v'(u)\mathfrak{e}$$

ist, wenn die Kehllinie durch $v = v(u)$ gegeben ist, geht durch Einsetzen dieses Ausdrucks für $\mathfrak{r}'$ sofort in Gl. (7.44) über.

Mit

$$\mathfrak{r}_u = \mathfrak{q}' + v\mathfrak{e}', \quad \mathfrak{r}_v = \mathfrak{e}$$

und den Abkürzungen

$$Q^2 = \mathfrak{q}'^2, \quad P = \mathfrak{e}'\mathfrak{q}', \quad R = \mathfrak{e}\mathfrak{q}'$$

ergibt sich das Linienelement

(7.45) $ds^2 = \left(Q^2 + 2Pv + v^2\right)du^2 + 2R\,du\,dv + dv^2$

und für das Quadrat der Schränkung

(7.46) $p^2 = \langle \mathfrak{q}', \mathfrak{e}, \mathfrak{e}' \rangle^2 = Q^2 - R^2 - P^2.$

Demnach ist p^2 gegenüber den hier erörterten Verbiegungen der Regelflächen invariant, und da wir Verbiegungen als stetige Deformationen definiert haben, bleibt auch das Vorzeichen von p erhalten.

Um die Kehllinie der Regelfläche $[\mathfrak{x}]$ zu finden, bestimmen wir das gemeinsame Lot der von zwei Punkten Q_1, Q_2 der Leitkurve ausgehenden Erzeugenden (Fig. 7.7) und gehen mit $\varepsilon \to 0$ (d.h. $Q_2 \to Q_1$) zur Grenze über. Das Ergebnis dieses Grenzprozesses ist mit den aus Fig. 7.7

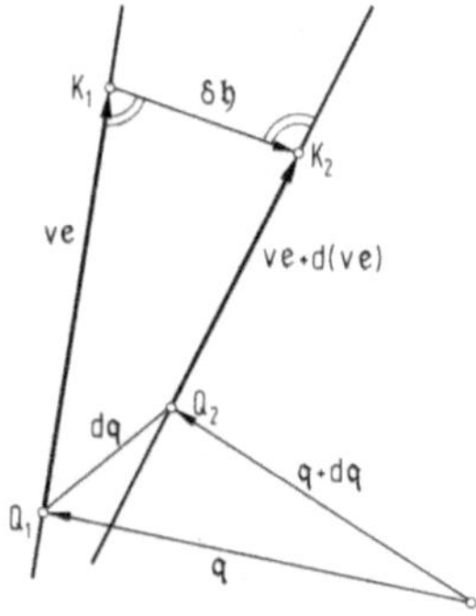

Fig. 7.7. Kehllinie einer Regelfläche

ersichtlichen Bezeichnungen

$$\delta\mathfrak{h} = d\mathfrak{q} + v\,d\mathfrak{e} + \mathfrak{e}\,dv = (\mathfrak{q}' + v\mathfrak{e}')du + \mathfrak{e}\,dv.$$

Wegen $\mathfrak{e}\,\delta\mathfrak{h} = 0$ und $\mathfrak{e}'\,\delta\mathfrak{h} = 0$, den Bedingungen des gemeinsamen Lotes, erhält man hieraus durch skalare Multiplikation mit $\mathfrak{e}'$ bzw. $\mathfrak{e}$

(7.47) $v = -\mathfrak{e}'\mathfrak{q}' = -P, \quad v' = -\mathfrak{e}\mathfrak{q}' = -R.$

Daraus folgt, daß bei den Verbiegungen die Kehllinie stets Kehllinie bleibt.

Wir nehmen daher jetzt die gegen Verbiegungen invariante Kehllinie als Leitkurve und haben dann, wenn wir wie in Ziff. 4.3 den Ortsvektor der Kehlpunkte mit $\mathfrak{r}$ bezeichnen, die Darstellung (4.1) zu ersetzen durch

(7.48) $\mathfrak{x}(u,v) = \mathfrak{r}(u) + v\,\mathfrak{e}(u).$

Mit Hilfe der aus der ersten Gl. (4.16) und Gl. (4.18) folgenden Beziehungen

$$\mathfrak{x}_u = \mathfrak{r}' + v\mathfrak{e}' = (q\mathfrak{e} + p\mathfrak{h} - v\mathfrak{n}), \quad \mathfrak{x}_v = \mathfrak{e}$$

erhält man dann für das Linienelement

(7.49) $$ds^2 = \left(q^2 + p^2 + v^2\right)du^2 + 2q\,du\,dv + dv^2.$$

Hier darf q nicht mit dem vorhin benützten Ortsvektor $\mathfrak{q}$ verwechselt werden. Aus Gl. (7.49) folgt, daß bei Verbiegungen neben der S c h r ä n k u n g p auch die V e r w e r f u n g q ungeändert bleibt.

Für den Winkel ψ der Kehllinie gegen die Erzeugenden erhält man aus Gl. (7.6)

(7.50) $$\cos\psi = \frac{q}{\sqrt{p^2 + q^2}}.$$

Für die B i e g u n g β ergibt sich aus Gl. (4.23)

(7.51) $$\beta^2 = \langle \mathfrak{e}, \mathfrak{e}', \mathfrak{e}'' \rangle^2 = \mathfrak{e}''^2 - 1 = k^{*2} - 1.$$

Dabei ist k^* die Krümmung des sphärischen Erzeugendenbildes. Für die V e r w e r f u n g haben wir bereits Gleichung (4.24), nämlich

(7.52) $$q = \mathfrak{r}'\mathfrak{e}$$

hergeleitet und für die S c h r ä n k u n g erhält man aus Gl. (7.46), Gl. (7.52) und der ersten Gl. (7.47)

(7.53) $$p^2 = \mathfrak{r}'^2 - q^2.$$

Dabei ist berücksichtigt, daß in Gl. (7.47) $v = 0$, also $P = 0$ zu setzen ist, wenn man die Kehllinie als Leitkurve benützt.

Wir haben hiermit die in Ziff. 4.5 von den Stangenmodellen heuristisch hergeleiteten Sätze über die Verbiegung von Regelflächen bestätigt und fassen die im Vorangehenden gewonnenen Aussagen in folgendem Satz zusammen:

(7.54) Bei Verbiegungen einer Regelfläche, bei denen die Erzeugenden Erzeugende bleiben, geht die Kehllinie wieder in die Kehllinie über und die Schränkung p und die Verwerfung q bleiben erhalten.

Die Biegung β ändert sich bei der Verbiegung, weil $\mathfrak{e}''$ nicht durch das Linienelement bestimmt ist. Da $\mathfrak{e}''$ nach Gl. (7.51) die Biegung β festlegt, können wir den in Ziff. 4.4 gewonnenen Satz, daß die natürlichen Gleichungen (4.20) die Regelfläche bis auf Bewegungen im Raum bestimmen, folgendermaßen formulieren:

(7.55) Durch die Schränkung $p(\varphi)$, die Verwerfung $q(\varphi)$ sowie das sphärische Erzeugendenbild $\mathfrak{e}(\varphi)$ ist die Regelfläche bis auf Verschiebungen im Raum eindeutig festgelegt.

Da durch $\mathfrak{e}(\varphi)$ auch die Biegung vorgegeben ist, liegt die Regelfläche zunächst bis auf Bewegungen im Raum fest. Da aber durch $\mathfrak{e}(\varphi)$ auch die Richtungen der Erzeugenden bestimmt sind, ist die Regelfläche bis auf Verschiebungen im Raum festgelegt.

Für die Berechnung der Kehllinie $\mathfrak{r} = \mathfrak{r}(\varphi)$ stehen die drei in den Komponenten von $\mathfrak{r}'$ linearen Gleichungen

$$(7.56)\qquad \mathfrak{r}'(\mathfrak{e} \times \mathfrak{e}') = p, \quad \mathfrak{r}'\mathfrak{e} = q, \quad \mathfrak{r}'\mathfrak{e}' = 0$$

zur Verfügung. Die erste dieser Gleichungen haben wir früher als Gl. (4.22) gefunden, die zweite als Gl. (4.24) und die letzte Gleichung ergibt sich, wie schon erwähnt, aus der ersten Gl. (7.47) mit $v = 0$.

7.8. Flächen konstanten Krümmungsmaßes $K \gtreqless 0$. In Ziff. 7.6 haben wir die Flächen verschwindenden Krümmungsmaßes $K = 0$ behandelt. Jetzt ermitteln wir für alle Flächen konstanten Krümmungsmaßes $K \gtreqless 0$ das Linienelement und zwar unter Zugrundelegung eines Systems geodätischer Parallelkoordinaten (vgl. Ziff. 7.4): Nach Gl. (7.30) ist dann

$$ds^2 = du^2 + G(u,v)dv^2,$$

wobei die Kurven $v = \text{const}$ geodätische Linien und die Kurven $u = \text{const}$ deren Orthogonaltrajektoren sind. Wir verlangen jetzt weiter, daß die Kurve $u = 0$ ebenfalls geodätische Linie sei. Nach der ersten Gl. (7.26) ist dann

$$(7.57)\qquad G_u = 0, \text{ also auch } \frac{\partial\sqrt{G}}{\partial u} = 0 \text{ für } u = 0.$$

Außerdem soll jetzt $K = \text{const}$ sein. Gl. (6.31) liefert dann wegen $E = 1$ und $F = 0$ für $\sqrt{G(u,v)}$ die Differentialgleichung

$$(7.58)\qquad K = -\frac{1}{\sqrt{G}}\frac{\partial^2}{\partial u^2}\sqrt{G(u,v)} = \text{const} = \begin{cases} \pm\dfrac{1}{a^2} \gtrless 0, \\ 0. \end{cases}$$

Dies ist hinsichtlich u eine gewöhnliche Differentialgleichung. Für die bei der Integration auftretenden Konstanten sind beliebige Funktionen von v zu setzen. Als Anfangsbedingung neben Gl. (7.57) verlangen wir noch

$$(7.59)\qquad G = 1 \quad \text{für} \quad u = 0,$$

d.h. v ist die Bogenlänge auf der geodätischen Linie $u = 0$.

a) Flächen konstanten positiven Krümmungsmaßes $K = \frac{1}{a^2} > 0$

Aus der allgemeinen Lösung der Gl. (7.58)

$$\sqrt{G} = C_1(v)\cos\left(\frac{u}{a}\right) + C_2(v)\sin\left(\frac{u}{a}\right)$$

und den Anfangsbedingungen (7.57) und (7.59), welche auf $C_2 = 0$ und $C_1 = 1$ führen, erhält man

(7.60) $\sqrt{G} = \cos\left(\frac{u}{a}\right)$, also $ds^2 = du^2 + \cos^2\left(\frac{u}{a}\right)dv^2$.

b) F l ä c h e n k o n s t a n t e n n e g a t i v e n K r ü m m u n g s m a ß e s $K = -\frac{1}{a^2} < 0$

Hier ergibt sich ebenso

(7.61) $\sqrt{G} = \cosh\left(\frac{u}{a}\right)$, also $ds^2 = du^2 + \cosh^2\left(\frac{u}{a}\right)dv^2$.

c) F l ä c h e n v e r s c h w i n d e n d e n K r ü m m u n g s m a ß e s $K = 0$ (T o r s e n)

Aus der Differentialgleichung (7.58), die sich hier zu

$$\frac{\partial^2\sqrt{G}}{\partial u^2} = 0$$

vereinfacht, erhält man die allgemeine Lösung

$$\sqrt{G} = C_1(v)u + C_2(v)$$

und unter Berücksichtigung der Anfangsbedingungen (7.57) und (7.59)

(7.62) $\sqrt{G} = 1$, also $ds^2 = du^2 + dv^2$.

Die Drehflächen konstanten Krümmungsmaßes $K \gtrless 0$ werden in Ziff. 14.6 behandelt.

7.9 Isometrie und Verbiegbarkeit. Zwei Flächen heißen in einem gewissen Bereich i s o m e t r i s c h, wenn sie in diesem Bereich punktweise umkehrbar eindeutig längentreu und infolgedessen auch winkeltreu aufeinander abgebildet werden können. Wenn man dann auf den beiden Flächen einander entsprechende Parameterkurvennetze einführt, haben beide Flächen dasselbe Linienelement. Umgekehrt sind zwei Flächen zueinander isometrisch, wenn sie im Linienelement übereinstimmen.

Aus den Gln. (7.60), (7.61) und (7.62) folgt somit unmittelbar:

(7.63) Alle Flächen desselben konstanten Krümmungsmaßes K sind zueinander isometrisch. Insbesondere läßt jede Fläche konstanten Krümmungsmaßes unendlich viele isometrische Abbildungen auf sich selbst zu, und zwar kann dabei ein Punkt P einem beliebigen Punkt Q und eine geodätische Linie durch P einer beliebigen geodätischen Linie durch Q zugeordnet werden.

In den vorangehenden Abschnitten war vielfach von Verbiegungen die Rede. Verbiegungen sind isometrische Abbildungen. Bei einer Verbiegung einer Fläche $[\mathfrak{r}_0]$ in eine Fläche $[\mathfrak{r}]$ wird aber zusätzlich noch verlangt, daß die Fläche $[\mathfrak{r}_0]$ in die Fläche $[\mathfrak{r}]$ durch eine 1-parametrige Menge isometrischer Abbildungen stetig übergeführt werden kann.

§ 8. Ableitungsgleichungen und Integrierbarkeitsbedingungen der Flächentheorie

In Ziff. 2.3 haben wir für Raumkurven, in Ziff. 3.3 für Flächenstreifen und in Ziff. 4.3 für Regelflächen Ableitungsgleichungen für die Einheitsvektoren begleitender Dreibeine aufgestellt. In ähnlicher Weise werden jetzt für ein begleitendes Dreibein einer Fläche Ableitungsgleichungen angegeben. Da wir es jetzt aber mit zwei unabhängigen Veränderlichen u, v zu tun haben, sind diese Ableitungsgleichungen gewissen Integrierbarkeitsbedingungen unterworfen.

8.1. Begleitendes Dreibein. Wie bisher betrachten wir einen Bereich der Fläche mit einem Parameterkurvennetz u = const und v = const. Wir ordnen jedem Flächenpunkt u/v die drei Vektoren

$$(8.1) \qquad \mathfrak{r}_u, \ \mathfrak{r}_v \text{ und } \mathfrak{n} = \frac{\mathfrak{r}_u \times \mathfrak{r}_v}{|\mathfrak{r}_u \times \mathfrak{r}_v|} = \frac{\mathfrak{r}_u \times \mathfrak{r}_v}{\sqrt{EG - F^2}}$$

zu. Sie bilden in dieser Reihenfolge ein Rechtssystem. $\mathfrak{n}$ ist der bereits in Gl. (6.20) eingeführte Normaleneinheitsvektor, durch den eine positive Seite der Fläche definiert wird. Das von $\mathfrak{r}_u$, $\mathfrak{r}_v$ und $\mathfrak{n}$ gebildete, jedem Punkt der Fläche zugeordnete Dreibein nennen wir das begleitende Dreibein der Fläche (Fig. 8.1). Im allgemeinen sind $\mathfrak{r}_u$ und $\mathfrak{r}_v$ nicht Einheitsvektoren und stehen nicht senkrecht aufeinander. Die begleitenden Dreibeine sind nicht durch die geometri-

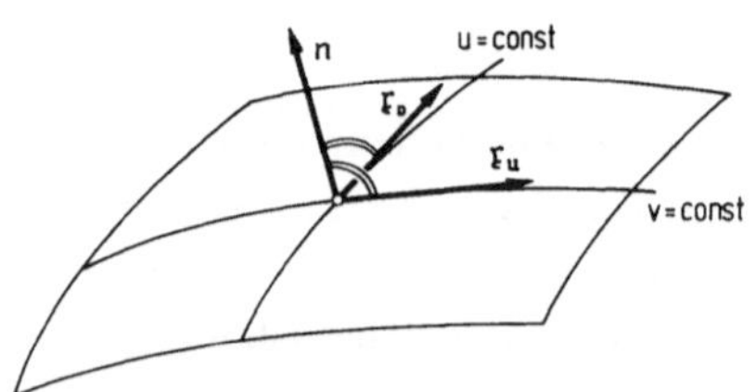

Fig. 8.1. Begleitendes Dreibein eines Kurvennetzes einer Fläche

schen Eigenschaften der Fläche festgelegt, sondern hängen von der Wahl der Parameterkurven ab.

Da $\mathfrak{r}_u$, $\mathfrak{r}_v$, $\mathfrak{n}$ linear unabhängig sind, lassen sich alle Vektoren, insbesondere die durch Ableitungen nach u bzw. v gewonnenen Vektoren $\mathfrak{r}_{uu}$, $\mathfrak{r}_{uv}$, $\mathfrak{r}_{vv}$ und $\mathfrak{n}_u$, $\mathfrak{n}_v$ als Linearkombinationen von $\mathfrak{r}_u$, $\mathfrak{r}_v$ und $\mathfrak{n}$ darstellen. Diese Darstellungen nennt man die *Ableitungsgleichungen* der Fläche.

8.2. Ableitungsgleichungen. Durch Ableitung von $\mathfrak{n}$ erhält man die *Ableitungsgleichungen von Weingarten*

$$
(8.2)\quad
\begin{aligned}
(EG-F^2)\mathfrak{n}_u &= (FM-GL)\mathfrak{r}_u + (FL-EM)\mathfrak{r}_v,\\
(EG-F^2)\mathfrak{n}_v &= (FN-GM)\mathfrak{r}_u + (FM-EN)\mathfrak{r}_v
\end{aligned}
$$

und durch Ableitung von $\mathfrak{r}_u$ und $\mathfrak{r}_v$ die *Ableitungsgleichungen von Gauss*

$$
(8.3)\quad
\begin{aligned}
\mathfrak{r}_{uu} &= \begin{Bmatrix}11\\1\end{Bmatrix}\mathfrak{r}_u + \begin{Bmatrix}11\\2\end{Bmatrix}\mathfrak{r}_v + L\mathfrak{n},\\
\mathfrak{r}_{uv} &= \begin{Bmatrix}12\\1\end{Bmatrix}\mathfrak{r}_u + \begin{Bmatrix}12\\2\end{Bmatrix}\mathfrak{r}_v + M\mathfrak{n},\\
\mathfrak{r}_{vv} &= \begin{Bmatrix}22\\1\end{Bmatrix}\mathfrak{r}_u + \begin{Bmatrix}22\\2\end{Bmatrix}\mathfrak{r}_v + N\mathfrak{n}.
\end{aligned}
$$

Dabei sind die sogenannten *Christoffel-Symbole* benützt

$$
(8.4)\quad
\begin{aligned}
\begin{Bmatrix}11\\1\end{Bmatrix} &= \frac{GE_u-2FF_u+FE_v}{2(EG-F^2)}, &\quad \begin{Bmatrix}11\\2\end{Bmatrix} &= \frac{-FE_u+2EF_u-EE_v}{2(EG-F^2)},\\
\begin{Bmatrix}12\\1\end{Bmatrix} &= \frac{GE_v-FG_u}{2(EG-F^2)}, &\quad \begin{Bmatrix}12\\2\end{Bmatrix} &= \frac{EG_u-FE_v}{2(EG-F^2)},\\
\begin{Bmatrix}22\\1\end{Bmatrix} &= \frac{-FG_v+2GF_v-GG_u}{2(EG-F^2)}, &\quad \begin{Bmatrix}22\\2\end{Bmatrix} &= \frac{EG_v-2FF_v+FG_u}{2(EG-F^2)}.
\end{aligned}
$$

Die Bedeutung und der Nutzen dieser Symbole würde erst in der Differentialgeometrie für Räume höherer Dimension und bei Verwendung des Tensorkalküls erkennbar.

Die Koeffizienten der Ableitungsgleichungen ergeben sich leicht, wenn man die mit zunächst unbestimmten Koeffizienten angesetzten Linearkombinationen (8.2) und (8.3) mit $\mathfrak{r}_u$, $\mathfrak{r}_v$ und $\mathfrak{n}$ skalar multipliziert und die aus den Gln. (6.12) und (6.20) folgenden Beziehungen (vgl. Ziff. 9.1)

$$L = -\mathfrak{r}_u\mathfrak{n}_u = \mathfrak{r}_{uu}\mathfrak{n},\ M = -\mathfrak{r}_u\mathfrak{n}_v = -\mathfrak{r}_v\mathfrak{n}_u = \mathfrak{r}_{uv}\mathfrak{n},\ N = -\mathfrak{r}_v\mathfrak{n}_v = \mathfrak{r}_{vv}\mathfrak{n}$$

berücksichtigt. Auf diese Weise erhält man beispielsweise aus dem Ansatz

$$\mathfrak{n}_u = a\mathfrak{r}_u + b\mathfrak{r}_v + c\mathfrak{n}$$

die drei Bestimmungsgleichungen

$$-L = aE + bF, \quad -M = aF + bG, \quad 0 = c$$

für a, b und c, woraus dann die erste Gl. (8.2) folgt.

8.3. Integrierbarkeitsbedingungen. Bei hinreichenden Differenzierbarkeits- und Stetigkeitsannahmen ergeben sich durch weitere Differentiationen von $\mathfrak{r}_u$, $\mathfrak{r}_v$ und $\mathfrak{n}$ aus den Ableitungsgleichungen (8.2) und (8.3) die Integrierbarkeitsbedingungen

$$\left.\begin{aligned} 0 &= \mathfrak{r}_{uuv} - \mathfrak{r}_{uvu} = \alpha_1 \mathfrak{r}_u + \beta_1 \mathfrak{r}_v + \gamma_1 \mathfrak{n} \\ 0 &= \mathfrak{r}_{uvv} - \mathfrak{r}_{vvu} = \alpha_2 \mathfrak{r}_u + \beta_2 \mathfrak{r}_v + \gamma_2 \mathfrak{n} \\ 0 &= \mathfrak{n}_{uv} - \mathfrak{n}_{vu} = \alpha_3 \mathfrak{r}_u + \beta_3 \mathfrak{r}_v + \gamma_3 \mathfrak{n} \end{aligned}\right\} \text{mit } \alpha_j, \beta_j, \gamma_j = 0 \ (j=1,2,3).$$

Dabei sind die bei Differentiation der rechten Seiten der Gln. (8.2) und (8.3) auftretenden Ableitungen $\mathfrak{r}_{uu}$, $\mathfrak{r}_{uv}$, $\mathfrak{r}_{vv}$, $\mathfrak{n}_u$, $\mathfrak{n}_v$ vermöge der nämlichen Gleichungen durch $\mathfrak{r}_u$, $\mathfrak{r}_v$, $\mathfrak{n}$ auszudrücken.

Die Durchrechnung, die einen erheblichen Rechenaufwand erfordert, liefert insgesamt drei Integrierbarkeitsbedingungen und zwar

aus $\alpha_1 = \alpha_2 = \beta_1 = \beta_2 = 0$ das Theorema egregium (6.31) von Gauss,

aus $\alpha_3 = \beta_3 = \gamma_1 = \gamma_2 = 0$ die Gleichungen (6.29),(6.30) von Mainardi und Codazzi;

Die Bedingung $\gamma_3 = 0$ ist identisch erfüllt.

Somit haben wir die in Ziff. 6.5 aufgestellten Grundgleichungen (6.29) bis (6.31), die wir dort in Form der Gln. (6.26) bis (6.28) aus den Schließungssätzen der Sehnendreiecksnetze hergeleitet hatten, nunmehr in einem ganz anderen Zusammenhang wieder gewonnen.

Man kann zeigen, daß die Grundgleichungen (6.29) bis (6.31) nicht nur notwendige sondern auch hinreichende Integrierbarkeitsbedingungen für die Ableitungsgleichungen (8.2) und (8.3) sind. Wenn die sechs Funktionen E, F, G, L, M, N von u und v den Integrierbarkeitsbedingungen genügen, haben die Ableitungsgleichungen (8.2), (8.3) Lösungen $\mathfrak{r}(u,v)$, $\mathfrak{n}(u,v) = \dfrac{\mathfrak{r}_u \times \mathfrak{r}_v}{|\mathfrak{r}_u \times \mathfrak{r}_v|}$ und zwar legen diese Lösungen eine Fläche $[\mathfrak{r}]$ bis auf Bewegungen im Raum fest. Dies ist das differentialgeometrische Analogon des differenzengeometrischen Satzes (6.32) über die Festlegung eines Dreiecksnetzes durch a_ε, b_ε, c_ε und $\varkappa_\varepsilon$, λ_ε, μ_ε.

§ 9. Krümmungen der Flächenkurven (Zweite Grundform der Flächentheorie.

Die in § 7 eingeführte erste Grundform der Flächentheorie ist maßgebend für die Metrik auf der Fläche, also diejenigen Eigenschaften, die gegenüber Verbiegungen der Fläche invariant sind. Die zweite Grundform, mit der wir uns jetzt beschäftigen, bestimmt, zusammen mit der ersten Grundform, die Krümmung der Flächenkurven. Hier handelt es sich um Größen, die sich bei Verbiegungen im allgemeinen ändern. Die erste Grundform kennzeichnet also die längentreu stetig verbiegbare Flächenhaut, die zweite Grundform zusammen mit der ersten bestimmt die in den Raum eingebettete starre Fläche, die man sich etwa als Holzmodell anschaulich vorstellen kann.

9.1. Aufstellung der zweiten Grundform. Die bereits in den Gln. (6.12) eingeführten Funktionen L, M, N, die wir jetzt als Fundamentalgrössen zweiter Art bezeichnen, genügen mit Rücksicht auf Gl. (6.20) den bereits in Ziff. 8.2 benützten Gleichungen

$$(9.1) \qquad L = \mathfrak{x}_{uu}\mathfrak{n}, \quad M = \mathfrak{x}_{uv}\mathfrak{n}, \quad N = \mathfrak{x}_{vv}\mathfrak{n}.$$

Wegen der aus

$$\mathfrak{x}_u\mathfrak{n} = \mathfrak{x}_v\mathfrak{n} = 0$$

folgenden Beziehungen

$$\mathfrak{x}_{uu}\mathfrak{n} = -\mathfrak{x}_u\mathfrak{n}_u, \quad \mathfrak{x}_{uv}\mathfrak{n} = -\mathfrak{x}_u\mathfrak{n}_v = -\mathfrak{x}_v\mathfrak{n}_u, \quad \mathfrak{x}_{vv}\mathfrak{n} = -\mathfrak{x}_v\mathfrak{n}_v$$

kann man die Gln. (9.1) ersetzen durch die Gleichungen

$$(9.2) \qquad L = -\mathfrak{x}_u\mathfrak{n}_u, \quad M = -\mathfrak{x}_u\mathfrak{n}_v = -\mathfrak{x}_v\mathfrak{n}_u, \quad N = -\mathfrak{x}_v\mathfrak{n}_v,$$

die wir ebenfalls in Ziff. 8.2 benützt haben. Nach den Gln. (9.2) ist

$$(9.3) \qquad -d\mathfrak{x}\,d\mathfrak{n} = L(u,v)du^2 + 2M(u,v)dudv + N(u,v)dv^2.$$

Diese quadratische Form bezeichnet man als die zweite Grundform der Flächentheorie. Während die erste Grundform (7.1) positiv definit ist ($EG-F^2 > 0$), ist die zweite Grundform indefinit, alle drei Fälle

$$(9.4) \qquad LN - M^2 \gtreqless 0$$

können eintreten. Sie kennzeichnen, wie wir wissen, die Flächen positiven, verschwindenden und negativen Krümmungsmaßes; vgl. Gl. (7.11).

Bei Parametersubstitutionen (7.13) $u' = u'(u,v)$, $v' = v'(u,v)$ mit nicht verschwindender Funktionaldeterminante Δ ändert sich die Diskriminante $LN - M^2$ lediglich um den Faktor Δ^2; denn es ist, wie eine kurze Rechnung zeigt,

$$(9.5) \qquad LN - M^2 = (\mathfrak{x}_u \times \mathfrak{x}_v)(\mathfrak{n}_u \times \mathfrak{n}_v) = (\mathfrak{x}_{u'} \times \mathfrak{x}_{v'})(\mathfrak{n}_{u'} \times \mathfrak{n}_{v'})\Delta^2$$

$$= (L'N' - M'^2)\Delta^2.$$

Von dieser der Gl. (7.14) analogen Beziehung wurde schon in Ziff. 7.2 Gebrauch gemacht.

9.2. Geometrische Bedeutung der zweiten Grundform. Wir betrachten eine Flächenkurve $\mathfrak{x} = \mathfrak{x}(u(s), v(s))$ mit der Bogenlänge s. $\mathfrak{h}$ sei die Hauptnormale in einem Kurvenpunkt, $\mathfrak{n}$ die Flächennormale und $\zeta = \sphericalangle(\mathfrak{h}, \mathfrak{n})$ der nicht überstumpfte Winkel dieser beiden Normalen (Fig. 9.1). Dann folgt aus der ersten Frenetschen Formel (2.10) für die Krümmung $k \geq 0$ der Flächenkurve

$$(9.6) \qquad k \cos\zeta = k\mathfrak{h}\mathfrak{n} = \frac{d^2\mathfrak{x}}{ds^2}\mathfrak{n} = -\frac{d\mathfrak{x}}{ds}\frac{d\mathfrak{n}}{ds}.$$

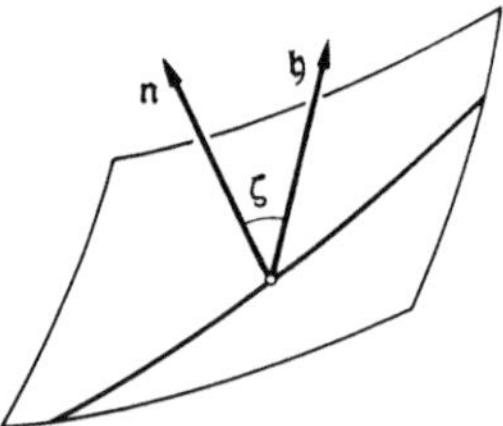

Fig. 9.1.
Hauptnormale einer Flächenkurve und Flächennormale

Aus den Gln. (9.3) und (9.6) ergibt sich mit

$$(9.7) \qquad k \cos\zeta = \frac{L\dot{u}^2 + 2M\dot{u}\dot{v} + N\dot{v}^2}{E\dot{u}^2 + 2F\dot{u}\dot{v} + G\dot{v}}, \quad \dot{} := \frac{d}{dt},$$

die geometrische Bedeutung der zweiten Grundform. Hierbei ist die Flächenkurve $u = u(t)$, $v = v(t)$ mit einem beliebigen Parameter t dargestellt. Gl. (9.7) zeigt, daß bei Vertauschung der positiven und negativen Seite der Fläche, wenn also $\mathfrak{n}$ durch $-\mathfrak{n}$ und ζ durch $\pi - \zeta$ ersetzt wird, die Fundamentalgrößen L, M. N ihre Vorzeichen ändern.

Nach Gl. (9.7) sind durch L, M, N (-zusammen mit der ersten Grundform-) die Krümmungen aller Flächenkurven bestimmt. Da die Krümmung hierbei nur vom Flächenpunkt u/v, der Tangentenrichtung $\dot{u}:\dot{v}$ und dem Winkel ζ der Hauptnormale gegen die Flächennormale abhängt, gilt der Satz:

(9.8) | Alle Flächenkurven durch eine feste Tangente und mit derselben Schmiegebene stimmen in der Krümmung überein.

Wir können uns daher beim Studium der Krümmung der Flächenkurven auf ebene Schnitte der Fläche beschränken.

9.3 Ebene Schnitte der Fläche durch eine feste Tangente. Die Krümmungen $k \geq 0$ aller ebenen Schnitte durch einen festen Punkt und mit fester Tangente ($u, v, \dot{u}:\dot{v}$ fest) genügen nach Gl. (9.7) dem Satz von Meusnier

(9.9) $\qquad k \cos \zeta = k_n \gtreqless 0 .$

Dabei ist k_n die Normalkrümmung, d.h. die Krümmung der Schnittkurve, deren Ebene senkrecht auf der Tangentenebene der Fläche steht, die also die Flächennormale enthält. Dieselbe Beziehung haben wir schon als Gl. (3.17) bei den Flächenstreifen kennen gelernt. Die Normalkrümmung k_n ist mit Vorzeichen definiert: Für $k \neq 0$ ist k_n positiv, wenn die Flächennormale $\mathfrak{n}$ und die Hauptnormale $\mathfrak{h}$ nach derselben Flächenseite weisen ($0 \leq \zeta < \frac{\pi}{2}$), und negativ, wenn $\mathfrak{n}$ und $\mathfrak{h}$ nach verschiedenen Seiten der Fläche gerichtet sind ($\frac{\pi}{2} < \zeta \leq \pi$) vgl. Fig. 9.1.

Für die Krümmungsradien $r = \frac{1}{k}$ und $R = \frac{1}{k_n}$ gilt

(9.10) $\qquad r = R \cos \zeta ,$

wobei R ebenso wie k_n mit Vorzeichen behaftet ist. Gl. (9.10) läßt sich folgendermaßen anschaulich interpretieren (Fig. 9.2):

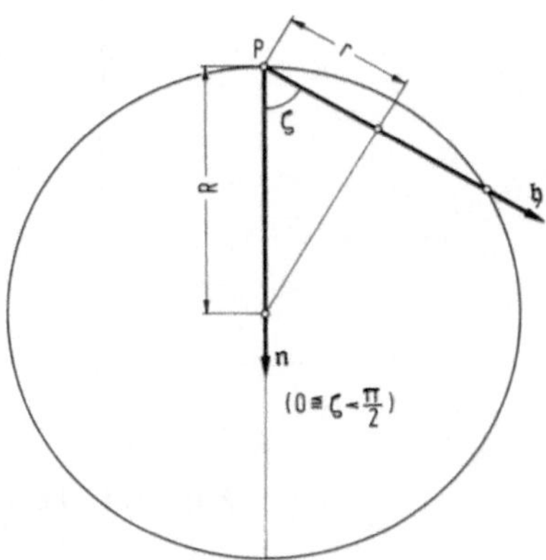

Fig. 9.2. Satz von Meusnier

(9.11) Die Krümmungskreise der ebenen Schnittkurven durch eine feste (- in Fig. 9.2 zur Zeichenebene senkrechte-) Flächentangente liegen für $0 \leq \zeta < \frac{\pi}{2}$ und für $\frac{\pi}{2} < \zeta \leq \pi$ auf einer Kugel mit dem Radius R.

Der Satz von Meusner (9.9) bzw. (9.10) liefert keine Aussage über die Krümmungen der Schnittkurven der Fläche mit ihren Tangentenebenen, wie wir in Ziff. 9.4 sehen werden. Wir erläutern dies hier bereits an drei Beispielen a), b), c) für die in Ziff. 9.4 eingeführten drei Fälle elliptischer, hyperbolischer und parabolischer Flächenpunkte:

a) Die Fläche sei eine Kugel (vgl. Fig. 9.2). Für $\zeta \to \frac{\pi}{2}$ geht der Krümmungsradius r der Schnittkreise gegen Null, für $\zeta = \frac{\pi}{2}$ entartet die Schnittkurve in den Punkt P.

b) Die Fläche sei ein hyperbolisches Paraboloid

$$z = x^2 - y^2,$$

die gemeinsame Flächentangente sei die y-Achse (Fig. 9.3). Die Schnittebenen $z = -x \cos \zeta$ liefern als Schnittkurven Hyperbeln mit den Scheiteln $P(x = y = z = 0)$ und $Q(x = -\cot\zeta,\ y = 0,\ z = \cot^2\zeta)$. Für $\zeta \to \frac{\pi}{2}$ geht der Krümmungsradius r dieser Hyperbeln im Flächenpunkt P gegen Null, der zweite Hyperbelscheitel Q rückt gegen P. Für $\zeta = \frac{\pi}{2}$ entartet die Schnitthyperbel in das Geradenpaar $x \pm y = 0$, also in eine Kurve mit dem Flächenpunkt P als Doppelpunkt; für die beiden Schnittgeraden ist $k = 0$, also $r = \infty$.

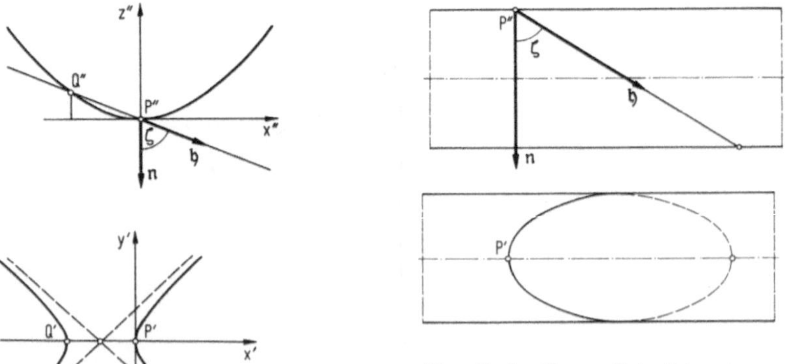

Fig. 9.4. Ebene Schnitte eines Drehzylinders.

Fig. 9.3. Ebene Schnitte eines hyperbolischen Paraboloids

c) Die Fläche sei ein Drehzylinder, die gemeinsame Flächentangente der Schnittkurven sei senkrecht zu den Ersengenden des Zylinders (Fig. 9.4). Die Schnittkurven sind Ellipsen. Ihr Krümmungsradius r im Flächenpunkt P geht für $\zeta \to \frac{\pi}{2}$ gegen Null, für $\zeta = \frac{\pi}{2}$ jedoch entartet die Schnittkurve in die den Punkt P enthaltende Erzeugende des Zylinders, hier ist also $k = 0$, $r = \infty$.

<u>9.4. Normalschnitte der Fläche in einem festen Flächenpunkt.</u> Wir betrachten jetzt wieder einen festen Flächenpunkt P und untersuchen die Normalkrümmungen in P, d.h. die Krümmungen $\frac{1}{R}$ der Normalschnitte (=ebene Schnitte durch die Flächennormale in P). Aus Gl. (9.7) ergibt sich

$$(9.12) \qquad k_n = \frac{1}{R} = \frac{L\dot{u}^2 + 2M\dot{u}\dot{v} + N\dot{u}^2}{E\dot{u}^2 + 2F\dot{u}\dot{v} + G\dot{v}^2} .$$

Bei positivem Krümmungsmaß K ist $LN - M^2 > 0$, der Zähler der Gl. (9.12) also eine definite quadratische Form und zwar bei geeigneter Wahl der positiven Flächenseite eine positive definite Form. Dann sind die Normalkrümmungen für alle Richtungen $\dot{u} : \dot{v}$ positiv, die Hauptnormalen aller Normalschnitte (- und nach Ziff. 9.3 auch aller ebenen Schnitte -) weisen nach derselben Flächenseite wie der Normalvektor $\mathfrak{n}$ der Fläche.

Bei negativem Krümmungsmaß K, also $LN - M^2 < 0$, ist der Zähler der Gl. (9.12) indefinit, die Normalkrümmung ist für gewisse Richtungen $\dot{u}:\dot{v}$ positiv und für andere negativ.

Bei verschwindendem Krümmungsmaß K, also $LN - M^2 = 0$, ist der Zähler der Gl. (9.12) semidefinit und bei geeigneter Wahl der positiven Flächennormale positiv semidefinit. Dann ist hier stets $\frac{1}{R} \geq 0$.

Zur weiteren Diskussion legen wir den Nullpunkt des Koordinatensystems in den betrachteten Flächenpunkt P und die x,y-Ebene in die Tangentenebene. Außerdem nehmen wir für die Umgebung von P die Koordinaten x,y als Flächenparameter $u = x$, $v = y$. Für z gilt dann die Potenzentwicklung

$$(9.13) \qquad 2z = ax^2 + 2bxy + cy^2 + \dots .$$

Dabei setzen wir voraus, daß der Flächenpunkt P ein regulärer Punkt ist, d.h. daß nicht alle drei Koeffizienten a, b, c verschwinden. Im Nullpunkt ist

$$(9.14) \qquad \begin{aligned} &E(0,0) = 1, \ F(0,0) = 0, \ G(0,0) = 1, \\ &L(0,0) = a, \ M(0,0) = b, \ N(0,0) = c. \end{aligned}$$

Für die Richtungen der Flächentangenten im Nullpunkt hat man

(9.15) $\dot{u}:\dot{v} = \cos\varphi : \sin\varphi,\ 0 \le \varphi < 2\pi,$

wobei φ der Winkel der Flächentangente gegen die positive x-Achse ist (Fig. 9.5).

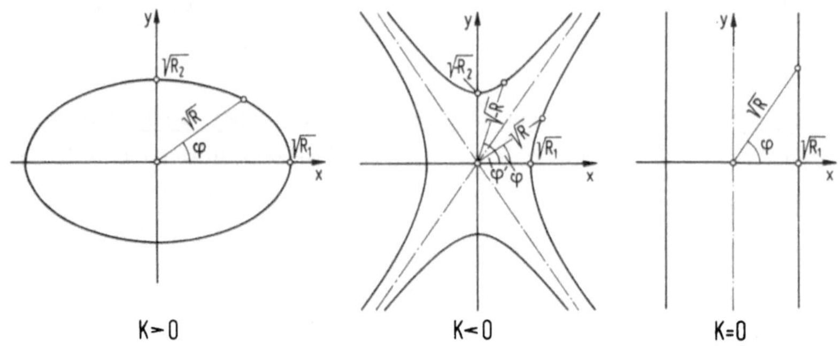

Fig. 9.5. Dupinsche Indikatrix .

Durch geeignete Drehung des Koordinatensystems um die z-Achse kann man in Gl. (9.13) das gemischte Glied zum Verschwinden bringen. Dann ergeben sich aus Gl. (9.12) durch Einsetzen der Gln. (9.14) und (9.15)

$$\frac{1}{R} = a\cos^2\varphi + c\sin^2\varphi,$$

also für $\varphi = 0$ und $\varphi = \frac{\pi}{2}$ die Normalkrümmungen

(9.16) $$\frac{1}{R_1} = a,\ \frac{1}{R_2} = c.$$

Somit hat man den Satz von EULER

(9.17) $$\frac{1}{R} = \frac{\cos^2\varphi}{R_1} + \frac{\sin^2\varphi}{R_2}\ .$$

Hierbei haben wir die bereits in Ziff. 9.3 erwähnte Fallunterscheidung der elliptischen, hyperbolischen und parabolischen Punkte zu beachten:

a) In einem elliptischen Punkt ist $K > 0$. Hier können wir die positive Seite der Fläche so wählen, daß alle Normalkrümmungen $\frac{1}{R}$ positiv sind, also insbesondere $\frac{1}{R_1} > 0$ und $\frac{1}{R_2} > 0$.

b) In einem hyperbolischen Punkt ist $K < 0$. Hier können wir die positive Seite der Fläche so wählen, daß $\frac{1}{R_1} > 0$ und $\frac{1}{R_2} < 0$ ist. Daraus folgt dann $\frac{1}{R} \gtrless 0$ für $0 \le \varphi < 2\pi$.

c) In einem parabolischen Punkt ist $K = 0$. Hier können wir $\frac{1}{R_1} > 0$ und $\frac{1}{R_2} = 0$ setzen. Dann ist $\frac{1}{R} \geq 0$ für $0 \leq \varphi < 2\pi$.

Man kann die Eulersche Formel folgendermaßen graphisch darstellen: Man setzt

$$\sqrt{|R|} \cos\varphi = x, \quad \sqrt{|R|} \sin\varphi = y$$

und erhält dann aus Gl. (9.17) einen Kegelschnitt, die sogenannte Dupinsche Indikatrix (Fig. 9.5), und zwar in den Fällen a), b) und c)

$$\text{(a)} \qquad \frac{x^2}{R_1} + \frac{y^2}{R_2} = 1, \quad \text{(b)} \quad \frac{x^2}{R_1} - \frac{y^2}{|R_2|} = \pm 1, \quad \text{(c)} \quad \frac{x^2}{R_1} = 1$$

eine Ellipse bzw. zwei konjugierte Hyperbeln bzw. zwei parallele Geraden. Die Radienvektoren der Dupinschen Indikatrix sind hiernach gleich der Quadratwurzel $\sqrt{|R|}$ aus dem Betrag des Normalkrümmungsradius. Im Fall b) ist $R > 0$ für die Hyperbel mit der x-Achse als schneidender Achse und $R < 0$ für die konjugierte Hyperebel.

Die Dupinsche Indikatrix als Diagramm der Eulerschen Formel (9.17) liefert zusammen mit dem Meusnierschen Satz (9.9) die Krümmungen aller Flächenkurven mit Ausnahme der Flächenkurven, deren Schmiegebenen Tangentenebenen der Fläche sind. Sie ergeben sich aus dem Schmiegparaboloid, das durch Gl. (9.13) gegeben wird, wenn man mit den Gliedern zweiter Ordnung abbricht. Das Schmiegparaboloid ist für $K > 0$ ein elliptisches und für $K < 0$ ein hyperbolisches Paraboloid; bei $K = 0$ entartet es in einen parabolischen Zylinder. Die Dupinsche Indikatrix ist die Schnittkurve des Schmiegparaboloids mit der Ebene $z = \frac{1}{2}$ bei $K > 0$ und $K = 0$ bzw. mit den Ebenen $z = \pm\frac{1}{2}$ bei $K < 0$.

Die Tangentenebene hat bei elliptischen Punkten $(K > 0)$ mit der Fläche nur den Berührungspunkt als isolierten Punkt gemeinsam, liegt also in der Umgebung dieses Punktes ganz auf der einen Seite der Fläche. Bei hyperbolischen Punkten $(K < 0)$ durchsetzt die Tangentenebene das Schmiegparaboloid nach zwei Geraden, nämlich den Asymptoten der Dupinschen Indikatrix, für welche

$$(9.18) \qquad \tan\varphi = \pm\sqrt{-\frac{R_2}{R_1}}$$

gilt. Die Fläche schneidet sie nach einer Kurve, die im Berührungspunkt einen Doppelpunkt hat; die Doppelpunkttangenten sind die Asymtoten der Dupinschen Indikatrix. Der Berührungspunkt ist hier ein Sattelpunkt, d.h. in den vier durch die beiden im Berührungspunkt sich schneidenden Kurvenzüge getrennten Bereichen liegt die Fläche abwechselnd auf der einen und der anderen Seite der Tangentenebene. Bei parabolischen Punkten ($k = 0$) hat die Tangentenebene mit der Fläche eine Gerade gemeinsam ($\varphi = \pm \frac{\pi}{2}$), falls $K \equiv 0$ ist, also falls die Fläche eine Torse ist.

Falls $K = 0$ nur für einzelne Punkte oder für eine einzelne Kurve (parabolische Punkte bzw. parabolische Kurve) gilt, schneidet die Tangentenebene die Fläche, wenn wir von etwaigen höheren Singularitäten absehen, in einer Kurve, die im Berührungspunkt einen Rückkehrpunkt hat. Die Schnittkurve zerlegt die Tangentenebene in zwei Bereiche, in denen die Fläche auf der einen bzw. anderen Seite der Tangentenebene verläuft. Für die Fälle $K \leq 0$ vgl. Fig. 9.6. Parabolische Kurven treten insbesondere als Grenze zwischen Flächenbereichen positiven und negativen Krümmungsmaßes auf (vgl. Fig. 9.7).

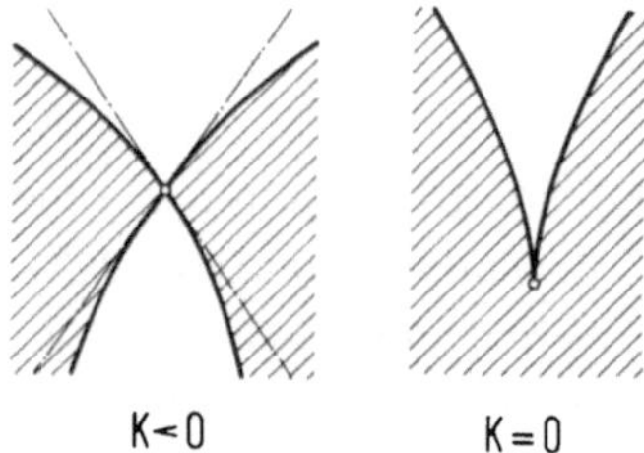

Fig. 9.6. Schnitt der Fläche mit einer Tangentenebene in den Fällen $K < 0$ und $K = 0$.

Wie bereits erwähnt und durch Beispiele belegt wurde, liefert der Meusniersche Satz (9.9) keine Aussage über die Krümmung der Schnittkurven der Fläche mit ihren Tangentenebenen.

9.5. Schmieglinien und konjugierte Kurvennetze. Als Schmiegtangenten bezeichnen wir im Fall $K < 0$ die durch Gl. (9.18) gegebenen Asymptoten der Dupinschen Indikatrix, im Fall $K = 0$ die zu der in ein Parallelgeradenpaar entarteten Dupinschen Indikatrix parallele Tangente. Für die Normalschnitte in Richtung der Schmiegtangenten ist die Normalkrümmung $k_n = 0$. Falls nicht höhere Singularitäten vorliegen, haben diese Normalschnitte den Berührungspunkt als Wendepunkt und die Schmiegtantenten durchsetzen die Fläche im Berührpunkt; vgl. Fig. 9.6. Der Satz von Meusnier (9.9) wird mit $k_n = 0$ und $\zeta = \pm \frac{\pi}{2}$ zur Identität $0 = 0$.

Die Schmiegtangenten legen auf Flächenbereichen mit $K < 0$ ein zweifaches, auf Torsen $K = 0$ ein einfaches Richtungsfeld fest. Die Integralkurven dieser Richtungsfelder heißen *Schmieglinien*. Gerade Linien einer Fläche sind stets Schmieglinien, weil die Normalkrümmung $k_n = 0$ ist. Auf Flächen negativen Krümmungsmaßes gibt es zwei Scharen von Schmieglinien, die ein *Kurvennetz* bilden (vgl. Ziff. 1.2). Auf den Quadriken (einschalige Hyperboloide und hyperbolische Paraboloide) sind die Erzeugenden die Schmieglinien. Auf den Torsen gibt es nur eine Schar von Schmieglinien, nämlich die Erzeugenden.

Die Schmiegtangenten sind durch $k_n = 0$, also gemäß Gl. (9.12) durch

$$L\dot{u}^2 + 2M\dot{u}\dot{v} + N\dot{u}^2 = 0 \text{ mit } LN - M^2 \leq 0 \tag{9.19}$$

gegeben. Man kann diese Gleichung mit $\frac{\dot{v}}{\dot{u}} = \frac{dv}{du}$ bzw. $\frac{\dot{u}}{\dot{v}} = \frac{du}{dv}$ auch als *Differentialgleichung der Schmieglinien* auffassen. Die Flächenstreifen längs der Schmieglinien sind wegen $\zeta = \pm \frac{\pi}{2}$ *Schmiegstreifen*, d.h. die Schmiegebenen der Schmieglinien fallen zusammen mit den Tangentenebenen der Fläche (vgl. Ziff. 3.4).

Aus Gl. (9.19) folgt unmittelbar:

(9.20) | Sind die Kurven $u = \text{const}$ (bzw. $v = \text{const}$) Schmieglinien, dann und nur dann ist $N = 0$ (bzw. $L = 0$).

Die Paare konjugierter Richtungen hinsichtlich der Dupinschen Indikatrix im Sinne der analytischen Geometrie der Kegelschnitte bestimmen in jedem Flächenpunkt *Paare konjugierter Tangenten*. Ihre Richtungen $\dot{u}_1 : \dot{v}_1$ und $\dot{u}_2 : \dot{v}_2$ sind gegeben durch die Bilinearform der zweiten Grundform, nämlich durch

$$L\dot{u}_1\dot{u}_2 + M(\dot{u}_1\dot{v}_2 + \dot{u}_2\dot{v}_1) + N\dot{v}_1\dot{v}_2 = 0. \tag{9.21}$$

Die Beziehung ist offenbar eine wechselseitige. Die Schmiegtangenten sind zu sich selbst konjugiert. Bei den Torsen ist jede Tangente zur Schmiegtangente konjugiert.

Auch die Gl. (9.21) kann man als Differentialgleichung deuten und zwar als Differentialgleichung für eine Kurvenschar (2), wenn die Kurvenschar (1) vorgegeben ist, oder umgekehrt. Wenn die Kurvenschar (1) keine Schmiegtangente enthält, bilden die beiden Kurvenscharen (1), (2) ein Kurvennetz. Wir nennen die beiden Kurvenscharen *konjugiert* und das von ihnen erzeugte Netz ein *konjugiertes Kurvennetz*.

Die Paare konjugierter Tangenten kann man auch ohne Bezugnahme auf die Dupinsche Indikatrix folgendermaßen definieren: Gl. (9.21) läßt sich in die Form

$$0 = \dot{\mathfrak{x}}_1\dot{\mathfrak{n}}_2 = \dot{\mathfrak{x}}_2\dot{\mathfrak{n}}_1 = (\mathfrak{x}_u\dot{u}_1 + \mathfrak{x}_v\dot{v}_1)(\mathfrak{n}_u\dot{u}_2 + \mathfrak{n}_v\dot{v}_2)$$

$$= (\mathfrak{x}_u\dot{u}_2 + \mathfrak{x}_v\dot{v}_2)(\mathfrak{n}_u\dot{u}_1 + \mathfrak{n}_v\dot{v}_1)$$

bringen, wie man mit Hilfe der Gl. (9.2) leicht bestätigt. Betrachtet man nun den Flächenstreifen etwa längs einer Kurve (1), $v = \text{const}$, dann folgt aus Gl. (3.3)

$$\mathfrak{e}\,\dot{\mathfrak{n}}_1 = 0;$$

der in der Tangentenebene liegende Vektor $\dot{\mathfrak{x}}_2$ der Kurven (2), $u = \text{const}$, ist also proportional zu $\mathfrak{e}$. Das heißt:

(9.22) Der Flächenstreifen, der eine Fläche nach einer Kurve berührt, hat als Erzeugende die zu den Tangenten dieser Kurve konjugierten Tangenten.

Aus Gl. (9.21) folgt unmittelbar:

(9.23) Nimmt man zwei konjugierte Kurvenscharen als Parameterkurven, dann und nur dann ist $M = 0$.

Denn Gl. (9.21) wird, wenn man $\dot{u}_1 = 1$, $\dot{v}_1 = 0$ und $\dot{u}_2 = 0$, $\dot{v}_2 = 1$ setzt, im Fall $M = 0$ und nur im Fall $M = 0$ erfüllt.

In § 10 werden wir die Schmiegliniennetze der Flächen negativen Krümmungsmaßes sowie die konjugierten Kurvennetze mit differenzengeometrischen Methoden näher untersuchen.

9.6. Hauptkrümmungen. Krümmungslinien. Die Achsenrichtungen der Dupinschen Indikatrix nennt man *Hauptkrümmungsrichtungen*, die zugehörigen Normalkrümmungen $\frac{1}{R_1}$ und $\frac{1}{R_2}$ *Hauptkrümmungen*. Diese sind für $R_1 \neq R_2$ Extrema der Normalkrümmungen in einem Flächenpunkt. Wenn die Dupinsche Indikatrix kein Kreis ist ($R_1 \neq R_2$), gibt es in jedem Flächenpunkt zwei und zwar zueinander senkrechte Hauptkrümmungsrichtungen. In Punkten mit kreisförmiger Indikatrix (*Nabelpunkte*) ist jede Richtung Hauptkrümmungsrichtung. Bei den Torsen fällt die eine der Hauptkrümmungsrichtungen stets in die Richtung der Erzeugenden, also der Schmiegtangenten.

Bei Ausschluß der Nabelpunkte bilden die Hauptkrümmungsrichtungen ein zweifaches Richtungsfeld. Die Integralkurven sind die sogenannten *Krümmungslinien* der Fläche. Sie bilden ein Kurvennetz, das sowohl konjugiert als auch orthogonal ist. Die Flächenstreifen längs einer Krümmungslinie haben nach Satz (9.22) die Tangenten der Krümmungslinien der anderen Schar als Erzeugende. Die Erzeugenden sind daher senkrecht zu der Kurve des Flächenstreifens. Nach Ziff. 3.4 gilt also:

(9.24) Die Flächenstreifen längs einer Krümmungslinie sind Krümmungsstreifen im Sinne der in Ziff. 3.4 gegebenen Definition und zwar die einzigen Krümmungsstreifen der Fläche.

Nach Satz (3.27) oder auch nach Satz (3.30) gilt weiter:

(9.25) Die Flächennormalen längs einer Krümmungslinie bilden eine Torse.

Aus Gl. (3.13) ergibt sich, indem man für $\mathfrak{r}'$ die Tangentenvektoren einer Krümmungslinie und für $\mathfrak{e}$ die Flächennormalen $\mathfrak{n}$ längs dieser Krümmungslinie nimmt, für die Entfernung v vom Flächenpunkt auf der Normalen bis zur Kehllinie der von den Normalen erzeugten Torse

$$(9.26) \qquad \mathfrak{n}'^2 v = -\mathfrak{r}'\mathfrak{n}.$$

Aus der letzten Gl. (3.15) folgt $\mathfrak{n}'^2 = k_n^2$, da bei Krümmungsstreifen die geodätische Windung $w_g = 0$ ist, und aus den Gln. (9.6) und (9.9) erhält man $\mathfrak{r}'\mathfrak{n}' = -k_n$, also

$$(9.27) \qquad v = \frac{1}{k_n}.$$

v ist also gleich dem Reziprokwert der Hauptkrümmung für die betreffende Hauptkrümmungsrichtung (H a u p t k r ü m m u n g s r a d i u s).

Da das Netz der Krümmungslinien orthogonal und konjugiert ist, gilt nach Gl. (7.6) und Satz (9.23):

(9.28) Nimmt man die Krümmungslinien als Parameterkurven $u = \text{const}$, $v = \text{const}$, dann und nur dann ist $F = M = 0$.

Die Hauptkrümmungen und Hauptkrümmungsrichtungen ergeben sich aus den beiden Grundformen folgendermaßen: Durch Gl. (9.12) in der Form

$$R(L\,du^2 + 2M\,du\,dv + N\,dv^2) - (E\,du^2 + 2F\,du\,dv + G\,dv^2) = 0$$

ist bei festem u,v die Normalkrümmung $\frac{1}{R}$ als Funktion von du und dv gegeben. Die Hauptkrümmungen $\frac{1}{R_1}$ und $\frac{1}{R_2}$ als extremale Hauptkrümmungen ergeben sich aus den Extremungsbedingungen

$$\frac{\partial R}{\partial (du)} = 0 \quad \text{und} \quad \frac{\partial R}{\partial (dv)} = 0,$$

also

$$(9.29)\qquad (RL-E)du+(RM-F)dv=0,\quad (RM-F)du+(RN-G)dv=0,$$

oder umgeordnet

$$(9.30)\qquad R(Ldu+Mdv)-(Edu+Fdv)=0,\quad R(Mdu+Ndv)-(Fdu+Gdv)=0.$$

Aus den Gln. (9.29) erhält man durch Elimination von du und dv

$$(9.31)\qquad 0=\begin{vmatrix} L-E/R & M-F/R \\ M-F/R & N-G/R \end{vmatrix} = \frac{1}{R^2}\left(EG-F^2\right)-\frac{1}{R}(EN-2FM+GL)+\left(LN-M^2\right),$$

und aus den Gln. (9.30) durch Elimination von R

$$(9.32)\qquad 0=\begin{vmatrix} Ldu+Mdv & Edu+Fdv \\ Mdu+Ndv & Fdu+Gdv \end{vmatrix} = (FL-EM)du^2+(GL-EN)dudv+(GM-FM)dv^2.$$

Gl. (9.32) ist die *Gleichung der Krümmungslinien*. Die Lösungen der Gl. (9.31) als quadratische Gleichung für $\frac{1}{R}$ sind die Hauptkrümmungen $\frac{1}{R_1}$ und $\frac{1}{R_2}$. Man kann sofort ablesen

$$(9.33)\qquad \frac{1}{R_1R_2}=\frac{LN-M^2}{EG-F^2}=K,\quad \frac{1}{R_1}+\frac{1}{R_2}=\frac{EN-2FM+GL}{EG-F^2}=2H.$$

Die erste Gl. (9.33) liefert eine neue Definition für das *Krümmungsmaß* K:

(9.34) | Das Krümmungsmaß K ist gleich dem Produkt der Hauptkrümmungen $\frac{1}{R_1}$ und $\frac{1}{R_2}$.

Während im Theorema egregium (6.31) das Krümmungsmaß $K=\frac{LN-M^2}{EG-F^2}$ durch die Metrik der Fläche, nämlich durch die Fundamentalgrößen erster Art E, F, G und ihre ersten und zweiten Ableitungen allein bestimmt ist und dadurch als biegungsinvariant erkannt wird, ist es hier durch die Hauptkrümmungen der Fläche erklärt, also durch nicht biegungsinvariante Größen, durch Größen, die nicht der Flächenhaut, sondern der Fläche als starrem Gebilde zugehören.

Die zweite Gl. (9.33) definiert die sogenannte *mittlere Krümmung* H als Mittelwert $\frac{1}{2}\left(\frac{1}{R_1}+\frac{1}{R_2}\right)$ der beiden Hauptkrümmungen $\frac{1}{R_1}$ und $\frac{1}{R_2}$. Sie ist im Gegensatz zum Krümmungsmaß K nicht biegungsinvariant. Durch $H\equiv 0$ sind die in der Geometrie und der Physik gleichermaßen wichtigen *Minimalflächen* gekennzeichnet.

Für die Kugeln vom Radius r ist $R_1 = R_2 = r$, also $K = \frac{1}{r^2}$ und $H = \frac{1}{r}$.

9.7. Beispiel : Drehflächen. Zur Erläuterung der allgemeinen Ergebnisse durch ein Beispiel betrachten wir die Drehflächen (Fig. 9.7)

$$(9.35) \qquad \mathfrak{r} = \left(f(u)\cos v,\quad f(u)\sin v,\quad \int_0^u \sqrt{1-f'^2(t)}\,dt\right).$$

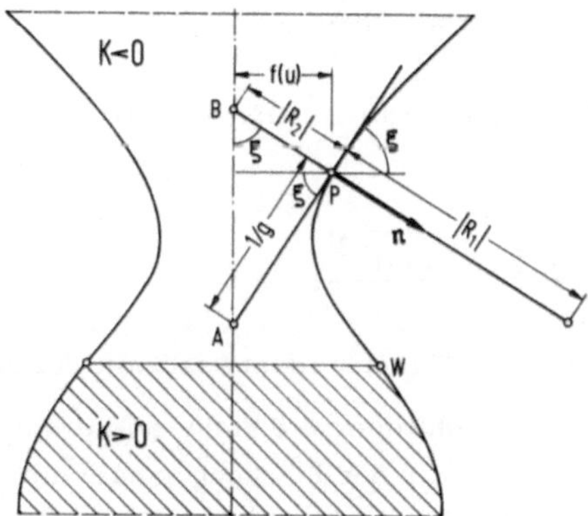

Fig. 9.7. Drehfläche

u ist die Bogenlänge der Profilkurve, f(u) der Abstand von der Drehachse und v der Winkel der Profilebenen gegen die x,z-Ebene (z-Achse = Drehachse). Aus

$$\mathfrak{r}_u = (f'(u)\cos v,\quad f'(u)\sin v,\quad \sqrt{1-f'^2(u)}),\quad \mathfrak{r}_v = (-f(u)\sin v, f(u)\cos v, 0)$$

erhält man für das Linienelement

$$(9.36) \qquad ds^2 = du^2 + f^2(u)dv^2.$$

Die Profilkurven v = const sind geodätische Linien und bilden zusammen mit den zu ihnen senkrechten Parallelkreisen u = const ein geodätisches Parallelkoordinatensystem, wie der Vergleich der Gl. (9.36) mit Gl. (7.30) zeigt.

Die Krümmung der Parallelkreise ist $\frac{1}{f}$, ihre geodätische Krümmung nach Satz (7.15) somit $g = \frac{1}{f}\cos\xi$. Dies ergibt sich natürlich auch aus der Definition der geodätischen Krümmung als Abwicklungskrümmung nach Satz (7.22): Die Torsen, welche die Drehfläche längs eines Parallelkreises berühren, sind Drehkegel, bei der ebenen Abwicklung dieser Drehkegel gehen die Parallelkreise in Kreisbögen mit dem Radius $\frac{f}{\cos\xi} = \frac{1}{g}$ über (vgl. Fig. 9.7).

Die Profilkurven und die zu ihnen senkrechten Parallelkreise sind die Krümmungslinien der Drehfläche; denn die Flächennormalen längs dieser Kurven erzeugen Torsen, nämlich in Ebenen entartete Torsen bzw. Drehkegel. Der Betrag der Hauptkrümmung $\frac{1}{R_1}$ in Richtung der Profilkurven ist gleich der Krümmung der Profilkurven, also (vgl. Fig. 9.7)

$$(9.37) \qquad \frac{1}{R_1} = -\frac{d\xi}{du} = \frac{f''}{\sin\xi} = \frac{f''}{\sqrt{1-f'^2}},$$

wobei $\cos\xi = f'(u)$ benützt wurde. Die Hauptkrümmung $\frac{1}{R_2}$ in Richtung der Parallelkreise ist

$$(9.38) \qquad \frac{1}{R_2} = -\frac{\sin\xi}{f} = -\frac{\sqrt{1-f'^2}}{f};$$

denn $|R_2|$ ist nach Gl. (9.27) gleich dem Abschnitt der Profilnormale vom Flächenpunkt P bis zur Kehllinie, die hier, da die Normalentorse ein Kegel ist, in den Schnittpunkt B der Flächennormale mit der Drehachse entartet. Aus den Gln. (9.37) und (9.38) ergibt sich das Krümmungsmaß der Drehfläche,

$$(9.39) \qquad K = \frac{1}{R_1 R_2} = -\frac{f''}{f}.$$

Es ist positiv in den Zonen der Drehfläche, in denen die Profilkurve der Drehachse die konkave Seite zukehrt, im entgegengesetzten Fall negativ. Die Parallelkreise durch Wendepunkte W der Profilkurven sind demnach parabolische Kurven der Drehflächen (vgl. Fig. 9.7).

§ 10. Konjugierte Kurvennetze und Schmiegliniennetze

Die in Ziff. 9.5 eingeführten Schmiegliniennetze auf Flächen negativen Krümmungsmaßes und die konjugierten Kurvennetze werden jetzt an Hand heuristischer differenzengeometrischer Modelle (ebeneckige Vierecksnetze und ebenflächige Vierecksnetze) näher untersucht.

10.1. Konjugierte Kurvennetze und ebenflächige Vierecksnetze. Wir sprechen hier von Flächen positiven oder negativen Krümmungsmaßes und betrachten ein konjugiertes Kurvennetz auf einer solchen Fläche. Wir nehmen dieses Kurvennetz als Parameterkurvennetz und haben dann nach Satz (9.23) $M = 0$, nach Gl. (6.18) also auch

(10.1) $\mu = 0.$

Infolgedessen spezialisieren sich die Grundgleichungen (6.26) bis (6.28) zu

(10.2) $\varkappa_u \sin\gamma + \varkappa(\varphi + \gamma_u)\cos\gamma - \lambda(\chi + \gamma_v) = 0,$

(10.3) $\lambda_v \sin\gamma + \lambda(\chi + \gamma_v)\cos\gamma - \varkappa(\varphi + \gamma_u) = 0,$

(10.4) $\varkappa\lambda \sin\gamma + \gamma_{uv} + \varphi_v + \chi_u = 0.$

Für das Krümmungsmaß der Fläche folgt aus Gl. (7.10)

(10.5) $K = \frac{\varkappa\lambda}{ab}.$

Die Tangenten längs einer Kurve k eines Kurvennetzes nennen wir *Längstangenten*, die Tangenten der Kurven der anderen Schar längs der Kurve k bezeichnen wir als *Quertangenten*. So sind beispielsweise längs einer Kurve u = const die $\mathfrak{r}_v$ Vektoren in Richtung der Längstangenten und die $\mathfrak{r}_u$ Vektoren in Richtung der Quertangenten (Fig. 10.1).

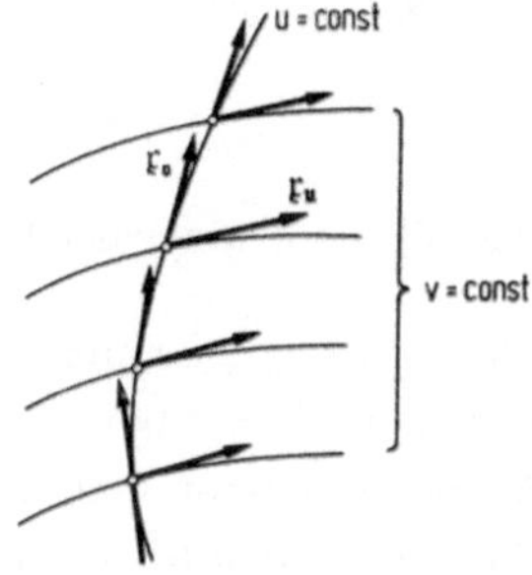

Fig. 10.1. Längstangenten und Quertangenten längs einer Kurve u = const

Wir können dann Satz (9.22) folgende Fassung geben:

(10.6) In einem konjugierten Kurvennetz bilden die Quertangenten längs einer jeden Kurve des Netzes eine Torse.

Aus Gl. (10.1) ergibt sich mit Rücksicht auf die Entwicklung (6.8)

(10.7) In den Sehnendreiecksnetzen eines konjugierten Kurvennetzes ist $\mu_\varepsilon = 0(\varepsilon^2)$, die Sehnenvierecke des Kurvennetzes sind also bis auf Abweichungen von der Größenordnung $0(\varepsilon^2)$ ebene Vierecke.

Wegen dieser Eigenschaft liegt es nahe, den konjugierten Kurvennetzen als differenzengeometrische Modelle e b e n f l ä c h i g e V i e r e c k s- n e t z e, d.h. Vierecksnetze mit ebenen Vierecken als Maschen gegenüberzustellen (Fig. 10.2). Die Existenz ebenflächiger Vierecksnetze ist evident: Bei Vorgabe der Randpolygone AB und BC lassen sich unendlich viele ebenflächige Vierecksnetze Masche für Masche konstruieren. Die ebenflächigen Vierecksnetze sind i.a. nicht Sehnenvierecksnetze eines

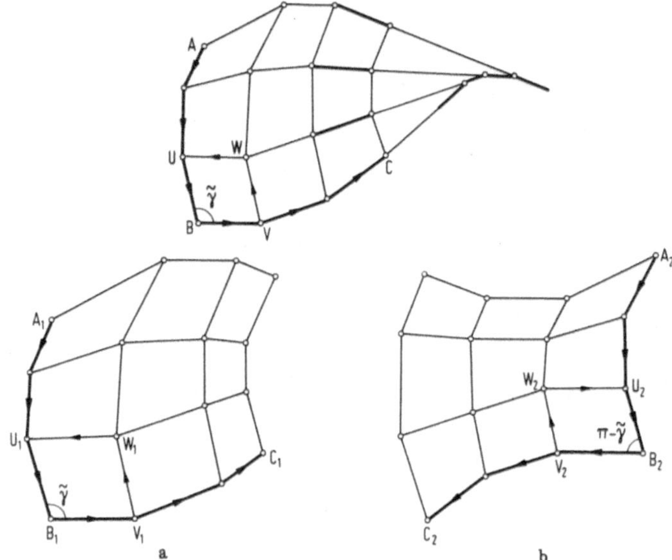

Fig. 10.2. Ebenflächige Vierecksnetze und Parallelbeziehung

konjugierten Kurvennetzes. Sie können daher nicht wie die Sehnendreiecksnetze als Limes-Modelle dienen, wohl aber als heuristische Modelle zur Darstellung analoger differenzengeometrischer und differentialgeometrischer Eigenschaften. Wir verabreden für die Limes-Modelle und heuristischen Modelle ein für allemal:

Bei Limesmodellen, also hier bei Sehnendreiecks- und Sehnenvierecksnetzen, bezeichnen wir alle Größen wie bisher mit dem Index ε (z.B. γ_ε), bei heuristischen Modellen dagegen, also hier bei ebenflächigen Vierecksnetzen, mit dem Zirkumflex (z.B. $\tilde{\gamma}$).

Als Analogon zu Satz (10.6) ergibt sich:

(10.8) In einem ebenflächigen Vierecksnetz bilden die Querseiten längs eines jeden Leitpolygons ein Torsenmodell (=Faltmodell oder Pyramide oder Prisma, vgl. Ziff. 3.1).

Hier und im Folgenden unterscheiden wir in einem Vierecksnetz längs eines jeden Leitpolygons Längsseiten und Querseiten analog der Definition der Längstangenten und Quertangenten in einem Kurvennetz.

Für ebenflächige Vierecksnetze ist folgender Satz evident (vgl. Fig. 10.2):

(10.9) Zu jedem ebenflächigen Vierecksnetz gibt es unendlich viele parallel-bezogene ebenflächige Vierecksnetze. Die Vierecksseiten und die Vierecksebenen dieser Netze sind zueinander parallel. Ein parallel-bezogenes Netz ist jeweils durch Vorgabe zweier zu AB und BC parallel-bezogener Randpolygone A_1B_1 und B_1C_1 eindeutig festgelegt.

Dieser differenzengeometrischen Aussage entspricht folgender differentialgeometrischer Satz:

(10.10) Zu jedem konjugierten Kurvennetz gibt es unendlich viele parallel-bezogene konjugierte Kurvennetze. Die Tangenten der Netzkurven und die Tangentenebenen der Trägerflächen sind zueinander parallel. Ein parallel-bezogenes Netz ist jeweils durch Vorgabe zweier zu AB und BC parallel-bezogener Randkurven A_1B_1 und B_1C_1 eindeutig festgelegt.

Ehe wir Satz (10.10) beweisen, müssen wir den Sätzen (10.9) und (10.10) noch folgende Ergänzung hinzufügen: Sowohl bei den ebenflächigen Vierecksnetzen als auch bei den konjugierten Kurvennetzen gibt es gleichsinnige und gegensinnige Parallelbeziehung. So zeigt Fig. 10.2 unter (a) ein gleichsinnig und unter (b) ein gegensinnig parallel-bezogenes Vierecksnetz. Bei (a) bleiben der Umlaufsinn der Vierecke und die Winkel $\tilde{\gamma}$ erhalten, bei (b) kehrt sich der Umlaufsinn um und $\tilde{\gamma}$ ist durch $\pi - \tilde{\gamma}$ zu ersetzen. Anders als bei den Dreiecksnetzen bezeichnen wir hier mit $\tilde{\gamma}$ alle Winkel der Vierecksmaschen; dies gilt für die vorliegende Fig. 10.2 sowie für die späteren Figuren 10.5 und 10.6.

Beweis des Satzes (10.10): In Ziff. 6.5 hatten wir festgestellt, daß die Grundgleichungen (6.26) bis (6.28), da sie nur Winkel und keine Längen enthalten, nicht nur für kongruente, sondern auch für zueinander gleichsinnig ähnliche Flächen gelten. Die speziellen Grundgleichungen (10.2) bis (10.4), in denen μ nicht mehr auftritt, liefern, wie wir jetzt sehen werden, nicht nur ähnliche, sondern allgemeinere, nämlich parallel-bezogene Flächen. Dabei unterscheiden wir zwei Fälle:

a) gleichsinnig parallel-bezogene konjugierte Kurvennetze

Wir bestimmen die Längen a,b (vgl. Gln. (6.5)) zu einer vorliegenden Lösung $\gamma(u,v)$, $\varphi(u,v)$, $\chi(u,v)$, $\varkappa(u,v)$ und $\lambda(u,v)$ der Grundgleichungen (10.2) bis (10.4). Dabei bedienen wir uns des einem konjugierten Kurvennetz einbeschriebenen Sehnendreiecksnetzes, in dem nach Satz (10.7) μ_ε von der Größenordnung $0(\varepsilon^2)$ ist, und benützen dieses Dreiecksnetz als Limesmodell. Je zwei Sehnendreiecke werden zu einem Sehnenviereck zusammengefaßt (Fig. 10.3). Das in Fig. 10.3 schraffierte Dreieck wird zu einem Parallelogramm ergänzt. Q ist die vierte Ecke des Parallelogramms. Wegen $\mu_\varepsilon = 0(\varepsilon^2)$ gilt dann mit den aus Fig. 10.3 ersichtlichen Bezeichnungen

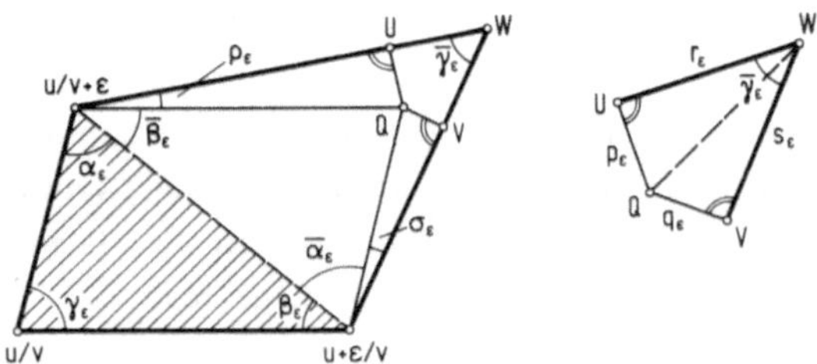

Fig. 10.3. Sehnenviereck in einem konjugierten Kurvennetz

$$\rho_\varepsilon = \varepsilon\chi + 0(\varepsilon^2), \quad QU = p_\varepsilon = a_\varepsilon \sin\rho_\varepsilon = \varepsilon^2 a\chi + 0(\varepsilon^3),$$

$$\sigma_\varepsilon = \varepsilon\varphi + 0(\varepsilon^2), \quad QV = q_\varepsilon = b_\varepsilon \sin\sigma_\varepsilon = \varepsilon^2 b\varphi + 0(\varepsilon^3),$$

$$UW = r_\varepsilon = a_\varepsilon(u,v+\varepsilon) - a_\varepsilon(u,v)\cos\rho_\varepsilon = \varepsilon^2 a_v + 0(\varepsilon^3),$$

$$VW = s_\varepsilon = b_\varepsilon(u+\varepsilon,v) - b_\varepsilon(u,v)\cos\sigma_\varepsilon = \varepsilon^2 b_u + 0(\varepsilon^3),$$

$$r_\varepsilon = s_\varepsilon\cos\overline{\gamma}_\varepsilon + q_\varepsilon\sin\overline{\gamma}_\varepsilon + 0(\varepsilon^3), \quad s_\varepsilon = r_\varepsilon\cos\overline{\gamma}_\varepsilon + p_\varepsilon\sin\overline{\gamma}_\varepsilon + 0(\varepsilon^3).$$

Wegen $\overline{\gamma}_\varepsilon = \gamma + 0(\varepsilon)$ folgt dann für $\varepsilon \to 0$

$$a_v = b_u\cos\gamma + b\varphi\sin\gamma, \quad b_u = a_v\cos\gamma + a\chi\sin\gamma$$

oder, nach den Ableitungen a_v, b_u aufgelöst,

$$(10.11) \quad a_v\sin\gamma = b\varphi + a\chi\cos\gamma, \quad b_u\sin\gamma = a\chi + b\varphi\cos\gamma.$$

Dies sind nach Vorgabe der Funktionen $\gamma(u,v)$, $\varphi(u,v)$ und $\chi(u,v)$ zwei lineare partielle Differentialgleichungen vom hyperbolischen

Typus für die beiden gesuchten Funktionen $a(u,v)$ und $b(u,v)$ (Fig. 10.4). Die konjugierten Kurven u = const und v = const sind die Charakteristiken [6]. Die Funktionen $a(u,v)$ und $b(u,v)$ sind in dem in Fig. 10.4 schraffierten Rechteck (Bestimmtheitsbereich) eindeutig festgelegt, wenn $a(u,v_0)$ im Intervall $u_0 \leq u \leq u_1$ und $b(u_0,v)$ im Intervall $v_0 \leq v \leq v_1$, also auf den beiden in Fig. 10.4 stark ausgezogenen Rändern vorgegeben werden (charakteristisches Anfangswertproblem). Hiermit ist Satz (10.10) für gleichsinnig parallel-bezogene konjugierte Kurvennetze bewiesen.

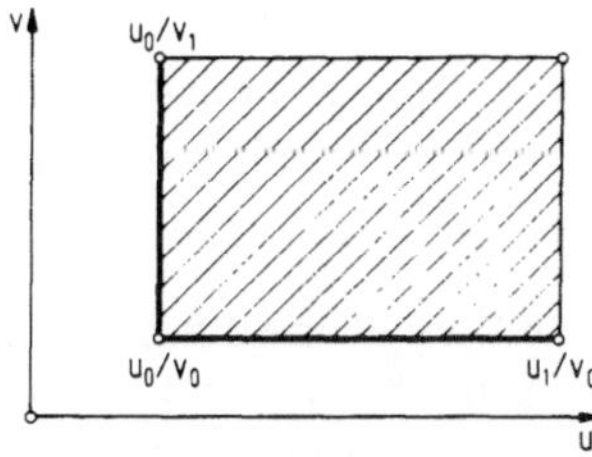

Fig. 10.4. Bestimmtheitsbereich zum charakteristischen Anfangswertproblem der Gln. (10.11)

b) gegensinnig parallel-bezogene konjugierte Kurvennetze

Die auf ein vorgegebenes konjugiertes Kurvennetz gegensinnig parallel-bezogenen Flächen erhält man, wenn man die vorliegende Lösung $\gamma(u,v)$, $\varphi(u,v)$, $\chi(u,v)$, $\varkappa(u,v)$, $\lambda(u,v)$ ersetzt durch $\pi-\gamma(u,v)$, $-\varphi(u,v)$, $-\chi(u,v)$ und entweder $-\varkappa(u,v)$ bei Festhalten von $\lambda(u,v)$ oder $-\lambda(u,v)$ bei Festhalten von $\varkappa(u,v)$. Die neuen Funktionen genügen dann offenbar auch den Grundgleichungen (10.2) bis (10.4) und legen wiederum parallel-bezogene konjugierte Kurvennetze fest. Wegen des Ersatzes von γ durch $\pi-\gamma$ ist die Parallelbeziehung aber gegensinnig. Die weiteren Überlegungen verlaufen wie im Fall a).

Aus diesem Beweis folgt zugleich mit Rücksicht auf Gl. (10.5)

(10.12) Das Krümmungsmaß K parallel-bezogener konjugierter Kurvennetze hat bei gleichsinniger Parallelbeziehung gleiches, bei gegensinniger Parallelbeziehung entgegengesetztes Vorzeichen.

Dieser Satz hat ein Analogon bei den ebenflächigen Vierecksnetzen (vgl. Fig. 10.2): Bei gleichsinnig parallel-bezogenen ebenen Vierecksnetzen sind die Winkel $\tilde{\gamma}$ der verschiedenen Netze untereinander gleich, bei gegensinniger Parallelbeziehung aber treten die Winkel $\pi-\tilde{\gamma}$ anstelle der

Winkel $\tilde{\gamma}$. Für die vier an einem Knotenpunkt zusammenstoßenden Viereckswinkel hat man im ersten Fall $\sum_{j=1}^{4} \tilde{\gamma}_j$, im zweiten Fall $\sum_{j=1}^{4}(\pi-\tilde{\gamma}_j) = 4\pi - \sum_{j=1}^{4} \tilde{\gamma}_j$. Wenn man den Schlitzwinkel $\Delta\tilde{\Omega}$ und das Krümmungsmaß $\tilde{K}$ für ebenflächige Vierecksnetze entsprechend den Gln. (1.3) und (1.4) für Dreiecksnetze definiert, hat man bei a) gleichsinnig bzw. b) gegensinnig parallel-bezogenen Netzen

$$(10.13)\quad \underset{(a)}{\Delta\tilde{\Omega}} = 2\pi - \sum_{j=1}^{4}\tilde{\gamma}_j, \quad \underset{(b)}{\Delta\tilde{\Omega}} = 2\pi - \sum_{j=1}^{4}(\pi-\tilde{\gamma}_j) = -2\pi + \sum_{j=1}^{4}\tilde{\gamma}_j = -\underset{(a)}{\Delta\tilde{\Omega}}.$$

Demnach ändert das nach Gl. (1.4) definierte Krümmungsmaß der ebenflächigen Vierecksnetze bei gegensinniger Parallelbeziehung das Vorzeichen.

10.2. Sphärisches Normalenbild und Verbiegbarkeit konjugierter Kurvennetze. Im sphärischen Normalenbild eines ebenflächigen Vierecksnetzes (Fig. 10.5) wird jeder Masche der Endpunkt des zu ihr senkrechten Radiusvektors auf der Bildkugel (Einheitskugel) zugeordnet. Jeder Kante des Vierecksnetzes entspricht im sphärischen Normalenbild ein Größtkreisbogen in einer zur betreffenden Kante senkrechten Ebene, jedem Vierkant eines Knotenpunktes des Netzes entspricht daher ein sphärisches Viereck, das von einem Polarvierkant aus der Bildkugel aus-

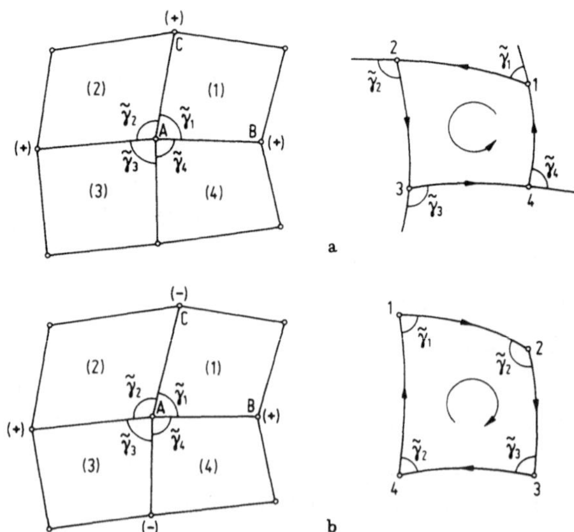

Fig. 10.5. Sphärisches Normalenbild eines ebenflächigen Vierecksnetzes

geschnitten wird. Die Keilwinkel $\tilde{\varkappa}$, $\tilde{\lambda}$ der Vierkante treten im sphärischen Bildviereck als Seiten, die Kantenwinkel $\tilde{\gamma}$ des Verecksnetzes sind gleich den Innen- bzw. Außenwinkeln der sphärischen Bildvierecke. Sie sind gleich den Außenwinkeln, wenn das ebenflächige Vierecksnetz an sämtlichen vier von dem betreffenden Knotenpunkt ausgehenden Kanten auf derselben Seite des Netzes konvex ist (vgl. Fig. 10.5, Fall (a)). Sie sind gleich den Innenwinkeln, wenn das Vierecksnetz an den genannten vier Kanten auf derselben Seite des Netzes abwechselnd konvex und konkav ist (vgl. Fig. 10.5, Fall (b)). Daher ist

$$\sum_{j=1}^{4} \tilde{\gamma}_j \lessgtr 2\pi, \text{ also } \Delta\tilde{\Omega} \gtrless 0 \text{ und } \tilde{K} \gtrless 0 \text{ im Fall } \begin{cases} (a), \\ (b). \end{cases} \tag{10.14}$$

Der Umlaufsinn 1,2,3,4 im Vierecksnetz und der zugeordnete Umlaufsinn im sphärischen Bild sind im Fall (a) gleich, im Fall (b) entgegengesetzt.

Auch diese Aussagen lassen sich beim Übergang zu Sehnendreiecksnetzen konjugierter Kurvennetze unter Berücksichtigung von $\mu_\varepsilon = O(\varepsilon^2)$ in die Differentialgeometrie übertragen. Dabei ergibt sich:

(10.15) In einem konjugierten Kurvennetz und seinem sphärischen Normalenbild sind einander zugeordnete Linienelemente orthogonal. Die Umlaufsinne im konjugierten Kurvennetz und im sphärischen Bild sind gleich bzw. entgegengesetzt, je nachdem das Krümmungsmaß K der Trägerfläche des konjugierten Kurvennetzes positiv bzw. negativ ist.

Unter *Verknickungen eines ebenflächigen Vierecksnetzes* verstehen wir stetige Deformationen, bei denen die Maschen starr, also insbesondere auch eben bleiben. Unter *Verbiegungen eines konjugierten Kurvennetzes* verstehen wir stetige längentreue Deformationen der Trägerfläche (=Verbiegungen der Trägerfläche), bei denen das Kurvennetz konjugiert bleibt. Ein ebenflächiges Vierecksnetz mit mindestens je drei Leitstreifen beider Scharen, also 3 × 3 Vierecksmaschen, ist nur in Sonderfällen verknickbar, wie wir in Ziff. 16.4 sehen werden. Es gilt aber der folgende unmittelbar einleuchtende Satz:

(10.16) Wenn ein ebenflächiges Vierecksnetz Verknickungen zuläßt, gilt dasselbe für alle parallel-bezogenen ebenflächigen Vierecksnetze.

Der analoge differentialgeometrische Satz lautet:

(10.17) Wenn ein konjugiertes Kurvennetz Verbiegungen zuläßt, gilt dasselbe für alle parallel-bezogenen konjugierten Kurvennetze.

B e w e i s: Wenn die Gln. (10.2) bis (10.4) für vorgegebene Funktionen $\gamma(u,v)$, $\varphi(u,v)$ und $\chi(u,v)$ eine 1-parametrige Menge von Lösungen haben, dann bestimmt jede Lösung $a_1(u,v)$, $b_1(u,v)$ der von $\varkappa$ und λ unabhängigen Gleichungen (10.11) eine 1-parametrige Menge von Verbiegungen eines konjugierten Kurvennetzes. Ersetzt man die Lösung $a_1(u,v)$, $b_1(u,v)$ durch eine andere Lösung $a_2(u,v)$, $b_2(u,v)$ der Gln. (10.11) (-oder der entsprechenden Gleichungen für gegensinnige Parallelbeziehung-), so ergibt sich dadurch eine 1-parametrige Menge von Verbiegungen der zum gegebenen konjugierten Kurvennetz parallel-bezogenen Kurvennetze.

In den §§ 12, 13 werden wir ebenflächige Vierecksnetze und konjugierte Kurvennetze kennen lernen, welche Verknickungen bzw. Verbiegungen zulassen.

10.3. Schmiegliniennetze und ebeneckige Vierecksnetze. Wir sprechen jetzt von Flächen negativen Krümmungsmaßes. Auf ihnen bilden die Schmieglinien ein Kurvennetz (S c h m i e g l i n i e n n e t z). Es ist durch die Differentialgleichungen (9.19) mit $LN-M^2<0$ bestimmt. Wie wir schon in Ziff. 9.5 festgestellt haben, sind die Schmieglinien dadurch gekennzeichnet, daß ihre Schmiegebenen mit den Tangentenebenen der Fläche zusammenfallen, oder, was auf dasselbe hinausläuft, daß ihre rektifizierenden Flächen, d.h. die von den rektifizierenden Ebenen erzeugten Torsen, auf der Fläche senkrecht stehen. Demnach kann man die Schmieglinien nach S. Finsterwalder in ähnlicher Weise wie die geodätischen Linien (vgl. Ziff. 7.4) mechanisch erzeugen, indem man einen geradlinigen Streifen mit geradlinigem Rand "hochkant" einer Fläche aufsetzt; denn bei der ebenen Abwicklung der rektifizierenden Fläche einer Kurve geht die Kurve in eine Gerade über (vgl. Ziff. 7.4).

Wenn man das Schmiegliniennetz als Parameterkurvennetz nimmt, ist nach Gl. (9.20) $L=N=0$. Mit Hilfe der Gln. (6.18) folgt hieraus

$$(10.18)\qquad \mu=\frac{cM}{ab\sin\gamma}\quad\text{und}\quad\begin{cases}\varkappa=-\dfrac{M}{b\sin\gamma}=-\dfrac{a}{c}\mu=-\dfrac{\sin\alpha}{\sin\gamma}\mu & \text{für } N=0,\\[2ex] \lambda=-\dfrac{M}{a\sin\gamma}=-\dfrac{b}{c}\mu=-\dfrac{\sin\beta}{\sin\gamma}\mu & \text{für } L=0.\end{cases}$$

Für $L=N=0$ ist also

$$(10.19)\qquad \mu\sin\alpha+\varkappa\sin\gamma=0,\quad \mu\sin\beta+\lambda\sin\gamma=0,\quad \frac{\varkappa}{a}=\frac{\lambda}{b}$$

und demnach

$$(10.20)\qquad \lambda\mu\sin\alpha+\mu\varkappa\sin\beta+\varkappa\lambda\sin\gamma=-\varkappa\lambda\sin\gamma=-\frac{b}{a}\varkappa^2\sin\gamma=-\frac{a}{b}\lambda^2\sin\gamma.$$

Aus Gl. (7.10) ergibt sich hieraus für das Krümmungsmaß

$$(10.21)\quad K = -\frac{\varkappa\lambda}{ab} = -\frac{\varkappa^2}{a^2} = -\frac{\lambda^2}{b^2}.$$

Da in jedem Punkt eines Schmiegliniennetzes die Schmiegebenen der beiden Schmieglinien mit der Tangentenebene der Fläche und deshalb auch miteinander zusammenfallen, liegt es nahe, den Schmiegliniennetzen als heuristisches differenzengeometrisches Modell *ebeneckige Vierecksnetze* gegenüberzustellen, d.h. Vierecksnetze, bei denen für jeden Knotenpunkt die Vierkante eben sind. Jedem Knotenpunkt ist dadurch eine Knotenpunktsebene zugeordnet, die wir als die *Tangentenebene des Vierecksnetzes* in dem betreffenden Knotenpunkt bezeichnen wollen. Die Vierecksmaschen eines ebeneckigen Vierecksnetzes sind natürlich i.a. nicht eben.

Zunächst müssen wir die *Existenz* ebeneckiger Vierecksnetze durch Aufzeigen einer Konstruktion nachweisen (Fig. 10.6): Vorgegeben sei ein beliebiger Zickzackzug $P_0Q_1P_1Q_2P_2\dots$.

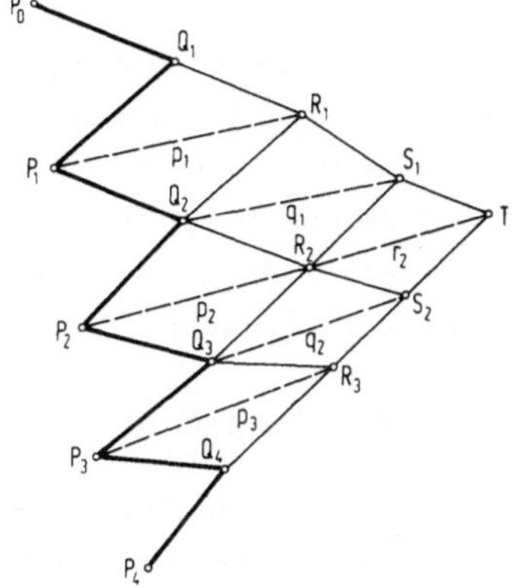

Fig. 10.6. Konstruktion eines ebeneckigen Vierecksnetzes

Die in Fig. 10.6 gestrichelte Gerade p_1 ist die Schnittgerade der Ebenen $P_0Q_1P_1$ und $P_1Q_2P_2$, ebenso ist p_2 die Schnittgerade der Ebenen $P_1Q_2P_2$ und $P_2Q_3P_3$ usf. Wenn wir dann auf diesen Geraden R_1, R_2 usw. annehmen, liegen die drei von Q_1 ausgehenden Kanten Q_1P_0, Q_1P_1, Q_1R_1 in einer Ebene, ebenso liegen die vier von Q_2 ausgehenden Kanten Q_2P_1, Q_2P_2, Q_2R_1, Q_2R_2 in einer Ebene. Durch Fortsetzung dieser Konstruktion für Q_3 und Q_4 und hernach für R_1, R_2, R_3 usw. ergibt sich ein ebeneckiges Vierecksnetz in dem Bereich P_0P_4T. Natürlich gilt dieselbe Konstruktion für Zickzackzüge $P_0P_1\dots P_n$ mit 2nKanten.

Im sphärischen Normalenbild eines ebeneckigen Vierecksnetzes (Fig. 10.7) wird jedem Knotenpunkt des Netzes der Endpunkt des zur Knotenpunktsebene senkrechten Radiusvektors auf der Bildkugel zugeordnet. Wie bei den ebenflächigen Vierecksnetzen (vgl. Fig. 10.5) ist auch hier jeder Kante des Vierecksnetzes im sphärischen Normalenbild ein Größtkreisbogen in einer zur Kante senkrechten Ebene zugeordnet.

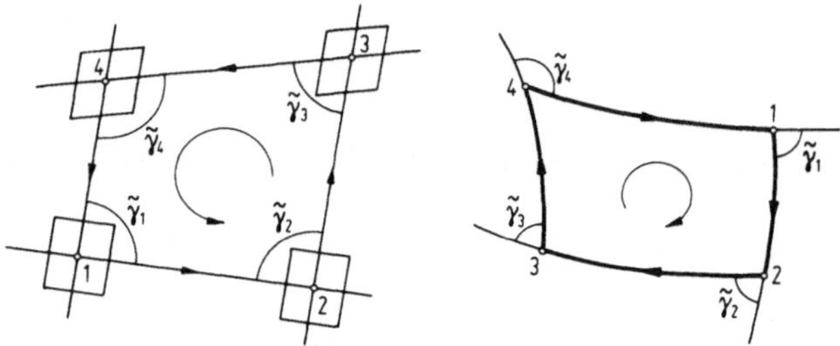

Fig. 10.7. Sphärisches Normalenbild eines ebeneckigen Vierecksnetzes

Während aber bei den ebenflächigen Vierecksnetzen je vier Maschen mit gemeinsamem Knotenpunkt ein sphärisches Viereck entsprach, wird bei den ebeneckigen Vierecksnetzen jeder Masche ein sphärisches Viereck zugeordnet. Die wie in Ziff. 6.1 definierten Keilwinkel $\tilde{\varkappa}$ und $\tilde{\lambda}$ des zu einem Dreiecksnetz ergänzten Vierecksnetzes sind gleich den Seiten der sphärischen Bildvierecke, die Viereckswinkel $\tilde{\gamma}$ der (-nicht ebenen-) Vierecksmaschen genügen der Ungleichung $\sum_{j=1}^{4} \tilde{\gamma}_j < 2\pi$ und sind den Außenwinkeln der sphärischen Bildvierecke gleich. Die Umlaufsinne in den Vierecksmaschen des ebeneckigen Vierecksnetzes und in den sphärischen Bildvierecken sind entgegengesetzt.

Um diese und weitere Eigenschaften der ebeneckigen Vierecksnetze auf Schmiegliniennetze übertragen zu können, müssen wir zunächst zu den Sehnendreiecksnetzen der Schmiegliniennetze übergehen (Fig. 10.8) und für diese den Grenzprozeß $\varepsilon \to 0$ näher untersuchen: Wir berechnen das Volumen V des Tetraeders mit den Ecken $P(u/v)$, $A(u+\varepsilon/v)$, $B(u/v+\varepsilon)$ und $D(u/v-\varepsilon)$. Aus

$$\begin{aligned} V(P;A,B,D) &= \frac{1}{6}\varepsilon^3 \langle \mathfrak{x}_u + \frac{\varepsilon}{2}\mathfrak{x}_{uu} + O(\varepsilon^2),\ \mathfrak{x}_v + \frac{\varepsilon}{2}\mathfrak{x}_{vv} + O(\varepsilon^2), -\mathfrak{x}_v + \frac{\varepsilon}{2}\mathfrak{x}_{vv} + O(\varepsilon^2)\rangle \\ &= \frac{1}{3}\varepsilon^5 \langle \mathfrak{x}_u, \mathfrak{x}_v, \mathfrak{x}_{vv}\rangle + O(\varepsilon^6) \end{aligned}$$

und N=0, also $\langle \mathfrak{r}_u, \mathfrak{r}_v, \mathfrak{r}_{vv} \rangle = 0$, folgt

(10.22) $V(P; A,B,D) = 0(\varepsilon^6)$.

Ebenso ergibt sich wegen L=0 für das Tetraeder mit den Ecken P,A,B und C

(10.23) $V(P; A,B,C) = 0(\varepsilon^6)$.

Gleichbedeutend mit den beiden Abschätzungen (10.22) und (10.23) ist die Feststellung, daß die vier in Fig. 10.8 schraffierten Dreiecke, von denen nur die beiden doppelt schraffierten dem Sehnendreiecksnetz angehören,

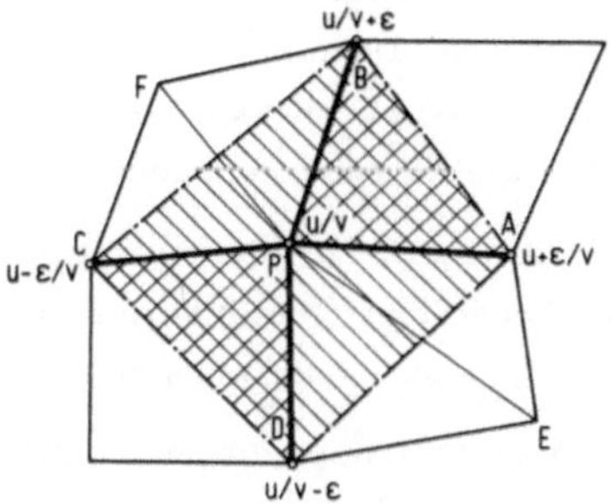

Fig. 10.8. Sehnendreiecksnetz eines Schmiegliniennetzes

Keilwinkel von der Größenordnung $0(\varepsilon^2)$ miteinander einschließen, während die Keilwinkel $\varkappa_\varepsilon$, λ_ε, μ_ε der Ebenen des Sehnendreiecksnetzes von der Größenordnung $0(\varepsilon)$ sind. Hiernach liefern die vier in Fig. 10.8 schraffierten Dreiecke im sphärischen Normalenbild denselben Bildpunkt bis auf Abweichungen der Größenordnung $0(\varepsilon^2)$. Infolgedessen führt der Grenzprozeß $\varepsilon \to 0$ zu folgendem Satz, der den vorher für ebeneckige Vierecksnetze festgestellten Aussagen analog ist:

(10.24) | In einem Schmiegliniennetz und seinem sphärischen Normalenbild sind einander zugeordnete Linienelemente orthogonal. Die Umlaufsinne im Schmiegliniennetz und im sphärischen Bild sind entgegengesetzt.

Wir kehren jetzt wieder zu den ebeneckigen Vierecksnetzen zurück und berechnen die durch die zweite Gl. (2.8) definierten W i n d u n - g e n d e r L e i t p o l y g o n e. Wie vorher schon ergänzen wir das Vierecksnetz zu einem Dreiecksnetz, in dem dann die Keilwinkel $\tilde{\varkappa}$ und $\tilde{\lambda}$ wie in Ziff. 6.1 definiert sind. $\tilde{\varkappa}$ und $\tilde{\lambda}$ sind jetzt aber auch die Winkel, welche die längs der Leitpolygone aufeinanderfolgenden Knotenpunktebenen (= Schmiegebenen der Leitpolygone) miteinander einschließen. Daher kann man in Gl. (2.8) $\tilde{\varkappa}$ bzw. $\tilde{\lambda}$ für $\pm\,\omega_{j,j+1}$ setzen und zwar, wegen der für $\tilde{\varkappa}$, $\tilde{\lambda}$ und $\omega_{j,j+1}$ getroffenen Vorzeichenfestsetzungen, einmal mit dem Pluszeichen und einmal mit dem Minuszeichen, nämlich etwa

$$\omega_{j,j+1} = \begin{cases} \tilde{\varkappa} \\ -\tilde{\lambda} \end{cases} \text{für die} \begin{cases} \text{erste} \\ \text{zweite} \end{cases} \text{Schar der Leitpolygone.}$$

Dabei ist angenommen, daß die positive Seite des Vierecksnetzes so orientiert ist wie bei den Flächen, wo die Vektoren $\mathfrak{r}_u, \mathfrak{r}_v, \mathfrak{r}_u \times \mathfrak{r}_v$ ein Rechtssystem bilden. Hier treten anstelle der Richtungen von $\mathfrak{r}_u$ und $\mathfrak{r}_v$ die Richtungen der Vierecksseiten PA und PB (vgl. Fig. 10.8), an denen die Keilwinkel $\tilde{\varkappa}$ und $\tilde{\lambda}$ auftreten. Dann bildet die Richtung $\overrightarrow{PA}$, zusammen mit einem positiven Winkel $\tilde{\varkappa}$ als Drehwinkel von der Ebene PAB (=Knotenpunktebene in P) in die Ebene PAE (=Knotenpunktebene in A), eine Rechtsschraube, die Richtung $\overrightarrow{PB}$ dagegen, zusammen mit einem positiven Winkel $\tilde{\lambda}$ als Drehwinkel von der Ebene PBA (=Knotenpunktebene in P) in die Ebene PBF (Knotenpunktebene in B), eine Linksschraube.

Für die Windungen der Leitpolygone hat man daher

$$(10.25)\quad \tilde{w}_1 = +\frac{\sin \tilde{\varkappa}}{\tilde{a}}, \quad \tilde{w}_2 = -\frac{\sin \tilde{\lambda}}{\tilde{b}} .$$

Beim Übergang zu den Sehnendreiecksnetzen der Schmiegnetze liefert der Grenzprozeß $\varepsilon \to 0$

$$(10.26)\quad w_1 = \lim_{\varepsilon \to 0} \frac{\sin \varkappa_\varepsilon}{a_\varepsilon} = \frac{\varkappa}{a}, \quad w_2 = -\lim_{\varepsilon \to 0} \frac{\sin \lambda_\varepsilon}{b_\varepsilon} = -\frac{\lambda}{b} .$$

Aus Gl. (10.26), der letzten Gl. (10.19) und Gl. (10.21) folgt

$$(10.27)\quad w_1 = -w_2, \quad K = w_1 w_2$$

Dies ist der Inhalt des S a t z e s v o n E n n e p e r:

(10.28) In jedem Punkt eines Schmieglininennetzes haben die sich schneidenden Schmieglinien entgegengesetzt gleiche Windungen. Das Produkt der Windungen ist gleich dem Krümmungsmaß der Trägerfläche.

10.4. Schmieglininennetze der Regelflächen. Auf den Regelflächen bilden die Erzeugenden die eine Schar der Schmieglinien. Um die zweite Schar zu finden, gehen wir von einem der Regelfläche einbeschriebenen S t a n g e n m o d e l aus, das in der Darstellung (4.1) der Regelfläche von ihren Erzeugenden $u = u_0 \pm m\varepsilon$ $(m = 0, 1, 2, \ldots)$ gebildet wird (Fig. 10.9): Durch einen Punkt A der Erzeugenden $u = -\varepsilon$ legen wir die Halbgerade s_1, welche die beiden folgenden Erzeugenden trifft, also der von den drei Erzeugenden $u = -\varepsilon$, $u = 0$, $u = +\varepsilon$ bestimmten Quadrik als Gerade der zweiten Schar angehört. B und Q sind die Schnittpunkte der Halbgeraden s_1 mit den Erzeugenden $u = 0$ und $u = +\varepsilon$. Ebenso legen wir dann von B aus die

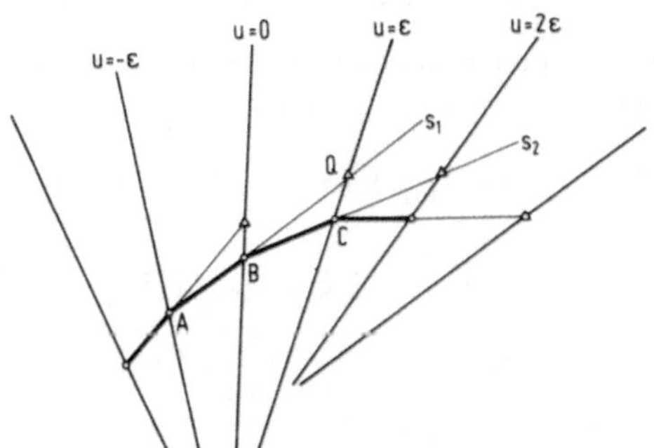

Fig. 10.9. Schmiegpolygone eines Stangenmodells

Halbgerade s_2, welche die beiden folgenden Erzeugenden $u = \varepsilon$ und $u = 2\varepsilon$ des Stangenmodells schneidet; C sei der Schnittpunkt mit der Erzeugenden $u = \varepsilon$. Wenn wir diese Konstruktion in dem Stangenmodell nach beiden Seiten fortsetzen, entsteht ein Polygon ...A B C...; die Schmiegebenen ABC usf. des Polygons fallen zusammen mit den Ebenen BCQ usf., die wir als Tangentenebenen des Stangenmodells in den Punkten C usf. bezeichnen. Wegen dieses Zusammenfallens von Schmiegebene und Tangentenebene nennen wir die so erzeugten Polygone ...A B C... Schmiegpolygone des Stangenmodells. Da die Geradenschar einer Quadrik die Geraden der anderen Schar nach projektiven Punktreihen schneiden, folgt sofort:

(10.29) | Die Erzeugenden eines Stangenmodells werden von den Schmiegpolygonen nach projektiven Punktreihen geschnitten.

Beim Grenzprozess $\varepsilon \to 0$ gehen die Schmiegpolygone des Stangenmodells in Kurven der Regelfläche über und die Schmiegebenen der Kurve fallen mit Tangentenebenen der Regelfläche zusammen. Daher gilt der zu Satz (10.29) analoge differentialgeometrische Satz:

(10.30) | Die Erzeugenden einer Regelfläche werden von den Schmieglinien der zweiten Schar nach projektiven Punktreihen geschnitten.

Beim Grenzprozeß $\varepsilon \to 0$ gehen die durch drei aufeinanderfolgende Erzeugende der Stangenmodelle festgelegten Quadriken in Quadriken über, welche die gegebene Regelfläche längs einer Erzeugenden in zweiter Ordnung berühren (O s k u l a t i o n s q u a d r i k e n), d.h. dieselben Tangentenebenen und dieselben Dupinschen Indikatricen haben. Für die Tangentenebenen folgt hieraus:

(10.31) | Das Büschel der Tangentenebenen einer Regelfläche längs einer Erzeugenden ist projektiv zur Punktreihe der Berührpunkte.

Satz (10.30) läßt sich auch folgendermaßen analytisch beweisen: Aus der Darstellung (4.1) der Regelfläche folgt

$$\mathfrak{r}_u = \dot{q} + v\dot{e}, \quad \mathfrak{r}_v = e, \quad \mathfrak{r}_{uu} = \ddot{q} + v\ddot{e}, \quad \mathfrak{r}_{uv} = \dot{e}, \quad \mathfrak{r}_{vv} = 0,$$

also

$$\sqrt{EG-F^2}\cdot\left\{\begin{aligned} L &= \langle \mathfrak{r}_u, \mathfrak{r}_v, \mathfrak{r}_{uu}\rangle = \langle \ddot{q}, \dot{q}, e\rangle + v\{\langle \ddot{q}, \dot{e}, e\rangle + \langle \dot{q}, e, \ddot{e}\rangle\} + v^2\langle \dot{e}, e, \ddot{e}\rangle, \\ M &= \langle \mathfrak{r}_u, \mathfrak{r}_v, \mathfrak{r}_{uv}\rangle = \langle \dot{q}, e, \dot{e}\rangle \neq 0, \\ N &= \langle \mathfrak{r}_u, \mathfrak{r}_v, \mathfrak{r}_{vv}\rangle = 0. \end{aligned}\right.$$

Die Differentialgleichung (9.19) der Schmieglinien spezialisiert sich also mit Rücksicht auf die Ungleichung (7.44) zu

$$(10.32) \qquad \left\{\left[A(u)+B(u)\cdot v + C(u)\cdot v^2\right]du + 2D(u)dv\right\}\cdot du = 0, \quad D = \langle \dot{q}, e, \dot{e}\rangle \neq 0.$$

du = 0 liefert die Erzeugenden als die eine Schmieglinienschar. Die zweite Schar ist durch die R i c c a t i s c h e D i f f e r e n t i a l g l e i - c h u n g

$$(10.33) \qquad \frac{dv}{du} + \frac{1}{2D(u)}\left[A(u) + B(u)\cdot v + C(u)\cdot v^2\right] = 0$$

bestimmt. Die Lösungen einer Riccatischen Differentialgleichung haben die Form

$$(10.34) \qquad v = \frac{U_1(u) + cU_2(u)}{U_3(u) + cU_4(u)}, \quad c = \text{Integrationskonstante}.$$

Da v eine lineare Funktion der Integrationskonstanten c ist, schneiden die Kurven $v = v(u,c)$ auf den Erzeugenden u = const projektive Punktreihen aus, wie Satz (10.30) behauptet. Die hier angeführten zwei verschiedenen Beweise für Satz (10.30) zeigen, daß die differenzengeometrische Herleitung in gewissen Fällen einen tieferen geometrischen Einblick gestattet als ein analytischer Beweis.

Die Quadriken lassen bekanntlich eine 1-parametrige Menge von Deformationen zu, bei denen die Erzeugenden wiederum in Erzeugende übergehen und längentreu abgebildet werden, während die Winkel, unter denen sie sich schneiden, sich ändern. Daraus folgt sofort folgender D e f o r - m a t i o n s s a t z f ü r S t a n g e n m o d e l l e [29]

(10.35) Ein Stangenmodell, dessen Gerade durch eine Folge gespannter Fäden miteinander verknotet sind, gestattet unendlich viele Deformationen, bei denen die Fäden gespannt bleiben, falls die Fäden die Geraden des Modells nach projektiven Punktreihen schneiden. Dies gilt insbesondere, wenn man die Schmiegpolygone durch gespannte Fäden ersetzt.

Der Beweis ergibt sich aus der Tatsache, daß die zwei aufeinander folgenden Geraden des Modells verbindenden Fäden Erzeugende einer Quadrik sind.

Der Grenzübergang $\varepsilon \to 0$ liefert den entsprechenden differentialgeometrischen Satz [29]:

(10.36) Die Erzeugenden einer Regelfläche und eine Schar von Kurven, welche die Erzeugenden nach projektiven Punktreihen schneiden, gestatten unendlich viele Deformationen, bei denen die Erzeugenden und die Schar der Schnittkurven längentreu abgebildet werden und die Erzeugenden Erzeugende bleiben.
Dies gilt insbesondere, wenn man als Schnittkurven die zweite Schar der Schmieglinien nimmt.

Man beachte jedoch, daß bei diesen Deformationen die Schmiegpolygone bzw. Schmieglinien nicht Schmiegpolygone bzw. Schmieglinien bleiben.

II. Spezielle Flächen

§ 11. Flächen konstanten negativen Krümmungsmaßes

Die *Flächen konstanten negativen Krümmungsmaßes* (vgl. Ziff. 7.8) sind ein besonders ergiebiges Gebiet für die Anwendung differenzengeometrischer Methoden, wobei gewisse ebeneckige Vierecksnetze als Modelle benützt werden [24]. Eine spezielle Drehfläche konstanten negativen Krümmungsmaßes ist die *Pseudosphäre*, die wir in § 14 kennen lernen werden. Nach ihr bezeichnet man alle Flächen konstanten negativen Krümmungsmaßes kürzer als *pseudosphärische Flächen*.

11.1. Kennzeichnung der pseudosphärischen Flächen durch ihre Schmiegliniennetze. Wir verstehen unter einem *Tschebyscheffschen Kurvennetz* (Fig. 11.1) ein Kurvennetz, in dem jedes Netzviereck A B C D je zwei gleichlange Gegenseiten hat: $\widehat{AB}=\widehat{DC}$, $\widehat{BC}=\widehat{AD}$. Wenn man das Netz als Parameterkurvennetz nimmt, kann man die Bogenlängen der Netzkurven als Parameter u, v nehmen. Das Linienelement (7.1) spezialisiert sich dann zu

$$ds^2 = du^2 + 2F(u,v)du\,dv + dv^2. \tag{11.1}$$

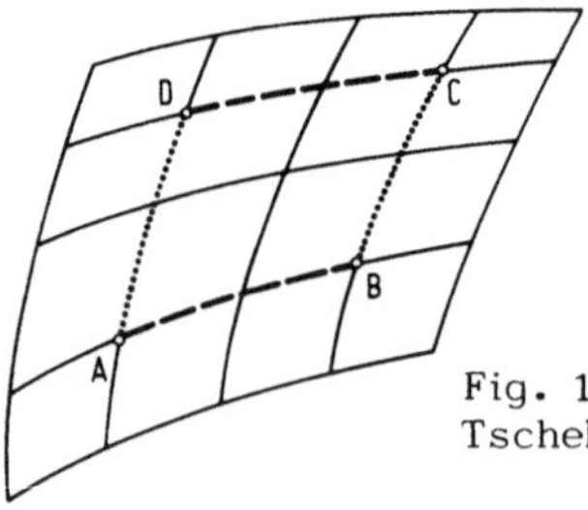

Fig. 11.1. Tschebyscheffsches Kurvennetz

Die pseudosphärischen Flächen lassen sich folgendermaßen durch ihre Schmiegliniennetze kennzeichnen:

(11.2) Eine Fläche negativen Krümmungsmaßes hat dann und nur dann konstantes Krümmungsmaß, ist also dann und nur dann eine pseudosphärische Fläche, wenn ihr Schmiegliniennetz ein Tschebyscheff-Netz ist.

B e w e i s: a) Eine pseudosphärische Fläche sei vorgegeben. Wir nehmen die Schmieglinien als Parameterkurven und haben dann nach Gl. (9.20) $L=N=0$, also nach Gl. (7.11)

$$(11.3) \qquad K = -\frac{M^2}{EG-F^2} = \text{const.}$$

Aus den Gln. (6.29) und (6.30) von Mainardi und Codazzi ergibt sich hierauf

$$GE_v - FG_u = 0, \quad FE_v - EG_u = 0.$$

Wegen $EG-F^2 > 0$ folgt daraus

$$(11.4) \qquad E_v = 0, \quad G_u = 0, \text{ also } E = U^2(u), \quad G = G^2(v)$$

mit den willkürlichen Funktionen $U(u)$, $V(v)$. Durch die Parametersubsitutionen

$$u^* = \int_{u_0}^{u} U(t)dt, \qquad v^* = \int_{v_0}^{v} V(t)dt$$

kommt, wenn wir die Sterne bei u und v wieder weglassen, $E=G=1$, man erhält also das Tschebyscheffsche Linienelement (11.1).

b) Umgekehrt sei jetzt ein Tschebyscheff-Netz vorgegeben, welches Schmiegliniennetz seiner Trägerfläche ist. Mit $L=N=0$ nach Gl. (9.20) und $E=G=1$ nach Gl. (11.1) ergibt sich dann aus den Gln. (6.29) und (6.30) sogleich

$$K_v = K_u = 0, \quad \text{also } K = \text{const.}$$

Wir werden im Folgenden für Gl. (11.1) den etwas allgemeineren Ansatz

$$(11.5) \qquad ds^2 = a^2du^2 + 2F(u,v)du\,dv + b^2dv^2 \quad \text{mit } a = \text{const}, \ b = \text{const}$$

benützen. Dann sind au und bv die Bogenlängen im Tschebyscheff-Netz.

11.2. Ebeneckige Parallelogramm-Netze (P-Netze). In Ziff. 10.3 haben wir den Schmiegliniennetzen ebeneckige Vierecksnetze als differenzengeometrische Modelle gegenübergestellt. Es liegt nach Ziff. 11.1 nahe, den Schmiegliniennetzen pseudesphärischer Flächen ebeneckige Vierecksnetze gegenüberzustellen, welche analoge Eigenschaften wie die Tschebyscheffschen Kurvennetze haben. Das heißt: In jedem von Leitpolygonen AB, BC, CD, DA erzeugten polygonalen Viereck (vgl. die analoge Fig. 11.1) sollen je zwei gegenüberliegende Randpolygone (-also AB und DC, BC und AD-) gleiche Länge (=Summe der Seitenlängen) haben. Dann müssen also alle Netzvierecke "Parallelogramme" sein, die i.a. natürlich nicht-eben sind. Wir verlangen außerdem, daß alle Parallelogramme dieselben Seitenlängen a, b haben und nennen solche ebeneckige Tschebyscheffsche Vierecksnetze kurz P - N e t z e (Fig. 11.2).

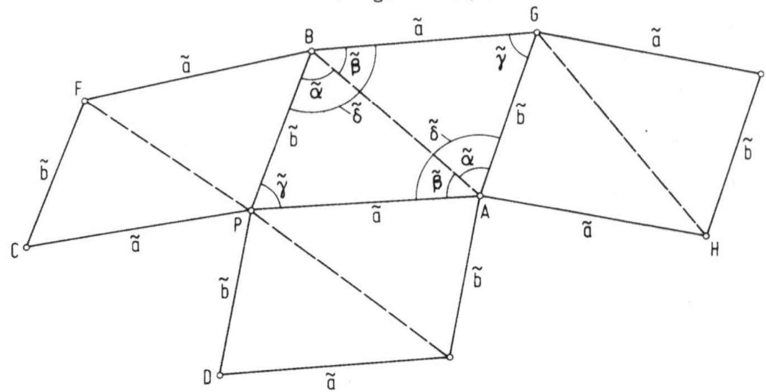

Fig. 11.2. Maschen eines P-Netzes

In den P-Netzen gelten bemerkenswerte elementargeometrische und trigonometrische Beziehungen:

a) Wir ergänzen das P-Netz durch Hinzumahme der einen Schar der Leitpolygone zu einem Dreiecksnetz. Die beiden Teildreiecke eines Parallelogramms sind dann kongruent (vgl. Fig. 11.2). $\tilde{\alpha}, \tilde{\beta}, \tilde{\gamma}$ sind die Winkel der beiden Dreiecke und $\tilde{\delta} \leq \tilde{\alpha} + \tilde{\beta}$ ist der Winkel, den die Parallelogrammseiten an den in Fig. 11.2 mit A und B bezeichneten Ecken miteinander einschließen; das Gleichheitszeichen gilt nur in den Ausnahmefällen, in denen das Parallelogramm eben ist. Die Gln. (10.25) für die Windungen $\tilde{w}_1$ und $\tilde{w}_2$ der Leitpolygone gelten für die P-Netze ebenso wie für beliebige ebeneckige Vierecksnetze. Bei P-Netzen gilt aber außerdem

$$(11.6) \qquad \tilde{w}_1 = - \tilde{w}_2, \quad \text{also} \ \sin \frac{\tilde{\varkappa}}{\tilde{a}} = \sin \frac{\tilde{\lambda}}{\tilde{b}},$$

eine Beziehung, die bei allgemeinen ebeneckigen Netzen sich erst beim Grenzprozeß $\varepsilon \to 0$ ergibt, vgl. Gl. (10.27). Bei P-Netzen hat man nämlich für die Höhe h des Punktes G über der Ebene PAB (vgl. Fig. 11.2)

$$h = \tilde{b} \sin \tilde{\delta} \sin \tilde{\varkappa} = \tilde{a} \sin \tilde{\delta} \sin \tilde{\lambda},$$

woraus sofort Gl. (11.6) folgt.

b) Da die Seitenlängen $\tilde{a}$, $\tilde{b}$ im ganzen P-Netz konstant sind, folgt aus Gl. (11.6), daß auch die Keilwinkel $\tilde{\varkappa}$ und $\tilde{\lambda}$ im ganzen Netz konstant sein müssen. $\tilde{\varkappa}$ und $\tilde{\lambda}$ sind die Seitenlängen im sphärischen Normalenbild. Daher gilt:

(11.7) Das sphärische Normalenbild eines P-Netzes ist ein aus Größtkreisbögen zusammengesetztes Tschebyscheffsches Kurvennetz.

c) Für nicht-ebene Parallelogramme gilt folgende trigonometrische Beziehung

$$(11.8)\qquad \tan\frac{\tilde{\varkappa}}{2}\cdot\tan\frac{\tilde{\lambda}}{2}=\frac{\cos\frac{\tilde{\gamma}+\tilde{\delta}}{2}}{\cos\frac{\tilde{\gamma}-\tilde{\delta}}{2}}=\frac{\sin(\tilde{\gamma}+\tilde{\delta})}{\sin\tilde{\gamma}+\sin\tilde{\delta}}\ \text{mit}\ \tilde{\gamma}+\tilde{\delta}<\pi .$$

Sie ergibt sich aus dem sphärischen Normalenbild, nämlich einem sphärischen Viereck mit den Seiten $\tilde{\varkappa}$, $\tilde{\lambda}$ und den Außenwinkeln $\tilde{\gamma}$, $\tilde{\delta}$.

In Anlehnung an die Definition (1.4) des Krümmungsmaßes für ein aus sechs Dreiecken mit gemeinsamer Ecke P zusammengesetztes Sechskant aus einem Dreiecksnetz definieren wir für eine Parallelogramm-Masche eines P-Netzes das Krümmungsmaß

$$(11.9)\qquad \tilde{K}=-\frac{2\sin\frac{\Delta\tilde{\Omega}}{2}}{\Delta\tilde{f}} .$$

Dabei ist

$$(11.10)\qquad \Delta\tilde{\Omega}=2(\pi-\tilde{\gamma}-\tilde{\delta})$$

der Flächeninhalt des sphärischen Vierecks im sphärischen Normalenbild und

$$(11.11)\qquad \Delta\tilde{f}=\frac{1}{2}\tilde{a}\tilde{b}(\sin\tilde{\gamma}+\sin\tilde{\delta})$$

der "Flächeninhalt" des Parallelogramms, nämlich die Hälfte der Oberfläche des Tetraeders P A G B (vgl. Fig. 11.2). Aus den Gln. (11.8) bis (11.11) folgt dann

$$(11.12)\qquad \tilde{K}=-\frac{4\sin(\tilde{\gamma}+\tilde{\delta})}{\tilde{a}\tilde{b}\,(\sin\tilde{\gamma}+\sin\tilde{\delta})}=-\frac{4}{\tilde{a}\tilde{b}}\tan\frac{\tilde{\varkappa}}{2}\cdot\tan\frac{\tilde{\lambda}}{2} .$$

Mit Berücksichtigung der Identitäten

$$(11.13)\qquad \sin\tilde{\varkappa}=2\tan\frac{\tilde{\varkappa}}{2}\cdot\cos^2\frac{\tilde{\varkappa}}{2},\qquad \sin\tilde{\lambda}=2\tan\frac{\tilde{\lambda}}{2}\cdot\cos^2\frac{\tilde{\lambda}}{2}$$

ergibt sich hieraus

$$(11.14)\qquad \tilde{K}=-\frac{\sin\tilde{\varkappa}}{\tilde{a}}\cdot\frac{\sin\tilde{\lambda}}{\tilde{b}}\cdot Q=\tilde{w}_1\tilde{w}_2 Q\ \text{mit}\ \frac{1}{Q}=\cos^2\frac{\tilde{\varkappa}}{2}\cdot\cos^2\frac{\tilde{\lambda}}{2} .$$

Also:

(11.15) Ein P-Netz hat konstantes, d.h. für alle Parallelogramm-Maschen gleiches Krümmungsmaß $\tilde{K}$ und dieses ist bis auf einen konstanten Faktor Q gleich dem Produkt der konstanten und entgegengesetzt gleichen Windungen $\tilde{w}_1$, $\tilde{w}_2$ der Leitpolygone.

Wir gehen nun von den P-Netzen zu den Schmiegliniennetzen der pseudosphärischen Flächen über. Hier gelten die zu den Sätzen (11.7) und (11.15) analogen Sätze:

(11.16) Das sphärische Normalenbild des Schmiegliniennetzes einer pseudosphärischen Fläche ist ebenso wie das Schmiegliniennetz selbst ein Tschebyscheffsches Kurvennetz.

(11.17) Die entgegengesetzt gleichen Windungen w_1 und $w_2 = -w_1$ der Schmieglinien einer pseudosphärischen Fläche sind konstant. Ihr Produkt

$$K = w_1 w_2 = \text{const} < 0$$

ist gleich dem Krümmungsmaß der Fläche.

Satz (11.17) ist eine unmittelbare Folge des Enneperschen Satzes (10.28), wenn wir in diesem $K = \text{const} < 0$ setzen. Beide Sätze (11.16) und (11.17) ergeben sich aber auch durch den Grenzprozeß $\varepsilon \to 0$, wenn wir die Sehnenvierecksnetze der Schmiegliniennetze der pseudosphärischen Fläche durch Hinzunahme der einen Schar der Diagonalpolygone zu einen Sehnendreiecksnetz ergänzen, wie wir dies schon in Ziff. 10.3 gemacht haben. In Gl. (11.14) geht dann $Q \to 1$.

11.3. Existenz und längentreue Deformationen der P-Netze. Wir müssen jetzt durch Angabe einer Konstruktion die Existenz von P-Netzen nachweisen. Hierfür bieten sich zwei Möglichkeiten:

a) Die Randpolygone AB und BC eines zu konstruierenden P-Netzes ABCD werden vorgegeben. Dabei müssen die Seitenlängen $\tilde{a}$, $\tilde{b}$ sowie die Winkel $\tilde{\varkappa}$, $\tilde{\lambda}$ konstant sein und außerdem der Bedingung (11.6) genügen (Fig. 11.3).

b) Ein Zickzackzug AC wird wie in Fig. 10.6 vorgegeben, wobei wiederum die Längen $\tilde{a}$, $\tilde{b}$ und die Winkel $\tilde{\varkappa}$, $\tilde{\lambda}$ konstant sein und der Bedingung (11.6) genügen müssen (Fig. 11.4).

Bei a) ergibt sich folgende Konstruktion: Wir nehmen an, die Konstruktion sei bereits bis an die Polygone $Q_1Q_2Q_3Q_4$ und $Q_1Q_5Q_6Q_7$ durchgeführt. Um dann die Ecke T festzulegen, hat man das Dreieck Q_2Q_5T um die Seite Q_2Q_5 so lange zu drehen, bis die Ecke T in die Ebene $Q_1Q_2Q_3S$ fällt. Dann hat das Parallelogramm $Q_1Q_5TQ_2$ auf Grund der vorangegangenen Konstruktion an der Seite Q_1Q_2 den Winkel $\tilde{\lambda}$ und an der Seite Q_1Q_5 den Winkel $\tilde{\varkappa}$, und T liegt dann auch in der Ebene $Q_1Q_5Q_6R$. In derselben Weise geht die Konstruktion von Masche zu Masche weiter.

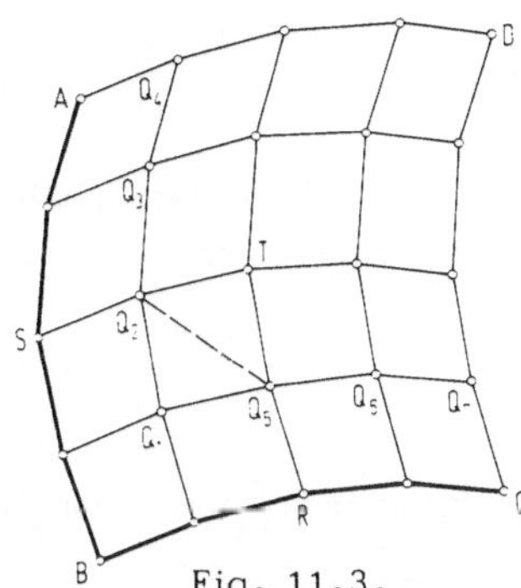

Fig. 11.3.
Festlegung eines P-Netzes durch zwei Randpolygone AB und BC

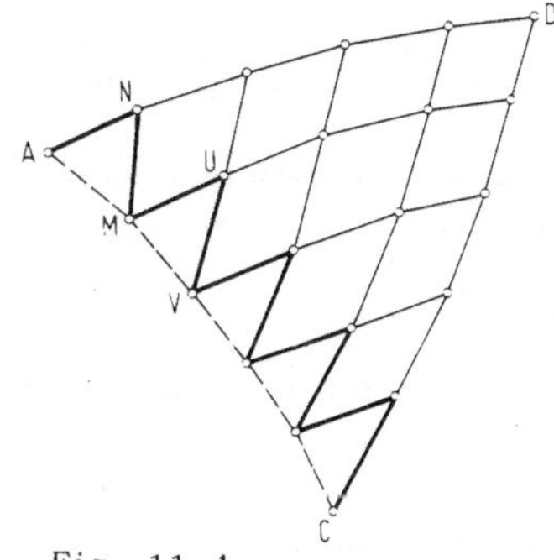

Fig. 11.4.
Festlegung eines P-Netzes durch einen Zickzackzug AC

Bei b) beruht die Konstruktion auf denselben Überlegungen. Außerdem ergeben sich hier als bemerkenswerte Sonderfälle P-Netze mit Drehsymmetrie ($\tilde{a} = \tilde{b}$) und P-Netze mit Schraubensymmetrie ($\tilde{a} \neq \tilde{b}$). Hierfür muß der Zickzackzug AC so vorgegeben werden, daß seine Streckenpaare ANM, MUV usw. kongruent sind und in das darauffolgende Streckenpaar jeweils durch dieselbe Drehung bzw. Schraubung übergeführt werden können.

Wir fassen diese Ergebnisse in folgendem Existenzsatz zusammen:

(11.18) Es gibt unendlich viele P-Netze. Ein P-Netz ist jeweils festgelegt durch die Anfangsdaten entweder a) längs zweier Randpolygone AB, BC (Fig. 11.3), oder b) längs eines Zickzackzuges AC (Fig. 11.4). Als Sonderfälle ergeben sich bei b) drehsymmetrische und schraubensymmetrische P-Netze.

Als Folgerung erhält man den Deformationssatz:

(11.19) Ein P-Netz gestattet unendlich viele längentreue Deformationen wiederum in P-Netze, wobei neben den Längen $\tilde{a}$, $\tilde{b}$ auch die Winkel $\tilde{\varkappa}$, $\tilde{\lambda}$ und demnach auch die Windungen $\tilde{w}_1$ und $\tilde{w}_2 = -\tilde{w}_1$ der Polygone sowie das Krümmungsmaß $\tilde{K}$ erhalten bleiben, während die Viereckswinkel $\tilde{\gamma}$, $\tilde{\delta}$ sich i.a. ändern.

11.4. Winkeltreue Deformationen der P-Netze. Neben den in Ziff. 11.3 erörterten längentreuen Deformationen gibt es auch winkeltreue Deformationen der P-Netze. Bei diesen ändern sich die Längen $\tilde{a}$, $\tilde{b}$, aber die Parallelogrammwinkel $\tilde{\gamma}$, $\tilde{\delta}$ sowie wiederum die Windungen $\tilde{w}_1$ und $\tilde{w}_2 = -\tilde{w}_1$ der Leitpolygone bleiben erhalten.

Um dies einzusehen gehen wir von einem gegebenen P-Netz [N] zu einem P-Netz [N*] über durch den Ansatz

$$\tan\frac{\tilde{\varkappa}^*}{2} = \rho\tan\frac{\tilde{\varkappa}}{2}, \quad \tan\frac{\tilde{\lambda}^*}{2} = \frac{1}{\rho}\tan\frac{\tilde{\lambda}}{2}. \tag{11.20}$$

$\rho \neq 0$ ist dabei eine beliebige Konstante. Wegen der geforderten Erhaltung der Winkel $\tilde{\gamma} = \tilde{\gamma}^*$, $\tilde{\delta} = \tilde{\delta}^*$ ist Gl. (11.8) bei der Transformation (11.20) invariant, es ist

$$\tan\frac{\tilde{\varkappa}^*}{2}\cdot\tan\frac{\tilde{\lambda}^*}{2} = \tan\frac{\tilde{\varkappa}}{2}\cdot\tan\frac{\tilde{\lambda}}{2}. \tag{11.21}$$

Damit auch Gl. (11.6) invariant ist, müssen die Längen $\tilde{a}$ und $\tilde{b}$ den Transformationsgleichungen

$$\frac{\sin\tilde{\varkappa}^*}{\tilde{a}^*} = \frac{\sin\tilde{\varkappa}}{\tilde{a}}, \quad \frac{\sin\tilde{\lambda}^*}{\tilde{b}^*} = \frac{\sin\tilde{\lambda}}{\tilde{b}}$$

genügen also

$$\tilde{a}^* = \tilde{a}\cdot\frac{\sin\tilde{\varkappa}^*}{\sin\tilde{\varkappa}}, \quad \tilde{b}^* = \tilde{b}\cdot\frac{\sin\tilde{\lambda}^*}{\sin\tilde{\lambda}}.$$

Auf Grund der Identitäten (11.13) hat man dann

$$\sin\tilde{\varkappa}^* = 2\tan\frac{\tilde{\varkappa}^*}{2}\cdot\cos^2\frac{\tilde{\varkappa}^*}{2} = 2\rho\cdot\tan\frac{\tilde{\varkappa}}{2}\cdot\frac{1}{1+\rho^2\tan^2\frac{\tilde{\varkappa}}{2}}$$

$$\sin\tilde{\lambda}^* = 2\tan\frac{\tilde{\lambda}^*}{2}\cdot\cos^2\frac{\tilde{\lambda}^*}{2} = \frac{2}{\rho}\cdot\tan\frac{\tilde{\lambda}}{2}\cdot\frac{1}{1+\frac{1}{\rho^2}\tan^2\frac{\tilde{\lambda}}{2}}$$

und somit

$$\left.\begin{aligned}\tilde{a}^* &= \rho\,\tilde{a}\,S\\ \tilde{b}^* &= \frac{1}{\rho}\tilde{b}\,T\end{aligned}\right\}\ \text{mit}\quad \begin{aligned}\frac{1}{S} &= \cos^2\frac{\tilde{\varkappa}}{2} + \rho^2\sin^2\frac{\tilde{\varkappa}}{2},\\ \frac{1}{T} &= \cos^2\frac{\tilde{\lambda}}{2} + \frac{1}{\rho^2}\sin^2\frac{\tilde{\lambda}}{2}.\end{aligned} \tag{11.22}$$

Die Transformationsgleichungen (11.20) und (11.22) erfüllen auf Grund ihrer Herleitung die Bedingungen

$$\tilde{w}_1^* = w_1, \quad \tilde{w}_2^* = \tilde{w}_2. \tag{11.23}$$

Sie liefern außerdem für das Krümmungsmaß nach Gl. (11.12) die Beziehung

$$\tilde{K}^* = \tilde{K}\,\frac{\tilde{a}\,\tilde{b}}{\tilde{a}^*\tilde{b}^*} = \frac{\tilde{K}}{ST}. \tag{11.24}$$

Da die Parallelogramm-Winkel $\tilde{\gamma}$, $\tilde{\delta}$ erhalten bleiben, ändern sich die Winkel aufeinanderfolgender Seiten der Leitpolygone nicht. Die Krümmung $\tilde{k}_1$, $\tilde{k}_2$ ändern sich daher umgekehrt proportional mit $\tilde{a}$, $\tilde{b}$, also

$$(11.25) \qquad \tilde{k}_1^* = \frac{1}{\rho S}\,\tilde{k}_1\,, \quad \tilde{k}_2^* = \frac{\rho}{T}\,\tilde{k}_2\,.$$

Wir fassen die Ergebnisse zusammen in folgendem Deformationssatz:

(11.26) Ein P-Netz gestattet eine 1-parametrige Menge (Parameter ρ) winkeltreuer Deformationen wiederum in P-Netze. Dabei bleiben neben den Winkeln $\tilde{\gamma}$, $\tilde{\delta}$ auch die Windungen $\tilde{w}_1$ und $\tilde{w}_2 = -\tilde{w}_1$ der Polygone erhalten. Die Winkel $\tilde{\varkappa}$, $\tilde{\lambda}$, die Längen, $\tilde{a}$, $\tilde{b}$, das Krümmungsmaß $\tilde{K}$ und die Krümmungen $\tilde{k}_1$, $\tilde{k}_2$ der Leitpolygone transformieren sich nach den Gln. (11.20), (11.22), (11.24) und (11.25).

11.5. Deformationen der Schmiegliniennetze der pseudosphärischen Flächen.

Den differenzengeometrischen Deformationssätzen der P-Netze in Ziff. 11.3 und Ziff. 11.4 stellen wir jetzt analoge Sätze über längentreue bzw. winkeltreue Deformationen der Schmiegliniennetze auf pseudesphärischen Flächen gegenüber.

Zu diesem Zweck spezialisieren wir Gl. (10.4) der Schmiegliniennetze für den Fall der pseudosphärischen Flächen. Wegen $E = a^2 = \text{const}$ und $G = b^2 = \text{const}$ ist nach den Gln. (6.16) $\varphi = \chi \equiv 0$, so daß Gl. (10.4) sich mit Rücksicht auf Gl. (10.5) zu

$$(11.27) \qquad abK \sin\gamma + \gamma_{uv} = 0 \quad (abK = \varkappa\lambda = \text{const} < 0)$$

vereinfacht.

Außerdem benützen wir für die Krümmungen k_1 und k_2 der Schmieglinien $v = \text{const}$ und $u = \text{const}$ die Beziehungen

$$(11.28) \qquad k_1 = \frac{1}{a}\,\gamma_u, \quad k_2 = \frac{1}{n}\,\gamma_v.$$

Hierbei sind die Krümmungen mit Vorzeichen definiert; k_1 bzw. k_2 ist positiv, wenn die konvexe Seite in die Richtung wachsender v-Werte bzw. u-Werte fällt. Die Gln. (11.28) lassen sich leicht differenzengeometrisch aus den Sehnendreiecksnetzen der Schmiegliniennetze der pseudosphärischen Flächen herleiten. In Fig. 11.2, die wir jetzt als Ausschnitt aus einem Sehnendreiecksnetz auffassen, sind dann die Winkel $\tilde{\gamma}$ und $\tilde{\delta}$ bei P und A durch

$$\gamma_\varepsilon = \gamma + \varepsilon\gamma^* + O(\varepsilon^2), \quad \delta_\varepsilon = \pi - \gamma_\varepsilon + O(\varepsilon^2)$$

zu ersetzen, und anstelle des Winkels $\tilde{\gamma}$ bei A tritt

$$\gamma_\varepsilon + \varepsilon\gamma_u + O(\varepsilon^2)$$

Für den Winkel der aufeinanderfolgenden Polygonseiten PA und AH kommt daher $\varepsilon\gamma_u + O(\varepsilon^2)$ und für k_1 ergibt sich

$$k_1 = \lim_{\varepsilon \to 0} \frac{\varepsilon\gamma_u + O(\varepsilon^2)}{\varepsilon a + O(\varepsilon^2)} = \frac{\gamma_u}{a}.$$

Ebenso beweist man die zweite Gl. (11.28).

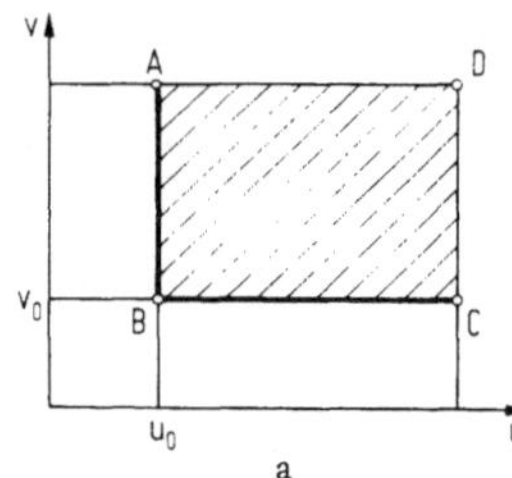

a

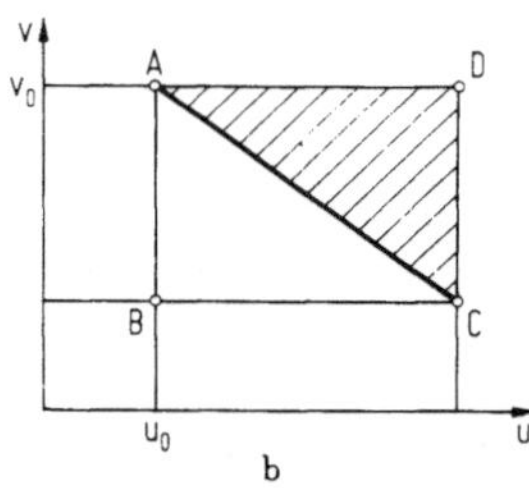

b

Fig. 11.5. Bestimmtheistbereiche der Differentialgleichung (11.27)

Gl. (11.27) ist eine lineare partielle Differntialgleichung zweiter Ordnung für $\gamma(u,v)$. Sie ist wie die Gln. (10.11) vom hyperbolischen Typus. Sie hat die Schmieglinien u = const und v = const als Charakteristiken. Eine Lösung $\gamma(u,v)$ für vorgegebene konstante Werte K, a und b ist in einem gewissen Bestimmtheitsbereich eindeutig festgelegt (Fig. 11.5), und zwar entweder

a) durch die Anfangsbedingungen $\gamma(u_0,v)$ längs AB und $\gamma(u,v_0)$ längs BC

⟨Bestimmtheitsbereich = Rechteck ABCD⟩,

oder

b) durch die Anfangsbedingungen $\gamma(u_0,v_0)$ in A und γ_u und γ_v längs AC $(u + v = u_0 + v_0)$

⟨Bestimmtheitsbereich = Dreieck ACD oder auch ABC⟩.

Bei a) liegt (-wie in Fig. 10.4 für die Gln. (10.11)-) ein sogenanntes charakteristisches, bei b) ein nicht-charakteristisches Anfangswertproblem vor [6].

Dies führt zu folgendem zu Satz (11.18) analogen Existenzsatz:

(11.29) Es gibt unendlich viele Tschebyscheffsche Schmiegliniennetze mit vorgegebenen konstanten Werten K, a und b. Ein solches Netz ist jeweils festgelegt durch die oben angegebenen Anfangsdaten a) längs zweier sich schneidenden Netzkurven $u = u_0$

und $v = v_0$ oder b) längs einer Kurve $u + v = u_0 + v_0$. Als Sonderfälle ergeben sich bei b) Schmiegliniennetze auf pseudosphärischen Drehflächen und Schraubenflächen.

Als Folgerung erhält man den zu Satz (11.19) analogen Deformationssatz für längentreue Deformationen:

(11.30) Ein Tschebyscheffsches Schmiegliniennetz gestattet unendlich viele längentreue Deformationen in wiederum Tschebyscheffsche Schmiegliniennetze, wobei neben den Längen auch die Windungen w_1 und $w_2 = -w_1$ der Schmieglinien und das Krümmungsmaß der pseudosphärischen Trägerfläche erhalten bleiben, während die Schnittwinkel der Schmieglinien sich i.a. ändern.

Im Fall a) sind zwei Randkurven des Schmieliniennetzes (-entsprechend den Randpolygonen AB und BC in Fig. 11.3-) bis auf Bewegungen festgelegt durch die vorgegebenen konstanten Windungen w_1, $w_2 = \pm\sqrt{-K}$ und durch die Krümmungen k_1 und k_2 der Randkurven. Diese sind nach den Gln. (11.28) durch die Anfangsdaten $\gamma(u, v_0)$ bzw. $\gamma(u_0, v)$ bestimmt, und zwar als Funktionen der Bogenlänge au bzw. bv (vgl. Ziff. 2.5: Natürliche Gleichungen einer Raumkurve).

Im Fall b) kann man zeigen, daß die Anfangsdaten γ sowie γ_u und γ_v längs einer Diagonalkurve $u + v = u_0 + v_0$ (-entsprechend dem Zickzackzug AC in Fig. 11.4-) zusammen mit den entgegengesetzt gleichen Windungen w_1 und w_2 der Schmieglinien ausreichen, um die Diagonalkurve bis auf Bewegungen festzulegen. Wir verzichten darauf, diesen Nachweis hier durchzuführen. Die drehsymmetrischen und schraubensymmetrischen Schmiegliniennetze ergeben sich hierbei durch die Anfangsbedingungen γ, γ_u und γ_v = const längs der Diagonalkurve.

Die zu den winkeltreuen Deformationen der P-Netze analogen Deformationen der Tschebyscheffschen Schmiegliniennetze ergeben sich sehr leicht: Setzt man analog zu den Gln. (11.20) und (11.22)

$$\varkappa^* = \rho\varkappa, \quad \lambda^* = \frac{1}{\rho}\lambda, \quad a^* = \rho a, \quad b^* = \frac{1}{\rho}b \tag{11.31}$$

mit der beliebigen Konstanten $\rho \neq 0$ und läßt die Winkel $\gamma(u, v)$ ungeändert, dann folgt aus den Gln. (10.21), (10.26) und (11.28)

$$\begin{aligned} &K^* = K = \text{const}, \quad w_1^* = w_1 = +\sqrt{-K}, \quad w_2^* = w_2 = -\sqrt{-K}, \\ &k_1^* = \frac{1}{\rho}k_1, \quad k_2^* = \rho k_2. \end{aligned} \tag{11.32}$$

Die Differentialgleichung (11.27) bleibt hierbei wegen

$$a^* b^* K^* = a b K$$

ungeändert. Somit gilt der zu Satz (11.26) analoge Deformationssatz für winkeltreue Deformationen (Liesche Transformationen):

(11.33) Ein Tschebyscheffsches Schmiegliniennetz gestattet eine 1-parametrige Menge (Parameter ρ) winkeltreuer Deformationen in wiederum Tschebyscheffsche Schmiegliniennetze, wobei neben den Schnittwinkeln γ auch die Windungen w_1 und $w_2 = -w_1$ der Schmieglinien sowie das Krümmungsmaß K der pseudesphärischen Trägerfläche erhalten bleiben. Die Längen und Krümmungen der Schmieglinien transformieren sich nach den Gln. (11.31) und (11.32).

Die Gln. (11.24) und (11.25) gehen mit $S \to 1$ und $T \to 1$ in die entsprechenden Gln. (11.32) über, wenn man wieder die Sehnendreiecksnetze der Tschebyscheffschen Schmiegliniennetze benützt und den Grenzprozeß $\varepsilon \to 0$ durchführt.

§ 12. Flächen mit einem konjugierten geodätischen Kurvennetz.

Eines der beiden Kurvenscharen eines konjugierten Netzes kann bei Ausschluß von Schmiegtangenten beliebig vorgegeben werden. Man kann hierfür z.B. geodätische Linien nehmen. Die konjugierte Kurvenschar besteht dann im allgemeinen nicht aus geodätischen Linien. Es gibt aber spezielle Flächen, die nach A. Voss benannten Vossschen Flächen, auf denen ein konjugiertes Kurvennetz mit zwei Scharen geodätischer Linien (konjugiertes geodätisches Kurvennetz) existiert [30]. Diese Flächen sind deswegen bemerkenswert, weil sie Verbiegungen zulassen, bei denen das betreffende geodätische Kurvennetz konjugiert bleibt; vgl. H. Graf [13].

12.1. Grundgleichungen der geodätischen Kurvennetze.

Ein konjugiertes geodätisches Kurvennetz sei vorgegeben. Die Existenz solcher Netze wird sich hernach ergeben. Wir nehmen dieses Netz als Parameterkurvennetz. Die Grundgleichungen (6.26) bis (6.28) vereinfachen sich dann mit $\mu = 0$ wegen Gl. (10.1) und mit $\gamma_v + \chi = \gamma_u + \varphi = 0$ wegen der Gln. (7.21), also auch $\varphi_v = \chi_u = -\gamma_{uv}$, zu

$$(12.1) \qquad \varkappa_u = 0, \quad \lambda_v = 0, \quad \varkappa\lambda \sin\gamma - \gamma_{uv} = 0.$$

Für das Krümmungsmaß gilt wegen $\mu = 0$ nach Gl. (7.10)

(12.2) $$K = \frac{\varkappa\lambda}{ab} \quad \text{mit } K \gtrless 0 \text{ für } \varkappa\lambda \gtrless 0.$$

Aus den beiden ersten Gln. (12.1) folgt

(12.3) $$\varkappa = V(v), \quad \lambda = U(u)$$

mit den beiden willkürlichen Funktionen $U(u)$, $V(v)$. Ohne Beschränkung der Allgemeinheit kann man die Gln. (12.3) ersetzen durch

(12.4) $$\varkappa = \varkappa_0 = \text{const}, \quad \lambda = \lambda_0 = \text{const}.$$

B e w e i s: Bei der Parametersubstitution $u = u(u')$, $v = v(v')$ geht $\varkappa$ über in

$$\varkappa' = \frac{\sqrt{E'N'}}{\sqrt{E'G'-F'^2}} = \frac{|\mathfrak{r}_{u'}|\langle \mathfrak{r}_{u'}, \mathfrak{r}_{v'}, \mathfrak{r}_{v'v'}\rangle}{|\mathfrak{r}_{u'} \times \mathfrak{r}_{v'}|^2} = \frac{|\mathfrak{r}_u|\langle \mathfrak{r}_u, \mathfrak{r}_v, \mathfrak{r}_{vv}\rangle}{|\mathfrak{r}_u \times \mathfrak{r}_v|^2}\,\frac{dv}{dv'} = \varkappa\frac{dv}{dv'}.$$

$\varkappa = \text{const} = \varkappa_0$ wird also durch die Substitution

$$\frac{dv}{dv'} = \frac{\varkappa_0}{V(v)}, \qquad v = \varkappa_0 \int_{v_0}^{v'} \frac{dt}{V(t)}$$

bewerkstelligt. Entsprechendes gilt für $\lambda = \lambda_0$.

Die E x i s t e n z konjugierter geodätischer Kurvennetze erkennt man folgendermaßen: Nach der letzten Gl. (12.1) muß $\gamma(u,v)$ der linearen partiellen Differentialgleichung

(12.5) $$-\varkappa_0\lambda_0 \sin\gamma + \gamma_{uv} = 0 \quad \text{mit } \varkappa_0 = \text{const und } \lambda_0 = \text{const}$$

genügen. Sie ist wie die entsprechende Gl. (11.27) für Schmiegliniennetze pseudesphärischer Flächen vom h y p e r b o l i s c h e n T y p u s. Die C h a r a k t e r i s t i k e n $u = \text{const}$, $v = \text{const}$ sind jetzt aber die beiden Scharen konjugierter geodätischer Linien. Gl. (12.5) stimmt für $\varkappa_0\lambda_0 > 0$, also für konjugierte geodätische Kurvennetze auf Flächen positiven Krümmungsmaßes, mit Gl. (11.27), in der $abK = \text{const} < 0$ ist, überein; bei $\varkappa_0\lambda_0 < 0$, also bei Flächen negativen Krümmungsmaßes, haben $-\varkappa_0\lambda_0$ und abK in den Gln. (12.5) und (11.27) verschiedenes Vorzeichen. Aus jeder Lösung $\gamma(u,v)$ der Gl. (12.5) erhält man nach Ziff. 10.1 aus den Gln. (10.11), die jetzt wegen $\gamma_u + \varphi = \gamma_v + \chi = 0$ die Form

(12.6) $$\begin{aligned} a_v \sin\gamma + b\gamma_u + a\gamma_v \cos\gamma &= 0, \\ b_u \sin\gamma + a\gamma_v + b\gamma_u \cos\gamma &= 0 \end{aligned}$$

annehmen, Lösungen $a(u,v)$ und $b(u,v)$ auf Grund eines charakteristischen Anfangswertproblems. Durch $\mu \equiv 0$, $\varkappa = \varkappa_0$, $\lambda = \lambda_0$ und die Lösungen $\gamma(u,v)$, $a(u,v)$, $b(u,v)$ der Gln. (12.5) und (12.6) sind konjugierte geodätische Kurvennetze bestimmt.

12.2. Ebenflächige scheitelwinkelgleiche Vierecksnetze (V-Netze). In Ziff. 10.1 haben wir den konjugierten Kurvennetzen ebenflächige Vierecksnetze als differenzengeometrische Modelle gegenüber gestellt, entsprechend der Tatsache, daß die Keilwinkel μ_ε der Sehnendreiecksnetze eines konjugierten Kurvennetzes nicht von der Größenordnung $O(\varepsilon)$, sondern von der Größenordnung $O(\varepsilon^2)$ sind. Jetzt kommt auf Grund der Gln. (12.4) hinzu, daß die Keilwinkel $\varkappa_\varepsilon$ und λ_ε bis auf Abweichungen $O(\varepsilon^2)$ im ganzen Sehnendreiecksnetz konstant sind. Infolgedessen spezialisieren wir unsere differenzengeometrischen Modelle durch die zusätzliche Forderung, daß alle Keilwinkel $\tilde{\varkappa}$ und ebenso alle $\tilde{\lambda}$ gleich sein sollen. Daraus folgt dann, daß in jedem von einem Knotenpunkt des ebenflächigen Vierecksnetzes ausgehenden Vierkant auch die gegenüberliegenden Viereckswinkel $\tilde{\gamma}$ sowie $\tilde{\delta}$ gleich sind (Fig. 12.1).

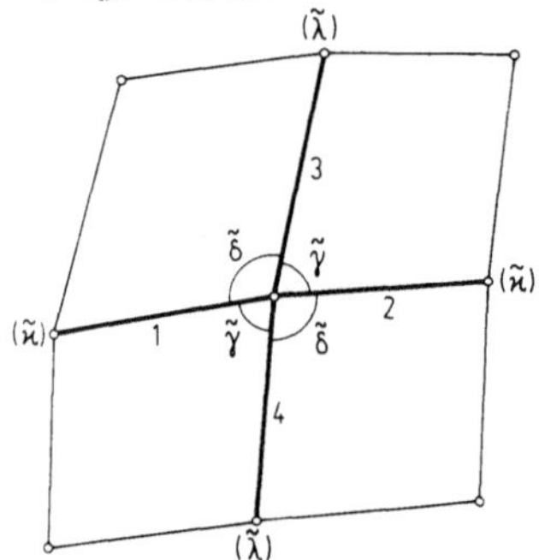

Fig. 12.1. Ausschnitt aus einem V-Netz

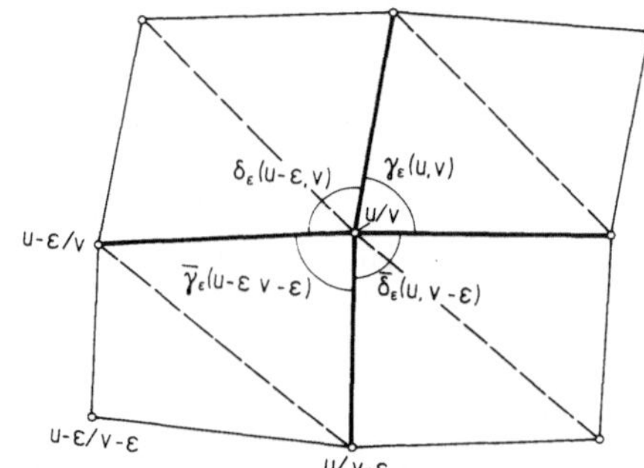

Fig. 12.2. Ausschnitt aus einem Sehnenvierecksnetz eines konjugierten geodätischen Kurvennetzes

Diese scheitelwinkelgleichen ebenflächtigen Vierecksnetze, die wir jetzt als differenzengeometrische Modelle benützen, bezeichnen wir kurz als V-Netze. V soll dabei an die Vossschen Flächen erinnern.

Die Analogie der konjugierten geodätischen Kurvennetze und der V-Netze hat noch weitere Aspekte:

a) Die Viereckswinkel in einem Sehnenvierecksnetz eines konjugierten Kurvennetzes (Fig. 12.2) bezeichnen wir mit

$$\gamma_\varepsilon(u,v),\ \overline{\gamma}_\varepsilon(u-\varepsilon,\ v-\varepsilon),\ \delta_\varepsilon(u-\varepsilon,v),\ \overline{\delta}_\varepsilon(u,v-\varepsilon).$$

Da die Abwicklungskrümmung der geodätischen Linien nach Aussage (b) des Satzes (7.25) verschwindet, hat man mit Rücksicht auf Satz (7.17)

$$\gamma_\varepsilon(u,v)+\delta_\varepsilon(u-\varepsilon,v)=\pi+O(\varepsilon^2),\quad \overline{\gamma}_\varepsilon(u-\varepsilon,v-\varepsilon)+\overline{\delta}_\varepsilon(u,v-\varepsilon)=\pi+O(\varepsilon^2),$$

$$\gamma_\varepsilon(u,v)+\overline{\delta}_\varepsilon(u,v-\varepsilon)=\pi+O(\varepsilon^2),\quad \overline{\gamma}_\varepsilon(u-\varepsilon,v-\varepsilon)+\delta_\varepsilon(u-\varepsilon,v)=\pi+O(\varepsilon^2).$$

Daraus folgt sofort

$$\gamma_\varepsilon(u,v)=\overline{\gamma}_\varepsilon(u-\varepsilon,v-\varepsilon)+O(\varepsilon^2),\quad \delta_\varepsilon(u-\varepsilon,v)=\overline{\delta}_\varepsilon(u,v-\varepsilon)+O(\varepsilon^2), \tag{12.7}$$

also: Die Scheitelwinkel sind bis auf Abweichungen der Größenordnung $O(\varepsilon^2)$ einander gleich. Dem entspricht die Annahme gleicher Scheitelwinkel $\widetilde{\gamma}$ bzw. $\widetilde{\delta}$ in den V-Netzen.

b) Da die Vierkante der V-Netze gleiche Scheitelwinkel $\widetilde{\gamma}$ bzw. $\widetilde{\delta}$ haben, kann man jedem Knotenpunkt eines V-Netzes eine Netznormale zuordnen, nämlich die Schnittgerade der Ebenen der beiden Streckenzugpaare, die sich in dem betreffenden Knotenpunkt schneiden; vgl. Fig. 12.1 mit den Streckenzugpaaren 1,2 und 3,4. Die Netznormale ist gemeinsame Winkelhalbierende der beiden Streckenzugpaare. Diese elementargeometrischen Beziehungen sind ein Analogon der Aussage (a) des Satzes (7.25) wonach die Schmiegebenen der geodätischen Linien durch die Flächennormale hindurchgehen.

Zwischen den Keilwinkeln $\widetilde{\varkappa}$, $\widetilde{\lambda}$ und den Viereckswinkeln $\widetilde{\gamma}, \widetilde{\delta}$ eines V-Netzes besteht die Beziehung

$$\tan\frac{\widetilde{\varkappa}}{2}\cdot\tan\frac{\widetilde{\lambda}}{2}=\frac{\cos\frac{\widetilde{\gamma}+\widetilde{\delta}}{2}}{\cos\frac{\widetilde{\gamma}-\widetilde{\delta}}{2}}=\frac{\sin(\widetilde{\gamma}+\widetilde{\delta})}{\sin\widetilde{\gamma}+\sin\widetilde{\delta}}\,. \tag{12.8}$$

Dieselbe Beziehung hatten wir als Gl. (11.8) für die P-Netze gefunden, dort allerdings mit der Bedingung $\widetilde{\gamma}+\widetilde{\delta}<\pi$, während hier $\widetilde{\gamma}+\widetilde{\delta}\gtreqless\pi$ vorkommt.

Die in Ziff. 10.2 für das sphärische Normalenbild ebenflächiger Vierecksnetze angestellten Überlegungen ergänzen wir jetzt durch folgenden Satz:

(12.9) Das sphärische Normalenbild eines V-Netzes ist ein Tschebyscheffsches Netz, dessen Seiten Größtkreisbögen mit den konstanten Längen $\widetilde{\varkappa}$ und $\widetilde{\lambda}$ sind.

Beim Übergang zu Sehnendreiecksnetzen der konjugierten geodätischen Kurvennetze liefert der Grenzprozeß $\varepsilon \to 0$ den entsprechenden differentialgeometrischen Satz:

(12.10) Das sphärische Normalenbild eines konjugierten geodätischen Kurvennetzes ist ein Tschebyscheffsches Kurvennetz.

12.3. Existenz und Verknickungen der V-Netze. Die Existenz der V-Netze ergibt sich durch Aufzeigen ihrer Konstruktion. Ähnlich wie in Ziff. 11.3 bieten sich hierbei zwei Möglichkeiten:

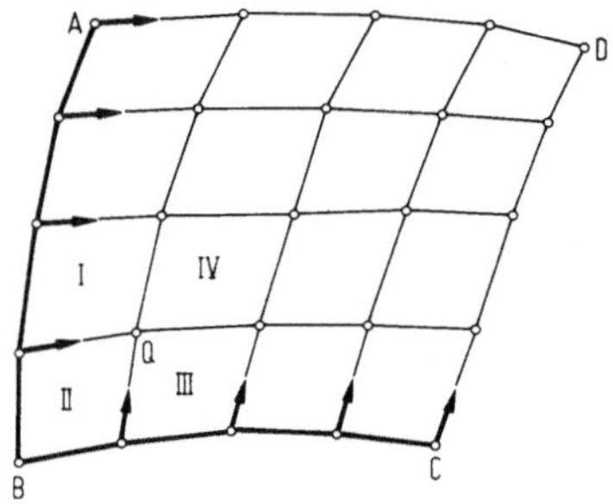

Fig. 12.3. Festlegung eines V-Netzes durch zwei Randpolygone AB und BC samt Querrichtungen

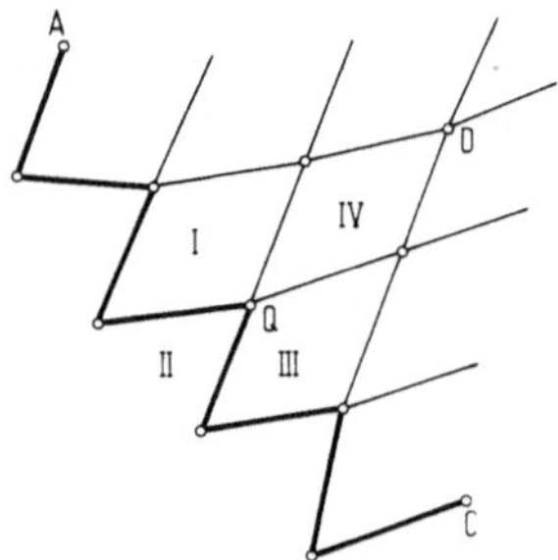

Fig. 12.4. Festlegung eines V-Netzes durch einen Zickzackzug AC

a) Die Randpolygone AB und BC samt den anliegenden Querrichtungen werden für ein zu konstruierendes V-Netz ABCD vorgegeben (Fig. 12.3). Dabei müssen je zwei aufeinanderfolgende Querrichtungen mit der dazwischen liegenden Randpolygonseite in einer Ebene liegen und benachbarte Ebenen stets denselben Keilwinkel $\tilde{\varkappa}$ bzw. $\tilde{\lambda}$ bilden.

b) Der Zickzackzug AC wird vorgegeben (Fig. 12.4), wobei wieder die Nebenbedingung $\tilde{\varkappa}$ bzw. $\tilde{\lambda} = \text{const}$ zu berücksichtigen ist.

Sowohl bei a) wie auch bei b) kann die Konstruktion von Masche zu Masche unter Berücksichtigung der Ebenheit der Maschen und der Scheitelgleichheit der Vierkante durchgeführt werden. So ergibt sich beispielsweise im Knotenpunkt Q der Fig. 12.3 und der Fig. 12.4 aus den drei bekannten Ebenen I, II, III die vierte Ebene IV durch folgende Forderung: Die Ebene IV muß in der den Keilwinkel der Ebenen I und III halbierenden Ebene dieselbe Spur wie die Ebene II haben und außerdem muß sie gegen die winkelhalbierende Ebene unter demselben Winkel geneigt sein wie die Ebene II. Auf diese Weise erhält man dann von Knotenpunkt zu Knotenpunkt die Maschen des V-Netzes ABCD in Fig 12.3 bzw. des V-Netzes ACD in Fig. 12.4.

Damit haben wir folgenden Existenzsatz gewonnen:

(12.11) Es gibt unendlich viele V-Netze. Ein V-Netz ist jeweils festgelegt durch die Anfangsdaten entweder a) längs zweier Randpolygone AB, BC (Fig. 12.3) einschließlich der anliegenden Querrichtungen, oder b) längs eines Zickzackzuges AC (Fig. 12.4). Als Sonderfälle ergeben sich bei b) drehsymmetrische und schraubensymmetrische V-Netze.

Die zu einem V-Netz bzw. einem konjugierten geodätischen Kurvennetz parallel-bezogenen Netze sind offenbar wieder V-Netze bzw. konjugierte geodätische Kurvennetze. Daher können wir die Sätze (10.9) und (10.10) ergänzen:

(12.12) Zu jedem V-Netz bzw. konjugierten geodätischen Kurvennetz gibt es unendlich viele parallel-bezogene V-Netze bzw. konjugierte geodätische Kurvennetze.

Nach Satz (10.12) haben die gleichsinnig parallel-bezogenen Netze gleiches Vorzeichen des Krümmungsmaßes, gegensinnig parallel-bezogene Netze aber entgegengesetztes Vorzeichen. Es gibt also konjugierte geodätische Kurvennetze positiven und solche negativen Krümmungsmaßes.

Wie wir schon in Ziff. 10.2. erwähnt haben, sind ebenflächige Vierecksnetze mit mehr als 3 × 3 Vierecksmaschen nur in Sonderfällen verknickbar. Einen solchen Sonderfall bilden die V-Netze. Dies ergibt sich sofort aus Gl. (12.8). Sie ist bei Festhalten der Viereckswinkel $\tilde{\gamma}$ und $\tilde{\delta}$ invariant gegenüber der Transformation der Keilwinkel

$$(12.13) \qquad \tan\frac{\tilde{\varkappa}^*}{2} = \rho \cdot \tan\frac{\tilde{\varkappa}}{2}, \quad \tan\frac{\tilde{\lambda}^*}{2} = \frac{1}{\rho} \cdot \tan\frac{\tilde{\lambda}}{2}.$$

$\rho \neq 0$ ist dabei eine beliebige Konstante. Es gilt also folgender Deformationssatz:

(12.14) Ein V-Netz gestattet eine 1-parametrige Menge (Parameter ρ) von Verknickungen wiederum in V-Netze. Dabei bleiben die Vierecke starr, also die Vierrecksseiten $\tilde{a}$ und $\tilde{b}$ und die Viereckswinkel $\tilde{\gamma}$ und $\tilde{\delta}$ ungeändert. Die Keilwinkel $\tilde{\varkappa}$ und $\tilde{\lambda}$ transformieren sich nach den Gln. (12.13).

Die Verknickungen eines V-Netzes lassen sich soweit treiben, bis alle Leitstreifen der einen Schar oder der anderen Schar eben abgewickelt übereinander liegen und einen Teil der Ebene dabei mehrfach überdecken. Wenn man nämlich zwei benachbarte Leitstreifen in die Ebene ausbreitet, sind die vorher zusammenfallenden Ränder wegen der Scheitelwinkelgleichheit der Vierkante zueinander symmetrisch. Nach Umklappung des einen in die Ebene abgewickelten Leitstreifens kann dieser an den anderen Leitstreifen angeheftet werden. Ein V-Netz kann daher hinsichtlich beider Leitstreifenscharen, wenn man Durchdringungen zuläßt, beliebig zusammengefaltet werden bis zum Übereinanderliegen der eben ausgebreiteten Streifen.

12.4. Verbiegungen der konjugierten geodätischen Kurvennetze. Dem Deformationssatz (12.14) der V-Netze entspricht ein analoger Satz über Verbiegungen der konjugierten geodätischen Kurvennetze:

(12.15) Ein konjugiertes geodätisches Kurvennetz gestattet eine 1-parametrige Menge (Parameter ρ) von Verbiegungen, d.h. von Verbiegungen seiner Trägerfläche (Vosssche Fläche), bei denen das Kurvennetz konjugiert bleibt.

B e w e i s: Vorgegeben sei eine Lösung $\gamma(u,v)$ der Differentialgleichung (12.5) mit vorgegebenen Konstanten $\varkappa_0, \lambda_0$, und dazu ein Lösungssystem $a(u,v)$, $b(u,v)$ der Differentialgleichungen (12.6). Hierdurch ist dann ein konjugiertes geodätisches Kurvennetz festgelegt. Bei dem Ansatz

$$(12.16) \qquad \varkappa_0^* = \rho\varkappa_0, \quad \lambda_0^* = \frac{1}{\rho}\lambda_0$$

in dem ρ wie im Ansatz (12.13) eine beliebige Konstante ist, bleiben die Differentialgleichungen (12.5) wegen $\varkappa_0^*\lambda_0^* = \varkappa_0\lambda_0$ und (12.6) ungeändert. Infolgedessen können wir auch die vorherige Lösung $\gamma(u,v)$, $a(u,v)$, $b(u,v)$ beibehalten und bekommen dann mit dem Ansatz (12.16) eine 1-parametrige Menge konjugierter geodätischer Kurvennetze, die durch Verbiegung auseinander hervorgehen.

12.5. Reziprok-parallele Beziehung zwischen P-Netzen und V-Netzen. In diesem § 12 und dem vorhergehenden § 11 haben wir wiederholt bemerkenswerte Beziehungen zwischen den P-Netzen und V-Netzen und in entsprechender Weise zwischen den Tschebyscheffschen Schmiegliniennetzen der pseudosphärischen Flächen und den konjugierten geodätischen Kurvennetzen auf Vossschen Flächen herausgestellt. Wir verweisen insbesondere auf die Gln. (12.5) und (11.27), (12.8) und (11.8), (12.13) und (11.20), (12.16) und (11.31). Einen tieferen Einblick in die Ursache dieser Beziehungen werden wir erst im III. Kapitel bei der Erörterung der infinitesimalen Verknickungen von Vierecksnetzen und der infinitesimalen Verbiegungen der Flächen gewinnen. Hier beschränken wir uns darauf, eine bemerkenswerte Beziehung zwischen den P-Netzen und V-Netzen, nämlich eine r e z i p r o k - p a r a l l e l e Z u o r d n u n g zu erläutern.

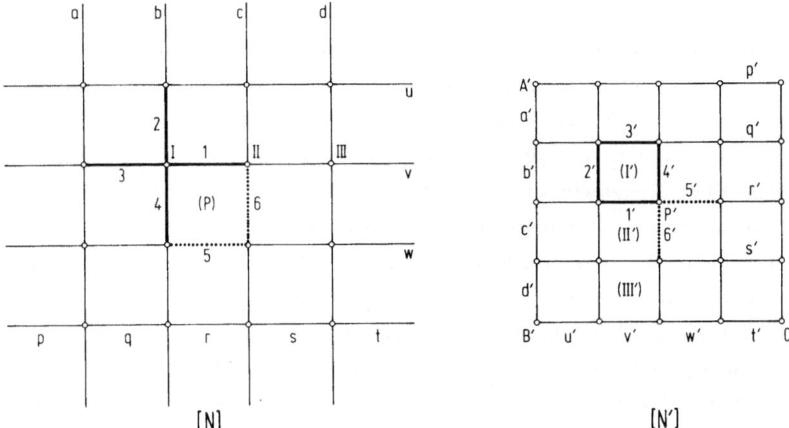

Fig. 12.5. Reziprok-parallele Vierecksnetze (schematische Skizze)

Wir gehen aus von der Definition r e z i p r o k - p a r a l l e l e r V i e r e c k s n e t z e (Fig. 12.5):
Zwei Vierecksnetze [N] und [N'] heißen r e z i p r o k - p a r a l l e l, wenn folgende gegenseitige Beziehungen bestehen:

a) Jeder Seite des Netzes [N] ist eine parallele Seite des Neztes [N'] zugeordnet und umgekehrt.

b) Jedem Vierkant des einen Netzes ist jeweils im anderen Netz eine parallele Vierecksmasche zugeordnet. So entspricht z.B. dem Vierkant 1234 mit dem Knotenpunkt I des Netzes [N] im Netz [N'] die (-i.a. nicht-ebene-) Vierecksmasche I' mit den Seiten 1',2',3',4' oder umgekehrt dem Vierkant 1'4'5'6' mit dem Knotenpunkt P' des Netzes [N'] im Netz [N] die Vierecksmasche (P) mit den Seiten 1,4,5,6.

c) Jedem Leitpolygon des einen Netzes ist jeweils im anderen Netz eine parallele Querseitenfolge zugeordnet. So entspricht z.B. dem Leitpolygon p q r s t des Netzes [N] im Netz [N'] die Querseitenfolge p'q'r's't' oder umgekehrt dem Leitpolygon a'b'c'd' des Netzes [N'] im Netz [N] die Querseitenfolge a b c d.

Im allgemeinen existiert zu einem vorgegebenen Vierecksnetz kein reziprok-paralleles Netz. Das Kriterium für die Existenz reziprok-paralleler Vierecksnetze werden wir in § 16 kennen lernen. Folgender Spezialfall aber ist evident:

(12.17) | Zu jedem P-Netz gibt es unendlich viele reziprok-parallele V-Netze. Diese sind untereinander im Sinne des Satzes (10.9) parallel-bezogen.

Zunächst sieht man unmittelbar, daß ein zu einem P-Netz reziprok-paralleles Netz ein V-Netz ist: Wegen der reziprok-parallelen Zuordnung entsprechen den ebenen Vierkanten des P-Netzes die ebenen Vierecksmaschen des V-Netzes. Die Viereckswinkel des P-Netzes sind gleich den Winkeln zwischen den Seiten der zugeordneten Vierkante im V-Netz. Aus der Gleichheit der Gegenwinkel $\tilde{\gamma}$ bzw. $\tilde{\delta}$ in den Parallelogrammen des P-Netzes folgt daher die Gleichheit der Scheitelwinkel bei den Vierkanten im V-Netz. Außerdem sind die Winkel $\tilde{\varkappa}$, $\tilde{\lambda}$ des P-Netzes (=Winkel aufeinanderfolgender Knotenebenen) gleich den Winkeln $\tilde{\varkappa}$, $\tilde{\lambda}$ des V-Netzes (=Keilwinkel der Ebenen benachbarter Vierecksmaschen). Die Existenz der zu einem vorgegebenen P-Netz reziprok-parallelen V-Netze ergibt sich unmittelbar aus der Konstruktion: Wir nehmen an, [N] sei ein vorgegebenes P-Netz. Dann geben wir für [N'] die Randpolygone A'B' und B'C' mit $a' \parallel a, \ldots, d' \parallel d$ und $u' \parallel u, \ldots, t' \parallel t$, sonst aber beliebig vor. Die ebenen Vierecksmaschen von [N'] lassen sich dann Masche für Masche durch Ziehen von Parallelen zu den entsprechenden Seiten von [N] in eindeutiger Weise festlegen.

§ 13. Profilaffine Flächen

Die in § 12 behandelten konjugierten geodätischen Kurvennetze lassen eine 1-parametrige Menge von Verbiegungen (=Verbiegungen der Trägerflächen, bei denen das geodätische Kurvennetz konjugiert bleibt) zu. Wir wenden uns jetzt zu einer weiteren Klasse konjugierter Kurvennetze, die ebenfalls eine 1-parametrige Menge von Verbiegungen, bei denen das Kurvennetz konjugiert bleibt, zulassen. Ihre Trägerflächen sind die sogenannten *profilaffinen Flächen*; vgl. H. Graf [13].

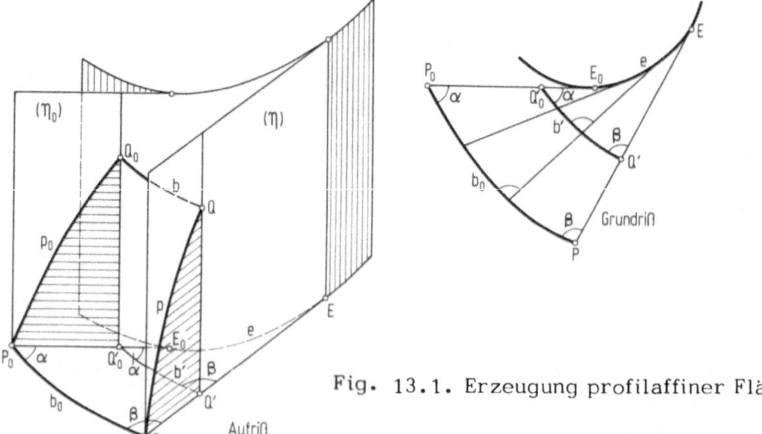

Fig. 13.1. Erzeugung profilaffiner Flächen

<u>13.1. Erzeugung der profilaffinen Flächen.</u> Es werden vorgegeben: 1. ein Zylinder über einer beliebigen Basiskurve e (L e i t z y l i n d e r), 2. eine ebene Kurve p_0 in einer Tangentenebene (η_0) des Leitzylinders, 3. eine ebene Kurve b_0 in der Ebene der Basiskurve e des Leitzylinders (Grundreißebene), und zwar sollen p_0 und b_0 sich in einem Punkt P_0 schneiden (Fig. 13.1).

Die Kurve b_0 bestimmt in der Grundrißebene eine Schar isogonaler Kurven b', welche jede Tangente der Basiskurve e isogonal, d.h. unter jeweils konstantem Winkel (z.B. α bzw. β in Fig. 13.1, Grundriß) schneiden. Dann wird die Ebene (η_0) der Kurve p_0 an dem Leitzylinder abgerollt, wobei jeder Punkt Q_0 von p_0 eine zur Grundreißebene parallele Kurve b beschreiben soll, deren Grundriß eine der isogonalen Kurven b' ist. Die von diesen B a h n k u r v e n b auf den Tangentenebenen (η) des Leitzylinders ausgeschnittenen Punkte Q erzeugen in jeder dieser Ebenen (η) eine P r o f i l k u r v e p. Alle diese Profilkurven p sind zu p_0 affin; sie entstehen aus p_0 durch affine Verzerrung senkrecht zu dem Lot Q_0Q_0'. Die auf diese Weise erzeugten Flächen bezeichnen wir als p r o f i l a f f i n e F l ä c h e n.

Die Profilkurven und Bahnkurven bilden ein k o n j u g i e r t e s K u r v e n n e t z; denn die Quertangenten längs einer Profilkurve sind zueinander parallele Tangenten der Bahnkurven, erzeugen also eine Torse und zwar einen Zylinder. Die Quertangenten längs einer Bahnkurve sind Tangenten der Profilkurven und erzeugen eine Torse, deren Kehllinie auf dem Leitzylinder liegt (B a h n t o r s e n); vgl. hierzu die entsprechende differenzengeometrische Fig. 13.2

Durch Hervorheben von Spezialfällen ergibt sich folgende T y p e n e i n t e i l u n g d e r p r o f i l a f f i n e n F l ä c h e n:

A. P r o f i l a f f i n e F l ä c h e n m i t n i c h t - k o n g r u e n t e n P r o f i l k u r v e n

Die Bahnkurven und Profilkurven sind nicht orthogonal.

I1. F l ä c h e n m i t n i c h t - e n t a r t e t e m L e i t z y l i n d e r

Die Bahntorsen sind Tangentenflächen (nicht-entartete Torsen).

I2. A c h s e n a f f i n e F l ä c h e n

Der Leitzylinder ist in eine eigentliche Gerade (L e i t a c h s e) entartet.

Die Bahntorsen sind Kegel, deren Scheitel auf der Leitachse liegen.

B. Profilkongruente Flächen

II1. Gesimsflächen

Der Leitzylinder ist nicht entartet.

Die Bahntorsen sind Tangentenflächen (nicht-entartete Torsen)

II2. Drehflächen (=achsenkongruente Flächen)

Der Leitzylinder ist in eine eigentliche Gerade (Drehachse) entartet.

Die Bahntorsen sind Drehkegel, deren Scheitel auf der Drehachse liegen.

III. Spezielle Rückungsflächen

Der Leitzylinder ist in eine uneigentliche Gerade entartet.

Die Bahntorsen sind Zylinder.

Bei II1 (Gesimsflächen) und II2 (Drehflächen) sind die Bahnkurven und Profilkurven orthogonal. Sie sind daher die Krümmungslinien der Flächen.

Bei I2 (achsenaffine Flächen) und II2 (achsenkongruente Flächen) sind die Grundrisse der Bahnkurven ähnliche und ähnlich-gelegene Kurven bzw. konzentrische Kreise.

Bei III (spezielle Rückungsflächen) sind die erzeugenden Kurven einer jeder der beiden Scharen kongruente Kurven und liegen in zwei zueinander senkrechten Scharen paralleler Ebenen. Sie bilden ein Tschebyscheffsches Kurvennetz. Beide Kurvenscharen sind gleichberechtigt, jede der beiden Kurvenscharen kann sowohl als Bahnkurvenschar wie auch als Profilkurvenschar aufgefaßt werden.

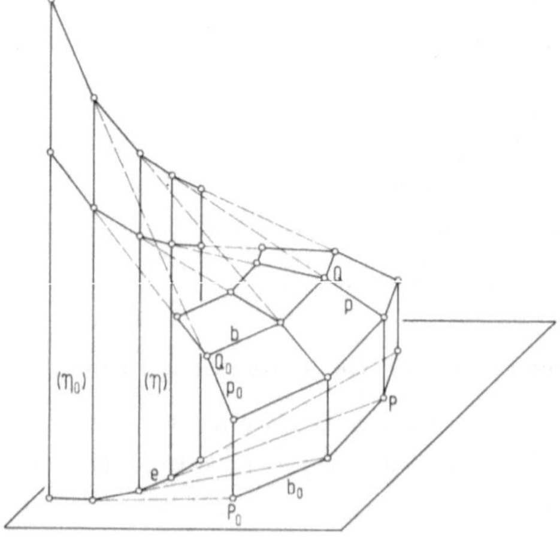

Fig. 13.2. T-Netze mit Leitprisma

Die zu den konjugierten Netzen der Bahnkurven und Profilkurven der Flächen vom Typus I, II und III im Sinne des Satzes (10.10) parallel-bezogenen Netze sind wieder konjugierte Kurvennetze auf Flächen desselben Typs. Die konjugierten Kurvennetze der Typen I1 und II1 lassen sich durch Parallelbeziehung auf die Netze des Typus I2 bzw. II2 zurückführen.

13.2. Ebenflächige Vierecksnetze mit Trapezmaschen (T-Netze). Als differenzengeometrische Modelle der in Ziff. 13.1 aufgeführten konjugierten Kurvennetze benützen wir gewisse ebenflächige Vierecksnetze mit Trapezmaschen (Fig. 13.2). Wir bezeichnen diese Vierecksnetze kurz als *T-Netze*.

Die T-Netze ergeben sich in Anlehnung an die in Fig. 13.1 angegebene Konstruktion der profilaffinen Flächen folgendermaßen: Anstelle der Basiskurve tritt ein *Basispolygon* e und demgemäß anstelle des Leitzylinders ein *Leitprisma*. Die Bahnkurve b_0 und die Profilkurve p_0 wird durch ein *Bahnpolygon* bzw. ein *Profilpolygon* ersetzt; das Profilpolygon p_0 liegt in einer Seitenebene des Leitprismas. Dem Profilpolygon p_0 werden dann in allen Seitenebenen des Leitprismas affine Profilpolygone zugeordnet. Die Zuordnung erfolgt durch Bahnpolygone b, die von den Ecken des Profilpolygons p_0 ausgehen und deren Seiten zu den Seiten des Bahnpolygons b_0 in jedem Winkelraum zwischen zwei aufeinander folgenden Seitenebenen des Leitprismas parallel sind. Die den Bahnpolygonen bzw. Profilpolygonen anliegenden Trapezstreifen nennen wir *Bahnstreifen* bzw. *Profilstreifen*.

Der Klassifikation der profilaffinen Flächen in Ziff. 13.1 entspricht eine analoge Klassifikation der T-Netze. Sie ist aus den Grundrissen der verschiedenen Typen der T-Netze ersichtlich (Fig. 13.3).

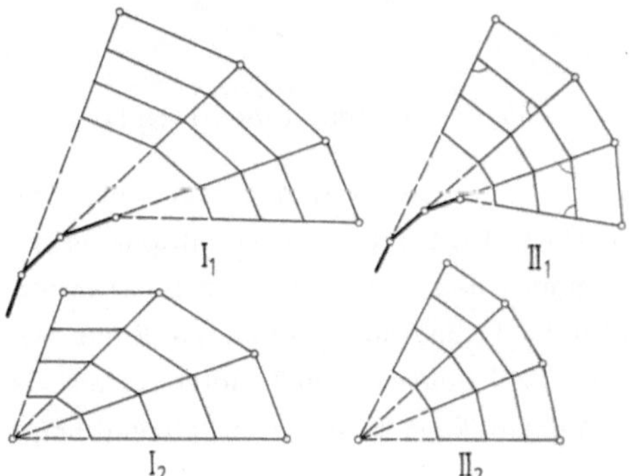

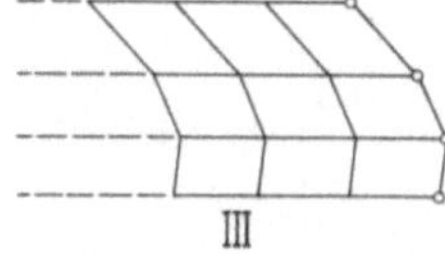

Fig. 13.3. Klassifikation der T-Netze

Die Sehnenvierecksnetze der konjugierten Kurvennetze der Typen I2, II2 und III sind T-Netze desselben Typus. Hingegen sind die Sehnenvierecke der konjugierten Kurvennetze der Typen I1 und II1 nicht-ebene Vierecke. Die Sehnenvierecksnetze sind in diesen Fällen also keine T-Netze; sie approximieren T-Netze beim Grenzprozeß $\varepsilon \to 0$, da wie im allgemeinen Fall der konjugierten Kurvennetze die Keilwinkel μ_ε gemäß Satz (10.7) in der Größenordnung $0(\varepsilon^2)$ gegen Null streben.

13.3. Verknickungen der T-Netze. In Ziff. 12.3 haben wir mit den V-Netzen eine Klasse von ebenflächigen Vierecksnetzen kennen gelernt, welche eine 1-parametrige Menge von Verknickungen zulassen. Wir werden jetzt zeigen, daß die T-Netze dieselbe Eigenschaft haben:

(13.1) Ein T-Netz gestattet ein 1-parametrige Menge (Parameter ρ) von Verknickungen wiederum in T-Netze und zwar jeweils in T-Netze von gleichem Typus wie das ursprüngliche T-Netz.

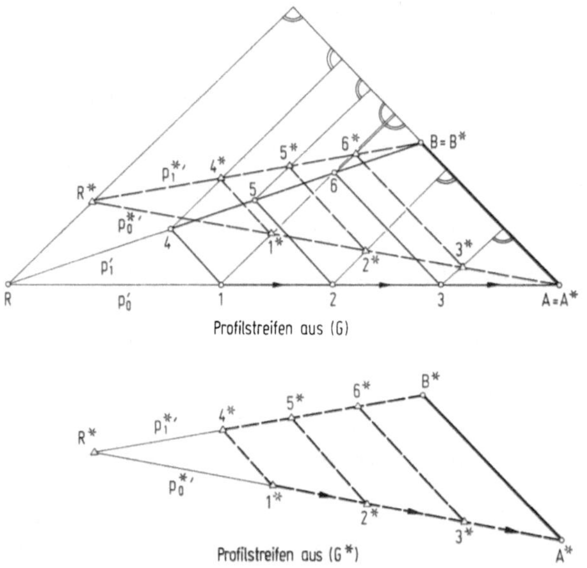

Fig. 13.4. Verknickung eines Profilstreifens eines T-Netzes

Beweis: Wir projizieren ein T-Netz von beliebigem Typus senkrecht auf die Ebene des Basispolygons e (Fig. 13.4). Die Grundrißfigur sei mit (G) bezeichnet. Wir werden zeigen, daß (G) sich einer 1-parametrigen Deformation unterwerfen läßt derart, daß die deformierte Figur (G*) aufgefaßt werden kann als Grundriß (G*) eines neuen T-Netzes, das aus dem ursprünglichen T-Netz durch Verknickung (-also mit Beibehaltung der Trapezmaschen-) hervorgegangen ist.

a) Deformation der Grundrißfigur (G): Man denke sich in der Grundrißfigur (G) die Grundrisse der einzelnen Profilstreifen aus ihrem gegenseitigen Zusammenhang gelöst und unterwerfe der Reihe nach jeden einzelnen Streifengrundriß einer affinen Verzerrung senkrecht zum Grundriß seiner parallelen Trapezseiten (Fig. 13.4). Dabei wähle man den Maßstab ρ der affinen Verzerrung für den ersten, zwischen p_0' und p_1' gelegenen Streifen innerhalb gewisser Grenzen beliebig. Die Verzerrungsmaßstäbe für den nächsten und die übrigen Streifen sind dann jeweils durch die Forderung festgelegt, daß die Skala der Trapezecken längs der zusammengehörigen Ränder von je zwei aufeinanderfolgenden Streifen die gleiche sein soll. Auf diese Weise wird es möglich gemacht, daß die einzelnen verzerrten Grundrisse der Profilstreifen lückenlos aneinander gefügt werden können und dabei eine zu (G) analoge Figur (G*) liefern. Die Trapeze von (G*) stimmen mit denen von (G) zwar in der Länge der parallelen Seiten, nicht aber in der Länge der Schenkel überein. Durch Wahl des einen Parameters ρ ist (G*) eindeutig festgelegt.

b) Räumliches Zusammenfügen der Trapeze des ursprünglichen T-Netzes über der deformierten Grundrißfigur (G*) zu einem neuen T-Netz: Die neue Figur (G*) soll wieder Grundriß eines T-Netzes werden, und zwar eines T-Netzes mit den Trapezen des ursprünglichen T-Netzes. Da man die wahren Längen der Trapezschenkel kennt, ist durch (G*) ihre Lage im Raum bis auf Parallelverschiebungen senkrecht zur Grundrißebene bestimmt, und zwar eindeutig, wenn man noch verlangt, daß an den Schenkelgrundrissen in (G) und (G*) angebrachte Gefällspfeile, welche die Gefällsrichtung der Trapezschenkel zur Grundrißebene anzeigen, in beiden Figuren analog verlaufen sollen. Fügt man nun die vier Trapezseiten über einem Grundrißtrapez von (G*), wie sie sich unter Berücksichtigung der unveränderten wahren Längen der Trapezschenkel ergeben, im Raum zu einem Vierzug zusammen, so ist dieser geschlossen und stimmt mit der betreffenden Trapezmasche des ursprünglichen T-Netzes überein; denn irgend zwei entsprechende Trapeze von (G) und (G*) sind nach Konstruktion in einer solchen Weise zueinander affin, daß man jedes der beiden Grundrißtrapeze als Grundriß des gleichen, nur unter anderem Winkel gegen die Grundrißebene geneigten Trapezes auffassen kann. Beginnend etwa mit der Bestimmung des Trapezes über dem Grundrißtrapez AB6*3* lassen sich alle weiteren Trapeze im Raum über (G*) eindeutig konstruieren. Sie erzeugen ein neues T-Netz, und zwar ein aus dem ursprünglichen T-Netz durch Verknickung hervorgegangenes T-Netz. Die Konstruktion zeigt außerdem, daß das neue und das ursprüngliche T-Netz zum gleichen Typus I1, I2 usw. gehören.

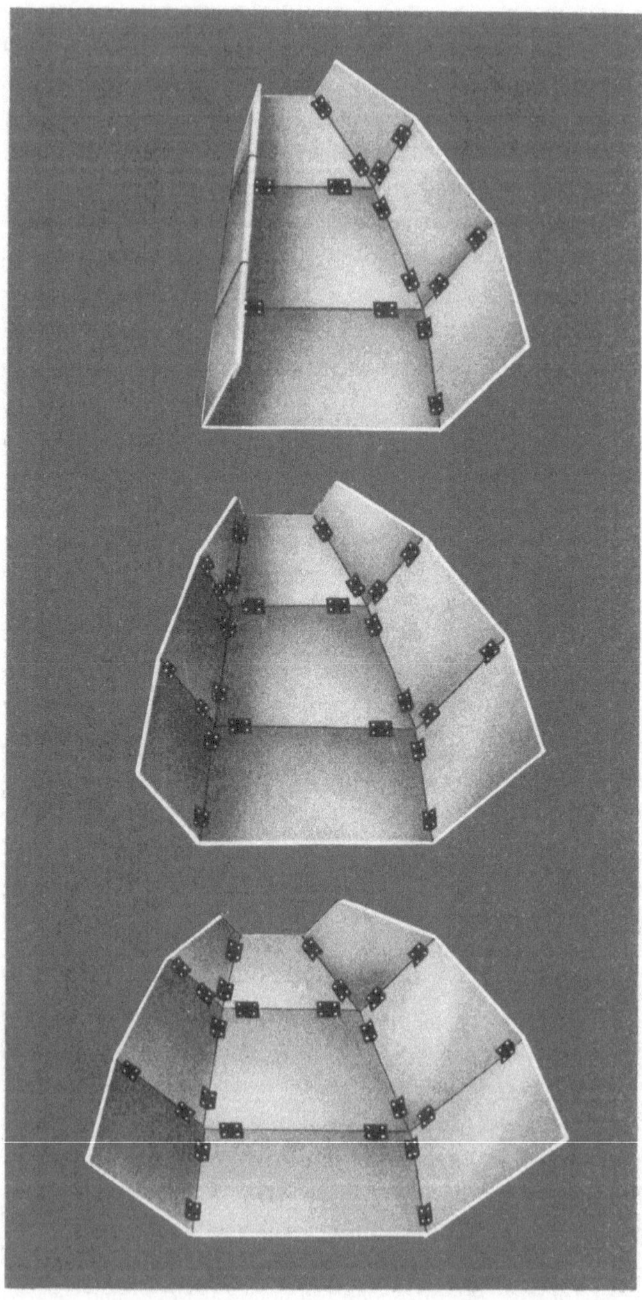

Fig. 13.5. Verknickungen eines T-Netz-Holzmodells zwischen den beiden Grenzlagen (nach H. Graf)

Bei den Verknickungen der T-Netze sprechen wir von einem E i n - r o l l e n, wenn die Keilwinkel $\tilde{\lambda}$ längs der Profilpolygone zunehmen, und von einem A u s r o l l e n, wenn diese Keilwinkel abnehmen. In beiden Fällen kann man die Verknickungen nur bis zu gewissen Grenzen durchführen: Das Einrollen kann nur soweit getrieben werden, bis einer der Profilstreifen in eine zum Leitprisma parallele Profilebene ausgebreitet wird. Die Grenze des Ausrollens tritt ein, wenn einer der Bahnstreifen in eine zum Leitprisma senkrechte Bahnebene ausgebreitet wird.

In Fig. 13.5 ist ein von H. Graf verfertigtes Holzmodell eines T-Netzes vom Typus I1 abgebildet. Die neun Trapeze des Modells sind in Scharnieren gegeneinander drehbar. Oben ist die Grenzlage des Einrollens (-ebener linker Profilstreifen-), unten die Grenzlage des Ausrollens (-ebener oberer Bahnstreifen-) angegeben. Die Figur ist aus [13] entnommen.

<u>13.4. Verbiegungen der profilaffinen Flächen.</u> Dem differenzengeomtrischen Satz (13.1) entspricht folgender differentialgeometrischer Satz:

(13.2) | Eine profilaffine Fläche gestattet eine 1-parametrige Menge (Parameter ρ) von Verbiegungen in wiederum profilaffine Flächen und zwar jeweils in profilaffine Flächen desselben Typus wie die ursprüngliche Fläche.

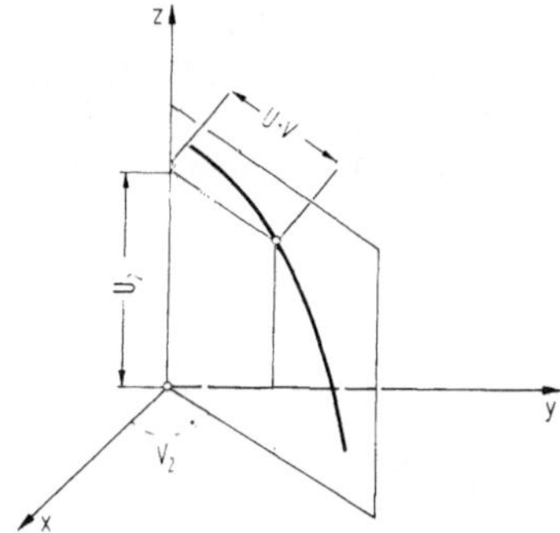

Fig. 13.6. Parameterdarstellung der achsenaffinen Flächen

Wir verzichten darauf diesen Satz durch einen Grenzprozeß $\varepsilon \to 0$ aus dem differenzengeometrischen Satz (13.1) herzuleiten. Satz (13.2) läßt sich leicht unmittelbar verifizieren. Dabei können wir uns auf die Typen I2 und III beschränken; denn der Typus II2 ist ein Spezialfall von I2 und die Typen I1 und II1 lassen sich durch Parallelbeziehung auf die Typen I2 und II2 zurückführen, nach Satz (10.17) ergeben sich also ihre Verbiegungen aus den Verbiegungen der Typen I2 und II2.

a) V e r b i e g u n g e n d e r F l ä c h e n v o m T y p u s I2

Wir benützen die Parameterdarstellung (Fig. 13.6)

(13.3) $$\mathfrak{r} = \left(U_1(u)\, V_1(v) \cos V_2(v),\; U_1(u)\, V_1(v) \sin V_2(v),\; U_2(u)\right)$$

für die Flächen des Typus I2. Daraus folgt

$$\mathfrak{r}_u = \left(U_1'V_1 \cos V_2,\ U_1'\ V_1 \sin V_2, U_2'\right),$$

$$\mathfrak{r}_v = \left(U_1 V_1' \cos V_2 - U_1 V_1 V_2' \sin V_2,\ U_1 V_1' \sin V_2 + U_1 V_1 V_2' \cos V_2,\ 0\right)$$

und

$$(13.4)\qquad E = U_1'^2 V_1^2 + U_2'^2,\ F = U_1 U_1' V_1 V_1',\ G = U_1^2\left(V_1'^2 + V_1^2\ V_2'^2\right).$$

Für eine vorgegebene Fläche $\left[\mathfrak{r}_0\right]$ können wir ohne Beschränkung der Allgemeinheit

$V_2 = v =$ Winkel der Profilebenen gegen die x,z-Ebene,

$U_2 = u = z$

setzen. Fener bezeichnen wir für die Fläche $\left[\mathfrak{r}_0\right]$ U_1 und V_1 mit U und V und haben dann

$$(13.5)\qquad E_0 = U'^2 V^2 + 1,\ F_0 = UU'VV',\ G_0 = U^2\left(V^2 + V'^2\right).$$

Gesucht sind nun in der Parameterdarstellung (13.3) Flächen $[\mathfrak{r}]$, die aus der Fläche $\left[\mathfrak{r}_0\right]$ durch Verbiegung hervorgehen, wobei einander entsprechenden Punkten dieselben Parameterwerte u,v zugewiesen sind. Deshalb müssen wir fordern

$$(13.6)\qquad E(u,v) = E_0(u,v),\quad F(u,v) = F_0(u,v),\quad G(u,v) = G_0(u,v).$$

Dann erhält man mit Rücksicht auf die Gln. (13.4) und (13.5)

$$(13.7)\qquad U'^2 V^2 + 1 = U_1'^2 V_1^2 + U_2'^2,$$

$$(13.8)\qquad UU'VV' = U_1 U_1'\ V_1 V_1',$$

$$(13.9)\qquad \begin{aligned} &U^2\left(V^2 + V'^2\right) = U_1^2\left(V_1^2 V_2'^2 + V_1'^2\right), \text{ also} \\ &\frac{U^2}{U_1^2} = \frac{V_1^2 V_2'^2 + V_1'^2}{V^2 + V'^2} = \text{const.} \end{aligned}$$

In Gl (13.9) kann man ohne Beschränkung der Allgemeinheit

$$(13.10)\qquad U_1 = U$$

setzen. Dann ergibt sich aus Gl. (13.8)

$$(13.11)\qquad V_1 V_1' = VV',\ \text{also } V_1 = \sqrt{V^2 + \rho}$$

mit einer in gewissen Grenzen beliebigen Konstanten ρ. Gl. (13.7) liefert herauf

$$U_2'^2 = U'^2 V^2 + 1 - U'^2\left(V^2 + \rho\right) = 1 - \rho U'^2,$$

also

$$(13.12)\quad U_2 = \int_{C_1}^{u} \sqrt{1 - \rho U'^2(t)}\,dt.$$

Schließlich ergibt sich V_2 aus der Gl. (13.9), nämlich

$$V^2 + V'^2 = V_1'^2 + V_1^2 V_2'^2 = \frac{V^2 V'^2}{V^2 + \rho} + \left(V^2 + \rho\right) V_2'^2 .$$

Daraus folgt

$$(13.13)\quad V_2 = \int_{C_2}^{v} \frac{\sqrt{V^4(t) + \rho\left(V^2(t) + V'^2(t)\right)}}{V^2(t) + \rho}\,dt.$$

Durch die Gln. (13.10) bis (13.13) ist eine 1-parametrige Menge (Parameter ρ) von Biegungsflächen $[\mathfrak{r}]$ festgelegt. Durch die Realitätsbedingungen

$$(13.14)\quad 1 - \rho U'^2 \geq 0,\quad V^4 + \rho\left(V^2 + V'^2\right) \geq 0$$

sind Grenzen der Verbiegung bestimmt.

b) Verbiegungen der Flächen vom Typus III

Wir benützen die Parameterdarstellung

$$(13.15)\quad \mathfrak{r} = \left(U_1(u),\ V_1(v),\ U_2(u) + V_2(v)\right)$$

für die Flächen des Typus III.

Daraus folgt

$$\mathfrak{r}_u = \left(U_1',\ 0,\ U_2'\right),\quad \mathfrak{r}_v = \left(0, V_1',\ V_2'\right)$$

und

$$(13.16)\quad E = U_1'^2 + U_2'^2,\quad F = U_2' V_2',\quad G = V_1'^2 + V_2'^2 .$$

Für eine vorgegebene Fläche $\left[\mathfrak{r}_0\right]$ können wir ohne Beschränkung der Allgemeinheit

$$U_1 = u,\ V_1 = v$$

setzen. Ferner bezeichnen wir für die Fläche $\left[\mathfrak{r}_0\right]$ U_2 und V_2 mit U und V und haben dann

$$(13.17)\quad E_0 = 1 + U'^2,\ F = U'V',\ G = 1 + V'^2.$$

Gesucht sind nun in der Parameterdarstellung (13.15) Flächen $[\mathfrak{r}]$, die aus der Fläche $\left[\mathfrak{r}_0\right]$ durch Verbiegung hervorgehen, wobei wie bei a) einander entsprechenden Punkten dieselben Parameterwerte u, v zugewiesen sind. Wir fordern also wieder

$$E(u,v) = E_0(u,v), \quad F(u,v) = F_0(u,v), \quad G(u,v) = G_0(u,v)$$

und erhalten demnach aus den Gln. (13.16) und (13.17)

$$(13.18) \quad 1 + U'^2 = U_1'^2 + U_2'^2,$$

$$(13.19) \quad U'V' = U_2'V_2', \text{ also } \frac{U_2'}{U'} = \frac{V'}{V_2'} = \text{const},$$

$$(13.20) \quad 1 + V'^2 = V_1'^2 + V_2'^2.$$

Aus Gl. (13.19) folgt

$$(13.21) \quad U_2 = \rho U, \quad V_2 = \frac{1}{\rho} V$$

mit einer in gewissen Grenzen beliebigen Konstanten ρ und bis auf unwesentliche additive Integrationskonstanten. Die Gln. (13.18) und (13.20) liefern schließlich

$$U_1'^2 = 1 + U'^2 - U_2'^2 = 1 + (1-\rho^2)U'^2, \quad V_1'^2 = 1 + V'^2 - V_2'^2 = 1 + \left(1 - \frac{1}{\rho^2}\right)V'^2,$$

also

$$(13.22) \quad U_1 = \int_{C_1}^{u} \sqrt{1+(1-\rho^2)U'^2(t)}\, dt, \quad V_1 = \int_{C_2}^{v} \sqrt{1+\left(1-\frac{1}{\rho^2}\right)V'^2(t)}\, dt.$$

Durch die Gln. (13.21) und (13.22) ist eine 1-parametrige Menge (Parameter ρ) von Biegungsflächen $[\mathfrak{x}]$ festgelegt. Durch die Realitätsbedingungen

$$(13.23) \quad 1 + (1 - \rho^2)\, U'^2 \geq 0, \quad 1 + \left(1 - \frac{1}{\rho^2}\right)V'^2 \geq 0$$

sind Grenzen der Verbiegung bestimmt.

Die Verbiegungen der Drehflächen (Typus II 2) ordnen sich, wie bereits erwähnt, als Spezialfall den unter a) behandelten Verbiegungen der achsenaffinen Flächen (Typus I 2) unter. Wir wollen trotzdem diesen Spezialfall gesondert betrachten:

Für die vorgegebene Fläche $[\mathfrak{x}_0]$ setzen wir

$$(13.24) \quad \mathfrak{x}_0 = \left(u\cos v,\ u\sin v,\ z_0(u)\right).$$

Diese Darstellung unterscheidet sich von der in Ziff. 9.7 dadurch, daß als Parameter u hier der Abstand von der Drehachse (=Radius der Parallelkreise) genommen ist, während in Ziff. 9.7 u die Bogenlänge der Profilkurven ist. Für die gesuchten Biegungsdrehflächen setzen wir

(13.25) $\mathfrak{r} = (U(u)\cos V(v),\ U(u)\sin V(v),\ z(u))$.

Aus

(13.26) $E_0 = 1 + z_0'^2,\quad F_0 = 0,\quad G_0 = u^2$

und

(13.27) $E = U'^2 + z'^2,\ F = 0,\ G = U^2 V'^2$

ergeben sich die Forderungen

(13.28) $1 + z_0'^2 = U'^2 + z'^2,$

(13.29) $u^2 = U^2 V'^2$, also $\frac{U^2}{u^2} = \frac{1}{V'^2} = \text{const.}$

Auf Grund der Gl. (13.29) setzen wir unter Vernachlässigung einer unwesentlichen additiven Integrationskonstanten

(13.30) $U = \rho u,\quad V = \frac{1}{\rho} v$

wobei ρ wieder ein in gewissen Grenzen beliebiger Parameter ist. Gl. (13.28) liefert schließlich

(13.31) $z = \int\limits_C^u \sqrt{z_0'^2(t) + 1 - \rho^2}\, dt.$

Für $\rho > 1$ ergibt sich ein Ausrollen, für $\rho < 1$ ein Einrollen der Drehfläche; vgl. das Einrollen und Ausrollen der T-Netze, das in Ziff. 13.3 erwähnt wurde. Die Realitätsbedingung

(13.32) $z_0'^2 + 1 - \rho^2 \geq 0$

liefert mit $\rho^2 = z_0'^2 + 1$, also $\frac{dz}{du} = 0$ die Grenze des Ausrollens.

Bei der Verbiegung von Flächen handelt es sich immer um einfach zusammenhängende endliche Ausschnitte einer Fläche. Drehflächen muß man sich daher immer als längs einer Profilkurve v = 0 aufgeschnitten vorstellen ($0 \leq v < 2\pi$). Beim Ausrollen erhält man dann kleinere Ausschnitte zwischen zwei Profilkurven $v_1 = 0$ und $v_2 < 2\pi$, beim Einrollen entsteht eine teilweise mehrfache Überdeckung der betreffenden Drehfläche mit $0 \leq v \leq v_2 > 2\pi$. Die Drehfläche ist jeweils durch diejenigen Parallelkreise zu begrenzen, an denen die Profilkurve eine zur Drehachse senkrechte Tangente hat, also bei $\frac{dz}{du} = 0$; vgl. die Bedingung (13.32).

§ 14. Drehflächen und Schraubenflächen

Zur differenzengeometrischen Untersuchung der Drehflächen und auch der Schraubenflächen, insbesondere für das Problem der Verbiegung dieser Flächen, lassen sich die in Ziff. 1.1 eingeführten Kreisring-Modelle (vgl. Fig. 1.4) verwenden [20].

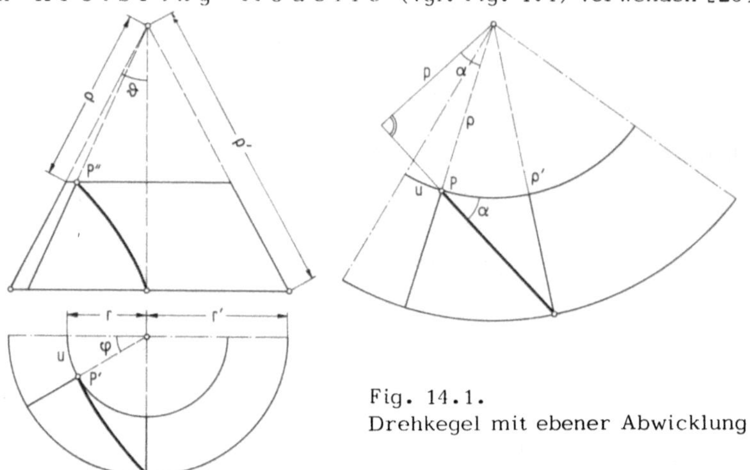

Fig. 14.1.
Drehkegel mit ebener Abwicklung

14.1. Drehkegel und Schraubenböschungsflächen. Als elementare Hilfsmittel werden wir den Drehkegel und die Schraubenböschungsfläche (=Tangentenfläche der Schraubenlinie) benützen. Wir schicken daher einige Bemerkungen über diese Flächen voraus.

Zunächst betrachten wir die vordere Hälfte eines Drehkegels in Grund- und Aufriß und in der ebenen Abwicklung (Fig. 14.1). Die Parallelkreise des Kegels mit dem Radius r liefern in der ebenen Abwicklung konzentrische Kreise mit dem Radius

$$\rho = \frac{r}{\sin\vartheta} = \geq 0. \tag{14.1}$$

ϑ ist der Winkel der Erzeugenden des Kegels gegen die Drehachse, $\frac{1}{\rho}$ nach Satz (7.22) die geodätische Krümmung der Parallelkreise.

Ferner betrachten wir einen von zwei Erzeugenden begrenzten Ausschnitt einer Schraubenböschungsfläche in Grund- und Aufriß und in der ebenen Abwicklung (Fig. 14.2). Die Erzeugenden sind die Tangenten einer Schraubenlinie, die auf einem Drehzylinder mit dem Radius a liegt und gegen die Zylinderachse unter dem Winkel ϑ geneigt ist (vgl. auch Fig. 2.5). Sie ist die Kehllinie (vgl. Ziff. 3.1) der Fläche. Die Ganghöhe $2\pi h$ genügt der Gleichung

$$2\pi h = 2\pi a \cot\vartheta \gtreqless 0. \tag{14.2}$$

h bezeichnen wir als reduzierte Ganghöhe. h ist also die dem Drehwinkel vom Bogenmaß 1 zugeordnete Parallelverschiebung bei der Schraubenbewegung, welche die Erzeugenden der Schraubenböschungsfläche ineinander überführt. Für h = 0 erhält man als Sonderfall den Drehkegel, für $h \gtrless 0$ rechts- bzw. linksgewundene Schraubenflächen.

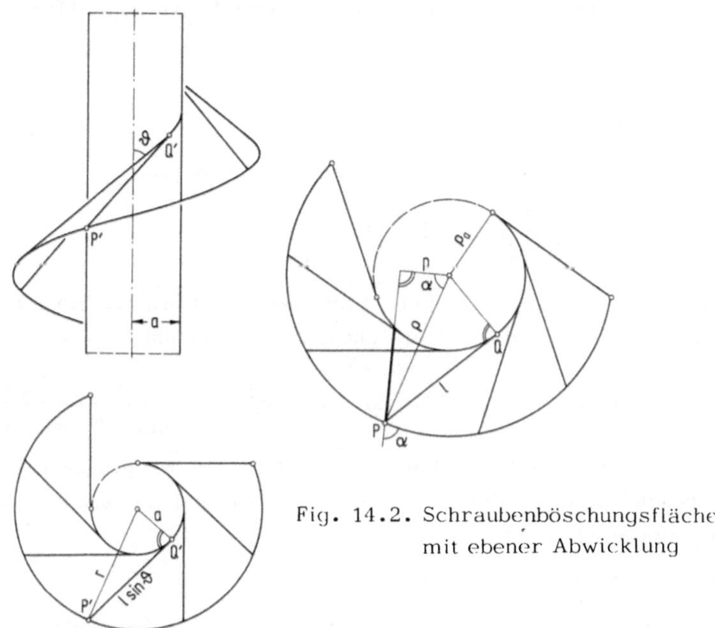

Fig. 14.2. Schraubenböschungsfläche mit ebener Abwicklung

Die Bezeichnung Böschungsfläche bedeutet, daß die Erzeugenden der Fläche und ebenso auch die Tangentenebenen, welche die Fläche längs der Erzeugenden berühren, konstante Neigung gegen die zur Achse senkrechten Ebenen haben (vgl. Ziff 3.5). Die zur Kehllinie koaxialen Zylinder (Radius r) schneiden aus der Böschungsfläche Schraubenlinien aus. Diese gehen in der Abwicklung in konzentrische Kreise mit den Radien ρ über, wobei $1/\rho$ wiederum die geodätische Krümmung bedeutet. Insbesondere erhält man für die Abwicklung der Kehllinie einen Kreis vom Radius

$$(14.3) \qquad \rho_a = \frac{a}{\sin^2 \vartheta} = \frac{2h}{\sin 2\vartheta} = \frac{a^2 + h^2}{a} .$$

Dies ergibt sich folgendermaßen: Da die Tangentenebenen der Böschungsfläche mit den Schmiegebenen der Kehllinie zusammenfallen, ist die Krümmung der Kehllinie gleich ihrer geodätischen Krümmung auf der Böschungsfläche. Die Kehllinie ist aber geodätische Linie auf dem Drehzylinder vom Radius a, da sie bei der ebenen Abwicklung dieses Zylinders in eine Gerade übergeht (vgl. Fig. 2.5). Deshalb ist die Krümmung der Kehllinie gleich der Krümmung der Normalschnitte des Zylinders, nämlich der Schnittellipsen, deren Ebenen gegen die Zylinderachse den Winkel ϑ bilden. Diese Ellipsen haben die Halbachsen a und $\frac{a}{\sin\vartheta}$, für den Krümmungsradius ρ_a im Scheitel der Ellipse, der zugleich Punkt der Kehllinie ist, erhält man also

$$\left(\frac{a}{\sin\vartheta}\right)^2 : a = \frac{a}{\sin^2\vartheta}.$$

Für beliebige Schraubenlinien $r \geq a$ der Böschungsfläche ist

$$(14.4) \qquad \rho = \frac{\sqrt{r^2 + h^2}}{\sin\vartheta} \geq \sqrt{r^2 + h^2}\,,$$

woraus mit $h = 0$ sich Gl. (14.1) als Spezialfall ergibt. Diese Beziehung folgt mit den aus Fig. 14.2 ersichtlichen Bezeichnungen aus den Gleichungen

$$r^2 = a^2 + l^2 \sin^2\vartheta \quad \text{und} \quad \rho^2 = \rho_a^2 + l^2 = \frac{4h^2}{\sin^2 2\vartheta} + \frac{r^2 - a^2}{\sin^2\vartheta}\,.$$

Die geodätischen Linien des Kegels und der Schraubenböschungsfläche liefern in der ebenen Abwicklung gerade Linien. Daraus folgt aus Fig. 14.1 und Fig. 14.2

$$(14.5) \qquad \rho\cos\alpha = p = \text{const.}$$

α ist der Winkel, den die geodätische Linie mit den Parallelkreisen des Kegels bzw. den Schraubenlinien der Böschungsfläche bildet. Mit Rücksicht auf Gl. (14.1) bzw. (14.4) erhält man

$$(14.6) \qquad r\cos\alpha = p\sin\vartheta \quad \text{bzw.} \quad \sqrt{r^2 + h^2}\cos\alpha = p\sin\vartheta$$

als Gleichung der geodätischen Linien des Kegels bzw. der Schraubenböschungsfläche.

14.2. Kreisring-Modelle der Drehflächen und Schraubenflächen. Wir betrachten jetzt eine beliebige Dreh- oder Schraubenfläche und greifen auf ihr einzelne Parallelkreise bzw. Schraubenlinien heraus. Die Flächenzonen zwischen diesen aufeinanderfolgenden Parallelkreisen bzw. Schraubenlinien ersetzen wir durch Kegelzonen bzw. Zonen von Schraubenböschungsflächen. Das so erzeugte differenzengeometrische Modell ist ein Kreisring-Modell; denn die ebene Abwicklung einer jeden dieser Zonen ist ein Kreisring oder ein Kreisring-Sektor. Natürlich können einzelne Zonen in Drehzylinderzonen entarten, die dann in den ebenen Abwicklung geradlinige, d.h. von parallelen Geraden begrenzte Streifen liefern.

Durch zwei Schraubenlinien (r_1, h) und (r_2, h) einer Schraubenfläche lassen sich unendlich viele Schraubenböschungsflächen legen. Die hier in Frage kommenden Zonen sind derjenigen Schraubenböschungsfläche entnommen, auf die man, ausgehend von der Schraubenböschungsfläche, welche die gegebene Schraubenfläche längs einer der beiden genannten Schraubenlinien berührt, bei stetiger Änderung von ϑ als nächste trifft.

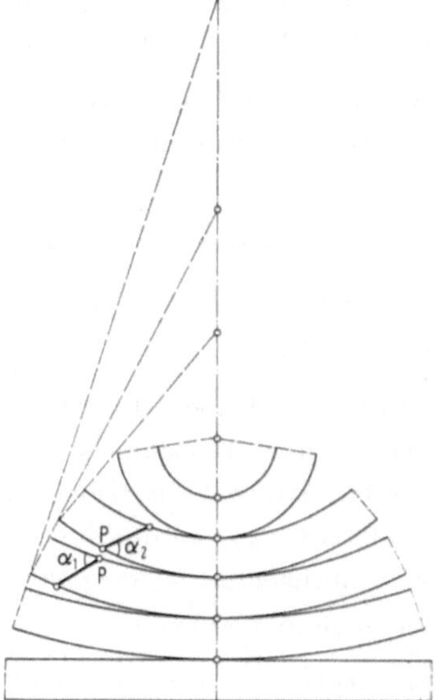

Fig. 14.3.
Ebene Abwicklung eines Kreisring-Modells einer Dreh- oder Schraubenfläche

Fig. 14.3 zeigt die ebene Abwicklung eines Kreisrings-Modells, die sich durch Aneinanderfügen von Kreisring-Sektoren ergibt. Die Kreisring-Sektoren sind so aneinander gesetzt, daß sie sich jeweils in einem Randpunkt berühren. Wenn das Kreisring-Modell an den Parallelkreisen bzw. Schraubenlinien, an denen aufeinanderfolgende Zonen zusammenstoßen, konvex ist, dann klaffen die Kreisring-Sektoren in der ebenen Abwicklung (-wie in Fig. 14.3-). Wenn das Modell konkav ist, überlappen sich die Kreisring-Sektoren. Der erste Fall tritt ein bei Flächen positiven Krümmungsmaßes, der zweite Fall bei Flächen negativen Krümmungsmaßes. Man vergleiche hierzu die Definition (1.4) des Gaussschen Krümmungsmaßes und Fig. 1.5, wo ebenfalls ein Spalt oder eine Überlappung entsteht, je nachdem das Krümmungsmaß positiv oder negativ ist.

Wenn man die Zonenbreiten gegen Null gehen läßt, was hier als G r e n z p r o z e ß $\varepsilon \to 0$ bezeichnet werden soll, konvergieren die Modelle gegen die vorgegebene Dreh- bzw. Schraubenfläche. Man kann auf diese Weise insbesondere den Verlauf der g e o d ä t i s c h e n L i -

nien auf Dreh- und Schraubenflächen anschaulich verfolgen:

Aus Ziff. 14.1 ergibt sich der Verlauf der geodätischen Linien innerhalb einer Zone des Kreisring-Modells durch die Gln. (14.6). Für den Übergang von einer Zone zur darauffolgenden schreiben wir nun vor, daß die Scheitelwinkel α_1, α_2, welche die Tangenten der geodätischen Linien aufeinander folgender Zonen mit dem gemeinsamen Zonenrand bilden, gleich sein sollen, also $\alpha_1 = \alpha_2 = \alpha$ (vgl. Fig. 14.3). Die so bestimmten geodätischen Linien auf den einzelnen Zonen setzen sich zu Kurvenzügen auf dem Modell zusammen. Diese Kurvenzüge k_ε haben in den Punkten P der Zonenränder folgende Eigenschaft: Die von den beiden Kurventangenten aufgespannte Ebene $\{\eta_\varepsilon\}$ steht senkrecht auf der einen der beiden winkelhalbierenden Ebenen der beiden Tangentenebenen der Zonen in P. Beim Grenzprozeß $\varepsilon \to 0$ geht k_ε in eine Kurve k und die Ebene $\{\eta_\varepsilon\}$ in die Schmiegebene der Kurve k im Punkt P über. Die eben genannte winkelhalbierende Ebene konvergiert gegen die Tangentenebene der Dreh- bzw. Schraubenfläche in P und steht senkrecht auf der Schmiegebene der Kurve k. Nach Aussage (a) des Satzes (7.25) ist die Kurve k demnach geodätische Linie der Dreh- bzw. Schraubenfläche; denn die Flächennormale fällt zusammen mit der Hauptnormale der Kurve k.

Wir kehren nun zu dem Kreisringmodell und den Kurvenzügen k_ε zurück. Weil beim Übergang von einer Zone des Modells zur darauffolgenden Zone für den Kurvenzug k_ε nicht nur r, sondern auf Grund unserer Konstruktionsvorschrift auch α gleich bleibt, sind die Werte von $p \sin \vartheta$ auf der rechten Seite der Gln. (14.6) für den ganzen Kurvenzug k_ε konstant. Beim Grenzprozeß $\varepsilon \to 0$ erhält man daher für die geodätischen Linien der Drehflächen die Gleichung (Clairautscher Satz)

$$(14.7) \qquad r \cos \alpha = C = \text{const} \geq 0$$

und für die geodätischen Linien der Schraubenflächen die allgemeinere Gleichung

$$(14.8) \qquad \sqrt{r^2 + h^2} \cos \alpha = C = \text{const} > 0.$$

Der Winkel α einer geodätischen Linie gegen die Parallelkreise bzw. die Schraubenlinien wächst mit zunehmendem r gegen $\alpha = \frac{\pi}{2}$ für $r \to \infty$. Bei den Drehflächen liefert $\alpha = \frac{\pi}{2}$ und $C = 0$ die Profilkurven als Spezialfall der geodätischen Linien. Die übrigen geodätischen Linien der Drehflächen und Schraubenflächen liegen in dem Bereich

$$(14.9) \qquad r \geq C = r_0 \quad \text{bzw.} \quad r \geq \sqrt{C^2 - h^2} = r_0 .$$

Sie berühren die Parallelkreise bzw. die Schraubenlinien $r = r_0$ ($\alpha = 0$, vgl. Fig. 14.3), falls diese Parallelkreise bzw. Schraubenlinien existieren. Ein einfaches Beispiel bilden die Größtkreise einer Kugel, welche jeweils in einer Zone $r \geq r_0$ der Kugel zwischen zwei zueinander parallelen Parallelkreisen verlaufen (Fig. 14.4).

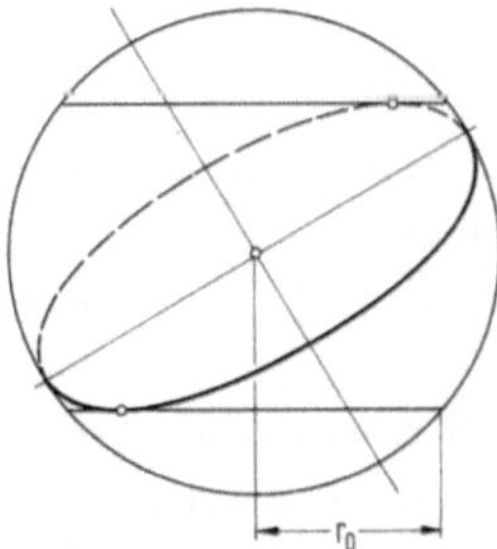

Fig. 14.4. Größtkreise (=goedätische Linien) einer Kugel

14.3. Verbiegung von Dreh- und Schraubenflächen. Wir sprechen zunächst von den Kreisringmodellen und untersuchen die Verbiegungen einer einzelnen Zone, also eines einzelnen Kreisring-Sektors mit den Radien ρ und ρ':

a) Verbiegung eines Kreisring-Sektors in eine Zone eines Drehkegels. Nach Gl. (14.1) kann der Kreisring-Sektor so verbogen werden, daß der Randkreis mit dem Radius ρ zur Deckung kommt mit einem Bogenstück (Zentriwinkel $\lesseqgtr 2\pi$) eines vorgegebenen Kreises mit beliebigem Radius $r \leq \rho$. Der Kreisring-Sektor geht dabei in die Zone eines Kegels über, dessen halber Öffnungswinkel ϑ durch $\sin\vartheta = r/\rho$ (vgl. Fig. 14.1) festgelegt ist; für $r = \rho$ ($\vartheta = \pi/2$) entartet der Kegel zur Ebene, der Kreisringsektor bleibt eben, also ungeändert. Je nach der Wahl von r wird die Kegelzone genau einfach oder nur teilweise oder zum Teil mehrfach überdeckt. Bei Änderung von r ändert sich der Radius r' des anderen Randes der Kegelzone proportional mit r und der Azimutwinkel φ (vgl. Fig. 14.1) wegen $r\vartheta = u = \text{const}$ umgekehrt proportional mit r [vgl. Gl. (13.30)] in Ziff. 13.4.

b) Verbiegung eines Kreisring-Sektors in eine Zone einer Schraubenböschungsfläche. Nach Gl. (14.4) kann der Kreisring-Sektor so verbogen werden, daß der

Randkreis mit dem Radius ρ zur Deckung kommt mit einem Bogenstück einer Schraubenlinie mit beliebigem Betrag der reduzierten Ganghöhe $|h| < \rho$ auf einem Drehzylinder mit dem beliebigen Radius $r \leq \sqrt{\rho^2 - h^2}$. Der Kreisring-Sektor geht dabei in die Zone einer Schraubenböschungsfläche über; der Winkel ϑ der Erzeugenden gegen die Schraubenachse ist nach Gl. (14.4) durch

$$\sin\vartheta = \frac{\sqrt{r^2 + h^2}}{\rho}$$

und der Radius a der Kehllinie nach Gl. (14.2) durch

$$a = h \tan\vartheta$$

festgelegt.

Wendet man diese Ergebnisse von a) und b) nacheinander auf die einzelnen Kreisring-Sektoren eines Kreisringmodells an, so ergeben sich folgende Verbiegungssätze für Kreisringmodelle:

(14.10) Ein Kreisringmodell kann in eine 1-parametrige Menge von Modellen mit Drehsymmetrie (=Drehflächen, die aus Kegelzonen zusammengesetzt sind) verbogen werden. Dabei läßt sich der Radius $r \leq \rho$ ($1/\rho$ = geodätische Krümmung) für irgend einen Randkreis benachbarter Kegelzonen beliebig vorschreiben (1 Parameter r).

(14.11) Ein Kreisringmodell kann in eine 2-parametrige Menge von Modellen mit Schraubensymmetrie (=Schraubenflächen, die aus Zonen von Schraubenböschungsflächen zusammengesetzt sind) verbogen werden. Dabei läßt sich der Betrag der reduzierten Ganghöhe $|h| < \rho$ und der Radius $r \leq \sqrt{\rho^2 - h^2}$ ($1/\rho$ = geodätische Krümmung) für irgend eine Randschraubenlinie benachbarter Zonen von Schraubenböschungsflächen beliebig vorschreiben (2 Parameter r,h).

Diese Sätze, als Aussagen über heuristische Modelle betrachtet, legen folgende analoge Sätze über Drehflächen und Schraubenflächen nahe:

(14.12) Eine Drehfläche kann in eine 1-parametrige Menge von Drehflächen verbogen werden, wobei die Parallelkreise und Profilkurven wieder in Parallelkreise und Profilkurven übergehen. Der Radius $r \leq \rho$ ($1/\rho$ = geodätische Krümmung) für irgend einen der Parallelkreise läßt sich dabei beliebig vorschreiben (1 Parameter r).

(14.13) Eine Drehfläche oder Schraubenfläche kann in eine 2-parametrige Menge von Schraubenflächen verbogen werden, wobei die Schraubenlinien wieder in Schraubenlinien übergehen. Der Betrag der reduzierten Ganghöhe $|h| < \rho$ und der Radius $r \leq \sqrt{\rho^2 - h^2}$ ($1/\rho$ = geodätische Krümmung) für irgend eine der Schraubenlinien läßt sich beliebig vorschreiben (2 Parameter h, r).

Die Sätze (14.11) und (14.13) enthalten die Sätze (14.10) und (14.12) als Spezialfälle. Satz (14.13) wird als Boursches Theorem bezeichnet. Bei Satz (14.13) beachte man, daß die Profilkurven der Schraubenflächen ($|h| > 0$) bei den genannten Verbiegungen nicht wieder in Profilkurven übergehen.

Die in Satz (14.12) angegebenen Verbiegungen der Drehflächen wurden bereits in Ziff. 13.4, Gln. (13.24) bis (13.32), behandelt. Dort sind auch die Grenzen des Ein- und Ausrollens erörtert worden.

Auch das Boursche Theorem wollen wir nicht durch einen Grenzprozeß $\varepsilon \to 0$ aus den Kreisringmodellen herleiten, sondern statt dessen in der folgenden Ziff. 14.4 einen direkten analytischen Beweis bringen.

<u>14.4. Analytischer Beweis des Bourschen Theorems.</u> Wir benützen folgende bis auf die Bezeichnungen mit dem Ansatz (13.24) übereinstimmende Parameterdarstellung der Drehflächen

$$\mathfrak{r}_0 = \left(r\cos\varphi,\ r\sin\varphi,\ z_0(r)\right). \tag{14.14}$$

Für Schraubenflächen wählen wir die Parameterdarstellung

$$\mathfrak{r} = \left(u\cos\psi,\ u\sin\psi,\ f(u) + h\psi\right). \tag{14.15}$$

Die Kurven r = const und φ = const sind die Parallelkreise und Profilkurven der Drehfläche, die Kurven u = const und ψ = const sind die Schraubenlinien und ebenfalls die Profilkurven der Schraubenfläche.

Für die Linienelemente a) der Drehflächen, b) der Schraubenflächen erhält man

$$\text{(a)}\quad ds^2 = d\mathfrak{r}_0^2 = \left(1 + \dot{z}_0^2\right)dr^2 + r^2\,d\varphi^2, \quad \left(^{\bullet} := \frac{d}{dr}\right), \tag{14.16}$$
$$\text{(b)}\quad ds^2 = d\mathfrak{r}^2 = \left(1 + f'^2\right)du^2 + 2hf'\,du\,d\psi + \left(u^2 + h^2\right)d\psi^2, \quad \left(' := \frac{d}{du}\right).$$

Da bei einer Verbiegung die Parallelkreise r = const einer Drehfläche den Schraubenlinien u = const einer Schraubenfläche entsprechen, müssen sich die Profilkurven φ = const der Drehflächen als Orthogonaltrajektorien der Parallelkreise in die Orthogonaltrajektoren v = const der Schraubenlinien der Schraubenflächen abbilden. Diese Orthogonaltrajektoren sind bei

$h \neq 0$ verschieden von den Profilkurven der Schraubenflächen. Sie ergeben sich nach Gl. (7.5) aus der Beziehung

$$(14.17) \quad \lambda dv = d\psi + \frac{hf'}{u^2 + h^2}\, du,$$

also

$$(14.18) \quad \psi = \lambda v - h \int_C^u \frac{\frac{df}{dt}dt}{t^2 + h^2} ;$$

dabei ist $\lambda > 0$ ein sonst beliebiger konstanter Parameter. Ersetzt man auf Grund der Gl. (14.18) im Linienelement (b) der Gl. (14.16) ψ durch v, dann ergibt sich

$$(14.19) \quad ds^2 = d\mathfrak{r}^2 = \left(1 + \frac{u^2 f'^2}{u^2 + h^2}\right) du^2 + \lambda^2\left(u^2 + h^2\right)dv^2.$$

Jetzt kann man die Linienelemente der Gln. (14.16a) und (14.19) identifizieren durch den Ansatz

$$(14.20) \quad v = \varphi, \quad r = \lambda\sqrt{u^2 + h^2},$$

$$(14.21) \quad 1 + \left(\frac{dz_0}{dr}\right)^2 = \left(\frac{du}{dr}\right)^2 \left\{1 + \frac{u^2}{u^2 + h^2} \left(\frac{df}{du}\right)^2\right\}$$

mit den beiden Parametern h und λ. Durch Gl. (14.20) ist r als Funktion von u festgelegt. Hierauf liefert Gl. (14.21) bei vorgegebener Drehfläche $z = z_0(r)$ die Funktion $f = f(u)$, wobei eine unwesentliche additive Integrationskonstante auftritt. Hiermit ist das Boursche Theorem bewiesen.

B e i s p i e l: Das K a t e n o i d (=Drehfläche der K e t t e n l i n i e)

$$(14.22) \quad \mathfrak{r}_0 = (r\cos\varphi,\ r\sin\varphi,\ \operatorname{ar\,cosh} r), \quad \text{also } z_0 = \operatorname{ar\,cosh} r,$$

läßt sich verbiegen in die g e w ö h n l i c h e W e n d e l f l ä c h e

$$(14.23) \quad \mathfrak{r} = (u\cos\psi,\ u\sin\psi,\ \psi), \quad \text{also } z = \psi.$$

Die elementare Durchrechnung an Hand der Gln. (14.18) bis (14.21) sei dem Leser überlassen. Man beachte, daß es sich hier um Verbiegungen der Regelfläche (14.23) handelt, bei denen die Erzeugenden nicht Erzeugende bleiben wie bei den in Ziff. 4.5 und 7.7 untersuchten Verbiegungen.

14.5. Pseudosphäre. Das in gewissem Sinn einfachste Kreisring-Modell mit Drehsymmetrie ist das P s e u d o s p h ä r e n - M o d e l l (Fig. 14.5). Es entsteht aus Sektoren kongruenter Kreisringe mit den Radien ρ und ρ'. Fig. 14.3 müssen wir uns daher so abgeändert vorstellen, daß sich die einzelnen Kreisringe in der ebenen Ausbreitung überlappen. Das Profilpolygon des Modells hat die Eigenschaft, daß die bis an die Drehachse verlängerten Profilseiten die konstante Länge ρ haben, wie Fig. 14.5 zeigt. Beim Grenzprozeß

(14.24) $\rho - \rho' = \varepsilon \to 0, \quad \rho = \text{const},$

konvergieren diese Polygone gegen eine T r a k t r i x, d.h. eine Kurve, deren Tangentenabschnitte vom Berührpunkt bis an die Drehachse die kon-

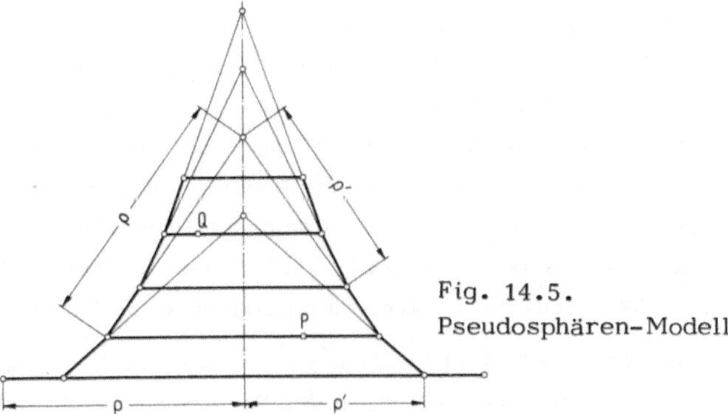

Fig. 14.5. Pseudosphären-Modell

stante Länge ρ haben. $1/\rho$ ist die geodätische Krümmung der Parallelkreise. Die Drehfläche der Traktrix nennt man P s e u d o s p h ä r e. Wir fassen zusammen:

(14.25) Die Pseudosphärenmodelle konvergieren beim Grenzprozeß (14.24) gegen die Pseudosphäre, d.h. die Drehfläche der Traktrix.

Aus den Eigenschaften der Pseudosphärenmodelle ergeben sich fast unmittelbar folgende Eigenschaften der Pseudosphäre:

(14.26)

a) Die Pseudosphäre wird in der einen Richtung der Achse immer enger, die Traktrix hat also in dieser Richtung die Achse als Asymptote. In der anderen Richtung läßt sie sich bis $r = \rho$ fortsetzen; hier hat die Traktrix eine zur Drehachse senkrechte Rückkehrtangente, der Berührkegel der Pseudosphäre entartet in eine Ebene.

b) Die Pseudosphäre läßt neben den Drehungen um die Achse eine 1-parametrige Menge von Verbiegungen in sich selbst zu, wobei die Parallelkreise immer wieder in Parallelkreise übergehen und wobei jeder Punkt P der Pseudosphäre mit jedem weiteren Punkt Q zur Deckung gebracht werden kann.

c) Die Pseudosphären sind Drehflächen konstanten negativen Krümmungsmaßes.

B e w e i s e : a) Beim Pseudosphärenmodell werden nach der einen Seite hin die Sektoren der Kreisringe immer schmaler, nach der anderen Seite hin enden sie mit einem vollen Kreisring. Aus Gl. (14.1) folgt

$r = \rho \sin\vartheta \to 0$ für ρ = const und $\vartheta \to 0$ und $r = \rho$ für $\vartheta = \frac{\pi}{2}$.

b) Die Behauptung gilt für alle Pseudosphären-Modelle, also auch beim Grenzprozeß $\varepsilon \to 0$ für die Pseudosphäre. Natürlich muß man sich die Pseudosphäre als längs einer Profilkurve aufgeschnitten vorstellen; vgl. Schlußbemerkung in Ziff. 13.4.

c) Die Behauptung ist eine Folge der Tatsache, daß das Krümmungsmaß bei Verbiegungen erhalten bleibt (vgl. Gl. (7.12)); daher ist das Krümmungsmaß der Pseudosphäre in P gleich dem Krümmungsmaß in jedem weiteren Punkt Q. Daß das Krümmungsmaß negativ ist, wird nahegelegt durch die Tatsache, daß die Kreisringsektoren sich in der ebenen Ausbreitung überlappen (vgl. Ziff. 14.2); es folgt aber auch unmittelbar aus Gl. (9.39), weil die Traktrix der Drehachse die konvexe Seite zukehrt.

Wie bereits in § 11 erwähnt wurde, werden die Flächen konstanten negativen Krümmungsmaßes nach der Pseudosphäre als p s e u d o s p h ä r i s c h e F l ä c h e n bezeichnet.

<u>14.6. Drehflächen konstanten Krümmungsmaßes $K \gtrless 0$.</u> Nachdem wir nun mit der Pseudosphäre eine spezielle Drehfläche konstanten negativen Krümmungsmaßes kennen gelernt haben und die Kugel als spezielle Drehfläche konstanten positiven Krümmungsmaßes kennen, ermitteln wir jetzt die sämtlichen Drehflächen konstanten Krümmungsmaßes. Die Drehflächen verschwindenden Krümmungsmaßes (=Drehkegel und Drehzylinder, vgl. Ziff. 7.6) können dabei unberücksichtigt bleiben.

Wir schließen an Ziff. 9.7 an, wo wir als Parameter die Bogenlänge u der Profilkurven und den Azimutwinkel v der Profilebenen benützt haben. Die Profilkurven sind dann durch Gl. (9.39) mit $K = \pm a^2 = \text{const} \neq 0$, also

$$(14.27) \quad \frac{d^2f}{du^2} \pm \frac{1}{a^2} f = 0.$$

gegeben. f(u) ist der Radius der Parallelkreise. Für das Linienelement ergibt sich

$$(14.28) \quad ds^2 = du^2 + f^2(u)dv^2.$$

Es liefert die 1-parametrige Menge der Biegungsdrehflächen

$$r = C\, f(u), \quad \varphi = v/C$$

mit C als Parameter; r = Radius der Parallelkreise, φ = Azimutwinkel der

Profilebenen. Offenbar wird dieselbe Menge der Biegungsdrehflächen auch durch das Linienelement

$$ds^2 = du^2 + C^2 f^2(u)dv^2$$

festgelegt.

a) Drehflächen konstanten positiven Krümmungsmaßes $K = \frac{1}{a^2} > 0$

Aus Gl. (14.27) ergibt sich bis auf eine bei u auftretende additive unwesentliche Integrationskonstante

$$(14.29) \quad r = f = C \cos\left(\frac{u}{a}\right)$$

mit der weiteren Integrationskonstanten $C > 0$. Somit erhält man für $C = a$

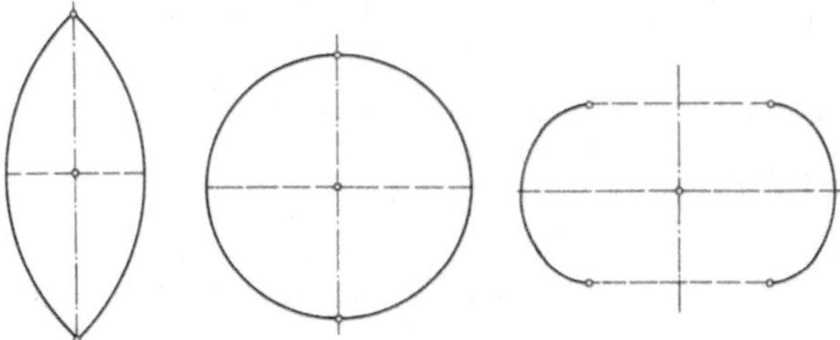

Fig. 14.6. Drehflächen konstanten positiven Krümmungsmaßes.

die Kugel mit dem Radius a, für $C \gtrless a$ die durch stetiges Ausrollen bzw. Einrollen entstehenden Biegungsdrehflächen (Fig. 14.6); vgl. Schlußabsatz von Ziff. 13.4. Die einzigen Drehflächen konstanten positiven Krümmungsmaßes sind also die Kugeln und ihre Biegungsdrehflächen. Als Linienelement ergibt sich nach Gl. (14.28)

$$(14.30) \quad ds^2 = du^2 + C^2 \cos^2\left(\frac{u}{a}\right) dv^2 .$$

Beim Einrollen wird ein Ausschnitt der Kugel zwischen zwei Profilkurven zu einer spindelförmigen Drehfläche verbogen. Beim Ausrollen wird eine Kugelzone zwischen zwei zum Äquator symmetrischen Parallelkreisen zu einer Zone einer Drehfläche zwischen zwei Profilkurven verbogen. Die Zone wird von zwei zur Äquatorebene parallelen Parallelkreisen als Rückkehrkanten begrenzt, die durch Drehung von Rückkehrpunkten der Profilkurve entstehen. Die Rückkehrtangenten sind senkrecht zur Drehachse, die Rückkehrpunkte sind daher durch

$$\frac{dr}{du} = \frac{df}{du} = \pm 1, \text{ also } \frac{C}{a} \sin\left(\frac{u}{a}\right) = \pm 1, \text{ sonach } \left|\frac{u}{a}\right| < \frac{\pi}{2}$$

festgelegt.

b) Drehflächen konstanten negativen Krümmungsmaßes $K = -\frac{1}{a^2} < 0$

Hier erhält man aus Gl. (14.27), wieder bis auf eine unwesentliche additive Konstante bei u, die allgemeine Lösung

$$f = r = C_1 e^{+\frac{u}{a}} + C_2 e^{-\frac{u}{a}} .$$

Dies liefert Lösungen der drei Typen (Fig. 14.7)

$$(14.31) \quad f = \begin{cases} C\,e^{-\frac{u}{a}}, \\ C\cosh\left(\frac{u}{a}\right), \\ C\sinh\left(\frac{u}{a}\right), \end{cases} \quad \text{also } \frac{df}{du} = \begin{cases} -\frac{C}{a}\,e^{-\frac{u}{a}}, \\ \frac{C}{a}\sinh\left(\frac{u}{a}\right), \\ \frac{C}{a}\cosh\left(\frac{u}{a}\right) \end{cases}$$

mit der Integrationskonstanten $C > 0$. Wegen $\left|\frac{dr}{du}\right| = \left|\frac{df}{du}\right| \leq 1$ ergeben sich für u die Intervalle

$$(14.32) \quad \begin{cases} e^{-\frac{u}{a}} \leq \frac{a}{C}, \text{ also } u \geq a \ln\frac{C}{a}, \text{ insbesondere } u \geq 0 \text{ für } C = a, \\ \left|\sinh\left(\frac{u}{a}\right)\right| \leq \frac{a}{C}, \\ \cosh\left(\frac{u}{a}\right) \leq \frac{a}{C} . \end{cases}$$

Dem Gleichheitszeichen entsprechen Rückkehrkanten der Drehflächen. Beim Ausrollen der Drehflächen nimmt C zu, beim Einrollen nimmt C ab.

Der erste Typus liefert die Pseudosphäre (vgl. Ziff. 14.5); denn für die Tangentenabschnitte ρ der Profilkurve vom Berührpunkt bis zur Drehachse (vgl. Fig. 14.7, links), also den Reziprokwert der geodätischen Krümmung der Parallelkreise, hat man

$$\rho = \frac{f}{\cos\beta} = \frac{f}{\left|\frac{df}{du}\right|} = a = \text{const},$$

die Profilkurve ist also eine Traktrix. Wegen

$$C\,e^{-\frac{u}{a}} = e^{-\frac{1}{a}(u - a\ln C)}$$

fallen alle Biegungsdrehflächen der Pseudosphäre mit dieser selbst zusammen; beim Einrollen wird sie in Richtung zunehmender z-Werte, beim Ausrollen in Richtung abnehmender z-Werte in sich verbogen. Die Gestalt der Drehflächen des zweiten und dritten Typus sind aus der schematischen

Fig. 14.7 ersichtlich; die Flächen sind in Fig. 14.7 an den Rückkehrkreisen periodisch fortgesetzt.

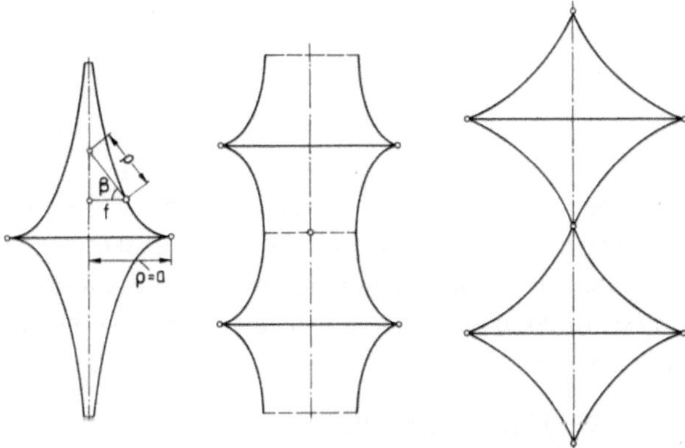

Fig. 14.7. Drehflächen konstanten negativen Krümmungsmaßes

A l l e D r e h f l ä c h e n k o n s t a n t e n K r ü m m u n g s m a ß e s m i t A u s n a h m e d e r K u g e l h a b e n S i n g u l a r i t ä t e n : Die beim Einrollen der Kugel entstehenden spindelförmigen Flächen haben konische Punkte, die beim Ausrollen entstehenden Flächen haben Rückkehrkanten. Die Pseudosphäre hat eine Rückkehrkante, die beiden anderen Typen der Drehflächen negativen Krümmungsmaßes haben ebenfalls Rückkehrkanten bzw. außerdem in jeder Periode einen konischen Punkt.

Für die Linienelemente der drei Typen (14.31) ergibt sich

$$ds^2 = du^2 + C^2 e^{-\frac{2u}{a}} dv^2 ,$$

$$(14.33)\quad ds^2 = du^2 + C^2 \cosh^2\left(\frac{u}{a}\right) dv^2 ,$$

$$ds^2 = du^2 + C^2 \sinh^2\left(\frac{u}{a}\right) dv^2 .$$

Die Linienelemente in Gl. (14.30) und der mittleren Gl. (14.33) sind identisch mit den Linienelementen in den Gln. (7.60) und (7.61). In diesen Fällen bilden also die Profilkurven $v = \text{const}$ und die Parallelkreise $u = \text{const}$ ein geodätisches Parallelkoordinatensystem, in welchem die Kurve $u = 0$ geodätische Linie ist.

III. Infinitesimale Flächenverbiegung

Das Studium der *infinitesimalen Verbiegungen*, d.h. der Deformationen, welche momentan den Charakter einer Verbiegung haben, ist ein weiteres sehr ergiebiges Feld für die Anwendung differenzengeometrischer Methoden. Es soll daher in diesem Buch einen breiten Raum einnehmen [5, 25].

§ 15. Kinematik der Flächenverbiegung

Wir stellen uns die Verbiegung (=stetige isometrische Deformation) einer Fläche in zeitlichem Ablauf vor und untersuchen die *Kinematik* dieses Prozesses für einen festen Zeitpunkt, d.h. die Geschwindigkeiten der Verschiebungen, Drehungen und Schraubungen, denen die Flächenelemente in dem betreffenden Zeitpunkt unterworfen sind. Um einen anschaulichen Anhaltspunkt zu haben, können wir etwa an die in den §§ 12 und 13 behandelten Verbiegungen der Vossschen Flächen und der profilaffinen Flächen oder insbesondere an das einfachere Beispiel der Verbiegungen der Drehflächen (vgl. Ziff. 13.4 und 14.3) denken.

15.1. Kinematik eines starren Körpers. Vorgegeben sei ein starrer Körper und ein im Raum fester Bezungspunkt 0 (Fig. 15.1). Die *Momentanbewegung* des Körpers in einem bestimmten Zeitpunkt kann zerlegt werden in

die Verschiebungsgeschwindigkeit $\bar{\mathfrak{y}}$ und
die Drehgeschwindigkeit $\mathfrak{y}$ um eine Achse durch den Bezugspunkt 0.

Die Reihenfolge der Verschiebung und der Drehung ist hierbei vertauschbar. In einem Zeitelement η (=positive Konstante, klein gegen 1) wird dann ein Punkt P des starren Körpers mit dem Ortsvektor $\mathfrak{r}$, wenn wir fortan η nur linear berücksichtigen, in einen Punkt P^* mit dem Ortsvektor $\mathfrak{r}^*$ verlagert. Dabei ist

$$(15.1)\qquad \mathfrak{r}^* = \mathfrak{r} + \eta\bar{\mathfrak{r}}.$$

Der *Verlagerungsvektor* $\bar{\mathfrak{r}}$ ist nach dem *Grundgesetz der Kinematik* (Fig. 15.2) durch den *Drehvektor* $\mathfrak{y}$ und den *Verschiebungsvektor* $\bar{\mathfrak{y}}$ festgelegt, nämlich

$$(15.2)\qquad \bar{\mathfrak{r}} = \bar{\mathfrak{y}} + \mathfrak{y} \times \mathfrak{r}.$$

Das Grundgesetz der Kinematik besagt, daß der Drehvektor $\mathfrak{y}$, bezogen auf eine Drehachse durch den Punkt O, für den Punkt P eine Verschiebungsgeschwindigkeit $\mathfrak{y} \times \mathfrak{r}$ hervorruft.

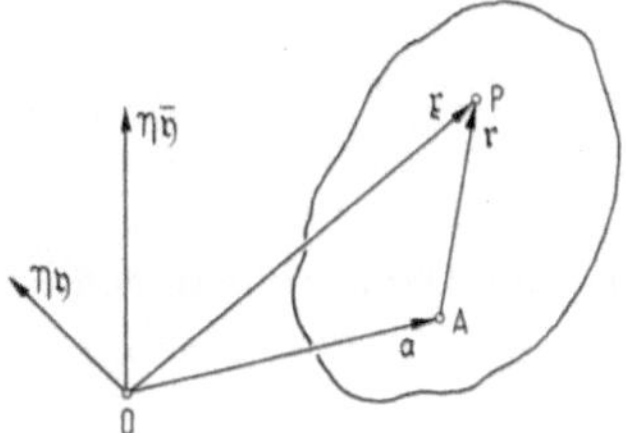

Fig. 15.1. Momentanbewegung eines starren Körpers

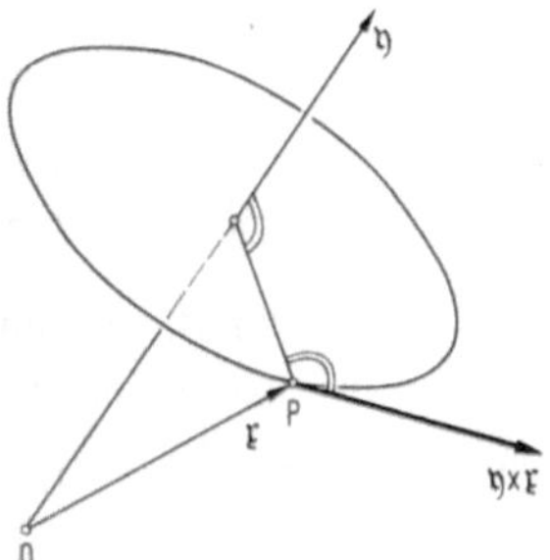

Fig. 15.2. Erläuterung des Grundgesetzes der Kinematik

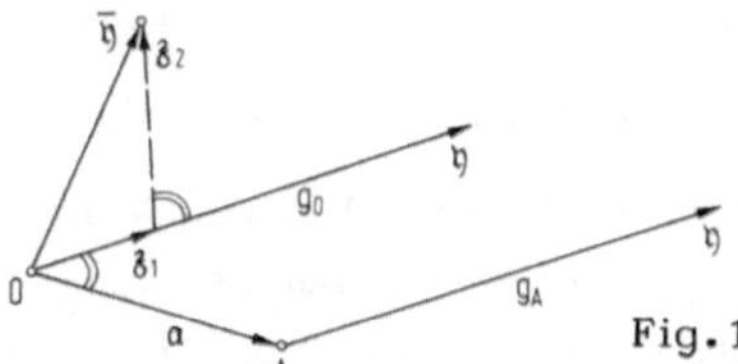

Fig. 15.3. Parallelverschiebung der Drehachse

Wir fassen den Drehvektor $\mathfrak{y}$ und den Verschiebungsvektor $\overline{\mathfrak{y}}$ zu einem S e c h s e r v e k t o r zusammen, nämlich

$$(15.3) \qquad \mathfrak{Y} = \{\mathfrak{y}, \overline{\mathfrak{y}}\} = \{y_1, y_2, y_3, \overline{y}_1, \overline{y}_2, \overline{y}_3\},$$

und bezeichnen $\mathfrak{Y}$ als den S c h r a u b v e k t o r (genauer: S c h r a u b-S e c h s e r v e k t o r) der Momentanbewegung. Hier ist i.a. $\mathfrak{y}\overline{\mathfrak{y}} \neq 0$, die Bedingung (4.7) also nicht erfüllt.

Ersetzt man den Bezugspunkt O durch einen anderen Bezugspunkt A, der hinsichtlich O den Ortsvektor $\mathfrak{a}$ hat (Fig. 15.1), dann ist

$$(15.4) \qquad \mathfrak{r} = \mathfrak{a} + \mathfrak{r} \quad \text{und} \quad \overline{\mathfrak{r}} = \overline{\mathfrak{y}} + \mathfrak{y} \times (\mathfrak{a} + \mathfrak{r}) = (\overline{\mathfrak{y}} - \mathfrak{a} \times \mathfrak{y}) + (\mathfrak{y} \times \mathfrak{r}),$$

d.h. der Drehvektor $\mathfrak{y}$, jetzt bezogen auf eine zur ursprünglichen Drehachse parallele Drehachse durch den Bezugspunkt A, bleibt ungeändert, aber der Verschiebungsvektor $\overline{\mathfrak{y}}$ ist zu ersetzen durch den neuen Verschiebungsvektor $\overline{\mathfrak{y}} - \mathfrak{a} \times \mathfrak{y}$.

Man kann den Bezugspunkt A so wählen, daß der Verschiebungsvektor $\overline{\mathfrak{y}} - \mathfrak{a} \times \mathfrak{y}$ parallel zur Drehachse, also parallel zum Vektor $\mathfrak{y}$ wird. Da der Bezugspunkt A ein beliebiger Punkt der Drehachse ist, kann man $\mathfrak{a}$ senkrecht zu $\mathfrak{y}$ vorschreiben (Fig. 15.3). Dann folgt aus

$$(15.5) \qquad \overline{\mathfrak{y}} - \mathfrak{a} \times \mathfrak{y} = \sigma\mathfrak{y} \quad \text{und} \quad \mathfrak{a}\mathfrak{y} = 0,$$

wenn man vorne mit $\mathfrak{y}$ vektoriell multipliziert und $\bar{\mathfrak{y}} = \mathfrak{z}_1 + \mathfrak{z}_2$ setzt, wobei $\mathfrak{z}_1$ parallel und $\mathfrak{z}_2$ senkrecht zu $\mathfrak{y}$ ist,

(15.6) $$\mathfrak{y} \times \bar{\mathfrak{y}} = \mathfrak{y} \times (\mathfrak{a} \times \mathfrak{y}) = \mathfrak{a}(\mathfrak{y}\mathfrak{y})$$

und

(15.7) $$\mathfrak{a} = \frac{\mathfrak{y} \times \bar{\mathfrak{y}}}{\mathfrak{y}\mathfrak{y}} = \frac{\mathfrak{y} \times \mathfrak{z}_2}{\mathfrak{y}\mathfrak{y}} ,$$

Infolgedessen ergibt sich nach Parallelverschiebung der Drehachse durch den so bestimmten Punkt A zu dem unveränderten Drehvektor $\mathfrak{y}$ als neuer Verschiebungsvektor

$$\bar{\mathfrak{y}} - \mathfrak{a} \times \mathfrak{y} = \bar{\mathfrak{y}} + \mathfrak{y} \times \frac{\mathfrak{y} \times \mathfrak{z}_2}{\mathfrak{y}\mathfrak{y}} = \mathfrak{z}_1 + \mathfrak{z}_2 + \mathfrak{y} \times \frac{\mathfrak{y} \times \mathfrak{z}_2}{\mathfrak{y}\mathfrak{y}} = \mathfrak{z}_1 .$$

Hierbei haben wir von $\mathfrak{y}\mathfrak{z}_2 = 0$ und der Vektorbeziehung

$$\mathfrak{v}_1 \times (\mathfrak{v}_2 \times \mathfrak{v}_3) = \mathfrak{v}_2(\mathfrak{v}_1\mathfrak{v}_3) - \mathfrak{v}_3(\mathfrak{v}_1\mathfrak{v}_2)$$

Gebrauch macht. Wir fassen zusammen (vgl. Fig. 15.3):

(15.8) Jede Momentanbewegung eines starren Körpers (Drehung $\mathfrak{y}$ um eine durch O gehende Drehachse G_O und Verschiebung $\bar{\mathfrak{y}}$) kann als Schraubenbewegung dargestellt werden, nämlich als Drehung $\mathfrak{y}$ um eine zu G_O parallele Drehachse G_A durch einen geeigneten Punkt A und eine zu $\mathfrak{y}$ parallele Verschiebung $\mathfrak{z}_1$. Der Ortsvektor $\mathfrak{a}$ des Punktes A ist durch Gl. (15.7) gegeben, $\mathfrak{z}_1$ ist die zu $\mathfrak{y}$ parallele Komponente von $\bar{\mathfrak{y}}$.

Die Momentanbewegung spezialisiert sich zu einer reinen Drehung um die Drehachse G_A dann und nur dann, wenn

(15.9) $$\mathfrak{z}_1 = 0 , \quad \text{also} \quad \mathfrak{y}\bar{\mathfrak{y}} = 0$$

gilt. Dann ist $\mathfrak{Y} = \{\mathfrak{y}, \bar{\mathfrak{y}}\}$ im Sinne von Ziff. 4.1, Gl. (4.7) ein s i n g u l ä r e r S e c h s e r v e k t o r, d.h. ein Sechservektor mit verschwindendem Skalarprodukt

(15.10) $$\mathfrak{Y}\mathfrak{Y} = 2\mathfrak{y}\bar{\mathfrak{y}} = 0.$$

Er liefert wegen der aus Gl. (15.7) folgenden Beziehung $\bar{\mathfrak{y}} = \mathfrak{a} \times \mathfrak{y}$ die Darstellung der Geraden G_A im Sinne der Gl. (4.4).

Die in Gl. (4.6) für singuläre Sechservektoren gegebene Definition der Skalarprodukte singulärer Sechservektoren haben wir hier auch für die nicht singulären Sechservektoren mit nicht verschwindendem Skalarprodukt übernommen. In P 18 werden wir im Rahmen projektiv-geometrischer Betrachtungen den Begriff der Sechservektoren vertiefen.

15.2 Kinematisches und statisches Gleichgewicht. Man kann die in Ziff. 15.1 als *Bewegungsschrauben* in der *Kinematik* eines starren Körpers eingeführten Sechservektoren $\mathfrak{Y} = \{\mathfrak{y}, \overline{\mathfrak{y}}\}$ auch als *Kraftschrauben* für die *Statik* des starren Körpers umdeuten. Dann entsprechen sich

	Kinematik	Statik
$\mathfrak{y}$	Drehvektor für Drehachse g_O durch O	Kraftvektor mit Wirkungslinie g_O durch O
$\overline{\mathfrak{y}}$	Verschiebung (Verschiebungsvektor $\overline{\mathfrak{y}}$)	Kräftepaar (Momentenvektor $\overline{\mathfrak{y}}$)

Für $\mathfrak{Y}\mathfrak{Y} = 2\mathfrak{y}\overline{\mathfrak{y}} = 0$, aber $\mathfrak{y} \neq 0$ reduziert sich die Bewegungsschraube auf eine reine Drehung (Drehvektor $\mathfrak{y}$) um eine Drehachse g_A, die nach Gl. (15.7) durch einen Punkt mit dem Ortsvektor $a = \frac{\mathfrak{y} \times \overline{\mathfrak{y}}}{\mathfrak{y}\mathfrak{y}}$ geht, für $\mathfrak{y} = 0$ reduziert sie sich auf eine reine Verschiebung.
Die Kraftschraube reduziert sich in analoger Weise auf eine Einzelkraft mit der Wirkungslinie g_A bzw. auf ein Kräftepaar. Bei $\mathfrak{Y}\mathfrak{Y} \neq 0$ tritt zu der Drehung um die Achse g_A noch eine zu g_A parallele Verschiebung hinzu, bzw. zu der Einzelkraft mit der Wirkungslinie g_A noch ein Kräftepaar mit einem zu g_A parallelen Momentenvektor.

Wenn mehrere Bewegungsschrauben oder Kraftschrauben $\mathfrak{Y}_1, \dots, \mathfrak{Y}_r$ wirken, gelten die *Gleichgewichtsbedingungen*

$$\sum_{j=1}^{r} \mathfrak{y}_j = 0, \qquad \sum_{j=1}^{r} \overline{\mathfrak{y}}_j = 0,$$

die sich in der Schreibweise der Sechservektoren zu

$$(15.11) \qquad \sum_{j=1}^{r} \mathfrak{Y}_j = 0$$

zusammenfassen lassen.

15.3. Verlagerungsriß und Schraubriß einer infinitesimalen Flächenverbiegung. Wir betrachten eine 1-parametrige Menge (Parameter η) von Deformationen einer Fläche $[\mathfrak{x}]$ in Flächen $[\mathfrak{x}^*]$,

$$(15.12) \qquad \mathfrak{x}^*(u,v) = \mathfrak{x}(u,v) + \eta\, \overline{\mathfrak{x}}(u,v), \quad \eta = \text{const.}$$

Diese Deformationen sollen bei $\eta = 0$ den Charakter einer Verbiegung haben, d.h. das Linienelement soll in der Größenordnung $0(\eta)$ ungeändert bleiben. Aus

$$ds^{*2} = (d\mathfrak{x})^2 + 2\eta d\mathfrak{x} d\overline{\mathfrak{x}} + \eta^2 (d\overline{\mathfrak{x}})^2$$

folgt daher als notwendige und hinreichende Bedingung

(15.13) $\quad d\mathfrak{x}\, d\overline{\mathfrak{x}} = 0.$

Wir sagen dann: Für $\eta \to 0$ stellt Gl. (15.12) eine infinitesimale Verbiegung dar. Nach Gl. (15.13) gilt der Satz:

(15.4) Das Problem, alle infinitesimalen Verbiegungen einer Fläche $[\mathfrak{x}]$ zu ermitteln, ist gleichbedeutend mit der finiten Aufgabe, alle Flächen $[\overline{\mathfrak{x}}]$ zu finden, deren Linienelemente $d\overline{\mathfrak{x}}$ zu den entsprechenden Linienelementen $d\mathfrak{x}$ der Fläche $[\mathfrak{x}]$ senkrecht sind.

Wir sagen kurz: Die Flächen $[\mathfrak{x}]$ und $[\overline{\mathfrak{x}}]$ stehen in Orthogonalbeziehung, sie sind aufeinander orthogonal-bezogen.

Da die Flächenelemente in der Umgebung eines Punktes u/v der Fläche $[\mathfrak{x}]$ bei einer infinitesimalen Verbiegung in der Ordnung $0(\eta)$ unverzerrt bleiben, erfährt jedes Flächenelement als starrer Körper eine infinitesimale Schraubung, die durch den Sechservektor $\mathfrak{Y} = \{\mathfrak{y}, \overline{\mathfrak{y}}\}$ festgelegt werde. Dann folgt mit festem $\mathfrak{y}$ und $\overline{\mathfrak{y}}$ aus Gl. (15.2)

(15.15) $\quad d\overline{\mathfrak{x}} = \mathfrak{y} \times d\mathfrak{x}.$

Somit sind bei einer vorgegebenen infinitesimalen Verbiegung der Fläche $\mathfrak{x}(u,v)$ dieser drei Flächen zugeordnet, nämlich

die orthogonal-bezogene Fläche $\overline{\mathfrak{x}}(u,v)$, die wir Verlagerungsriß nennen,

der Drehriß $\mathfrak{y}(u,v)$ und der Verschiebungsriß $\overline{\mathfrak{y}}(u,v)$.

Das Flächenpaar $\{\mathfrak{y}(u,v), \overline{\mathfrak{y}}(u,v)\}$ bezeichnen wir als den Schraubriß der betreffenden infinitesimalen Verbiegung.

Wir setzen, soweit nichts anderes bemerkt wird, stets voraus, daß durch $\overline{\mathfrak{x}}(u,v)$, $\mathfrak{y}(u,v)$ und $\overline{\mathfrak{y}}(u,v)$ in der Tat Flächen, also 2-dimensionale Gebilde, bestimmt sind. In besonderen Fällen können diese Flächen sich auf eine Kurve reduzieren. Dies ist z.B. bei der Verbiegung von Regelflächen in Regelflächen der Fall (vgl. Ziff. 4.5); hier unterliegen alle Flächenelemente längs einer Erzeugenden derselben Schraubung $\{\mathfrak{y}, \overline{\mathfrak{y}}\}$. Wenn die Verbiegung lediglich eine infinitesimale Bewegung der starren Fläche $\mathfrak{x}(u,v)$ ist, entartet der Drehriß und der Verschiebungsriß in je einen

Punkt. Außerdem schließen wir die Torsen von der Betrachtung aus, da wir ihre Verbiegungen in Ziff. 7.6 bereits vollständig erörtert haben.

Aus Gl. (15.2)

$$\overline{\mathfrak{x}} - \overline{\mathfrak{y}} = \mathfrak{y} \times \mathfrak{x}$$

ergibt sich mit

$$d(\overline{\mathfrak{x}} - \overline{\mathfrak{y}}) = d(\mathfrak{y} \times \mathfrak{x}) = d\mathfrak{y} \times \mathfrak{x} - d\mathfrak{x} \times \mathfrak{y}$$

unter Berücksichtigung der Gl. (15.15) die weitere Beziehung

(15.16) $d\overline{\mathfrak{y}} = \mathfrak{x} \times d\mathfrak{y}$, also auch $d\mathfrak{y}\,d\overline{\mathfrak{y}} = 0$.

Die Gln. (15.13), (15.15) und (15.16) zeigen, daß die Flächenpaare $\mathfrak{Y} = \{\mathfrak{y}, \overline{\mathfrak{y}}\}$ und $\mathfrak{X} = \{\mathfrak{x}, \overline{\mathfrak{x}}\}$ gleichberechtigt sind. Das heißt:

(15.17) | Wenn $\mathfrak{Y} = \{\mathfrak{y}, \overline{\mathfrak{y}}\}$ Schraubriß einer infinitesimalen Verbiegung $\mathfrak{x}^* = \mathfrak{x} + \eta\overline{\mathfrak{x}}$ ist, dann kann man auch $\mathfrak{X} = \{\mathfrak{x}, \overline{\mathfrak{x}}\}$ als Schraubriß einer infinitesimalen Verbiegung $\mathfrak{y}^* = \mathfrak{y} + \eta\overline{\mathfrak{y}}$ auffassen. Demgemaß sind auch die Flächen $[\mathfrak{y}]$ und $[\overline{\mathfrak{y}}]$ orthogonal-bezogen.

<u>15.4. Integrierbarkeitsbedingungen.</u> Nach den Gln. (15.15) und (15.16) sind $\mathfrak{y} \times d\mathfrak{x}$ und $\mathfrak{x} \times d\mathfrak{y}$ vollständige Differentiale. Aus

(15.18) $$\begin{aligned} \overline{\mathfrak{x}}_u &= \mathfrak{y} \times \mathfrak{x}_u, \\ \overline{\mathfrak{x}}_v &= \mathfrak{y} \times \mathfrak{x}_v, \end{aligned} \qquad \text{oder ebenso aus} \qquad \begin{aligned} \overline{\mathfrak{y}}_u &= \mathfrak{x} \times \mathfrak{y}_u, \\ \overline{\mathfrak{y}}_v &= \mathfrak{x} \times \mathfrak{y}_v \end{aligned}$$

folgt daher (-bei Voraussetzung stetiger zweiter Ableitungen-) mit

$$\overline{\mathfrak{x}}_{uv} = \overline{\mathfrak{x}}_{vu} \qquad \text{bzw.} \qquad \overline{\mathfrak{y}}_{uv} = \overline{\mathfrak{y}}_{vu}$$

die Integrierbarkeitsbedingung

(15.19) $\mathfrak{y}_u \times \mathfrak{x}_v = \mathfrak{y}_v \times \mathfrak{x}_u$.

Daraus folgt:

(15.20) | Entsprechende Flächenelemente der Flächen $[\mathfrak{x}]$ und $[\mathfrak{y}]$ sind zueinander parallel.

Man kann also $\mathfrak{y}_u$ und $\mathfrak{y}_v$ aus $\mathfrak{x}_u$ und $\mathfrak{x}_v$ linear kombinieren (-oder umgekehrt-), und zwar ist

(15.21) $$\begin{aligned} \mathfrak{y}_u &= \sigma\mathfrak{x}_u + \sigma\mathfrak{x}_v, \\ -\mathfrak{y}_v &= \tau\mathfrak{x}_u + \sigma\mathfrak{x}_v \end{aligned} \qquad \text{bzw.} \qquad \begin{aligned} (\sigma^2 - \rho\tau)\mathfrak{x}_u &= \sigma\mathfrak{y}_u + \rho\mathfrak{y}_v, \\ -(\sigma^2 - \rho\tau)\mathfrak{x}_v &= \tau\mathfrak{y}_u + \sigma\mathfrak{y}_v \end{aligned} \qquad \text{mit } \rho\tau - \sigma^2 \neq 0.$$

Daß $\mathfrak{x}_u$ und $\mathfrak{x}_v$ in den Gln. (15.21) denselben Faktor σ haben müssen, ergibt sich durch Einsetzen der Gln. (15.21) in die Integrierbarkeitsbedingungen (15.19). Durch die Gln. (15.21) wird also die in Satz (15.20) erwähnte Parallelbeziehung in einer bestimmten Weise präzisiert.

Die Integrierbarkeitsbedingungen der Gln. (15.21), nämlich

$$\mathfrak{y}_{uv} = \mathfrak{y}_{vu},$$

liefert

$$\sigma_v \mathfrak{x}_u + \rho_v \mathfrak{x}_v + \sigma \mathfrak{x}_{uv} + \rho \mathfrak{x}_{vv} = -\tau_u \mathfrak{x}_u - \sigma_u \mathfrak{x}_v - \tau \mathfrak{x}_{uu} - \sigma \mathfrak{x}_{uv}.$$

Durch Skalarmultiplikation mit $\mathfrak{x}_u \times \mathfrak{x}_v$ folgt hieraus nach den Gln. (6.12) die Beziehung

$$(15.22) \quad \rho N + 2\sigma M + \tau L = 0$$

zwischen ρ, σ, τ und den Fundamentalgrößen zweiter Art L, M, N der Fläche $[\mathfrak{x}]$.

15.5. W-Beziehung zwischen den Flächen $[\overline{\mathfrak{x}}]$ und $[\overline{\mathfrak{y}}]$. Aus den Gln. (15.18) ergibt sich

$$(15.23) \quad \overline{\mathfrak{x}}_u \times \overline{\mathfrak{x}}_v = (\mathfrak{y} \times \mathfrak{x}_u) \times (\mathfrak{y} \times \mathfrak{x}_v) = \langle \mathfrak{y}, \mathfrak{x}_u, \mathfrak{x}_v \rangle \mathfrak{y}.$$

Hierbei haben wir von der Vektorbeziehung

$$(\mathfrak{v}_1 \times \mathfrak{v}_2) \times (\mathfrak{v}_3 \times \mathfrak{v}_4) = \langle \mathfrak{v}_1, \mathfrak{v}_3, \mathfrak{v}_4 \rangle \mathfrak{v}_2 - \langle \mathfrak{v}_2, \mathfrak{v}_3, \mathfrak{v}_4 \rangle \mathfrak{v}_1$$

Gebrauch gemacht.

Ferner ist auf Grund der Gln. (15.18) und (15.21)

$$\overline{\mathfrak{x}}_{uu} = \mathfrak{y} \times \mathfrak{x}_{uu} + \mathfrak{y}_u \times \mathfrak{x}_u = \mathfrak{y} \times \mathfrak{x}_{uu} - \rho\, \mathfrak{x}_u \times \mathfrak{x}_v,$$

$$\overline{\mathfrak{x}}_{uv} = \mathfrak{y} \times \mathfrak{x}_{uv} + \mathfrak{y}_v \times \mathfrak{x}_u = \mathfrak{y} \times \mathfrak{x}_{uv} + \sigma\, \mathfrak{x}_u \times \mathfrak{x}_v,$$

$$\overline{\mathfrak{x}}_{vv} = \mathfrak{y} \times \mathfrak{x}_{vv} + \mathfrak{y}_v \times \mathfrak{x}_v = \mathfrak{y} \times \mathfrak{x}_{vv} - \tau\, \mathfrak{x}_u \times \mathfrak{x}_v.$$

Hieraus folgt mit Rücksicht auf Gl. (15.23)

$$\langle \overline{\mathfrak{x}}_u, \overline{\mathfrak{x}}_v, \overline{\mathfrak{x}}_{uu} \rangle = (\overline{\mathfrak{x}}_u \times \overline{\mathfrak{x}}_v) \overline{\mathfrak{x}}_{uu} = -\rho \langle \mathfrak{y}, \mathfrak{x}_u, \mathfrak{x}_v \rangle^2,$$

$$\langle \overline{\mathfrak{x}}_u, \overline{\mathfrak{x}}_v, \overline{\mathfrak{x}}_{uv} \rangle = (\overline{\mathfrak{x}}_u \times \overline{\mathfrak{x}}_v) \overline{\mathfrak{x}}_{uv} = -\sigma \langle \mathfrak{y}, \mathfrak{x}_u, \mathfrak{x}_v \rangle^2,$$

$$\langle \overline{\mathfrak{x}}_u, \overline{\mathfrak{x}}_v, \overline{\mathfrak{x}}_{vv} \rangle = (\overline{\mathfrak{x}}_u \times \overline{\mathfrak{x}}_v) \overline{\mathfrak{x}}_{vv} = -\tau \langle \mathfrak{y}, \mathfrak{x}_u, \mathfrak{x}_v \rangle^2.$$

Somit gilt für die Fundamentalgrößen zweiter Art der Fläche $[\overline{\mathfrak{x}}]$

$$(15.24) \quad \overline{L} : \overline{M} : \overline{N} = \rho : (-\sigma) : \tau, \text{ wenn } \langle \mathfrak{y}, \mathfrak{x}_u, \mathfrak{x}_v \rangle \neq 0.$$

Ebenso erhält man für die Fundamentalgrößen zweiter Art der Fläche $[\overline{\mathfrak{y}}]$

(15.25) $\overline{\overline{L}} : \overline{\overline{M}} : \overline{\overline{N}} = \rho : (-\sigma) : \tau$, wenn $\langle \mathfrak{x}, \mathfrak{y}_u, \mathfrak{y}_v \rangle \neq 0$.

Wegen

(15.26) $\overline{L} : \overline{M} : \overline{N} = \overline{\overline{L}} : \overline{\overline{M}} : \overline{\overline{N}}$

ergibt sich daher nach Ziff. 9.5 folgender Satz:

(15.27) Jedem konjugierten Kurvennetz der Flächen $[\overline{\mathfrak{x}}]$ und $[\overline{\mathfrak{y}}]$ entspricht auf der jeweils anderen Fläche wiederum ein konjugiertes Kurvennetz. Beide Flächen haben dasselbe Vorzeichen des Krümmungsmaßes. Bei negativem Krümmungsmaß entsprechen sich auch die Schmieglíniennetze beider Flächen.

Nach den Gln. (15.18) sind die Normalen der Flächen $[\overline{\mathfrak{x}}]$ und $[\overline{\mathfrak{y}}]$ parallel zu den Vektoren $\mathfrak{y}$ bzw. $\mathfrak{x}$. Nach Gl. (15.2) ist der Vektor $\overline{\mathfrak{y}} - \overline{\mathfrak{x}}$, also die Verbindungsgerade entsprechender Punkte der Flächen $[\overline{\mathfrak{x}}]$ und $[\overline{\mathfrak{y}}]$ senkrecht sowohl zu $\mathfrak{y}$ als auch zu $\mathfrak{x}$. Sie ist also eine gemeinsame Tangente der beiden Flächen $[\overline{\mathfrak{x}}]$ und $[\overline{\mathfrak{y}}]$. Daher besteht zwischen diesen beiden Flächen noch eine weitere bemerkenswerte Beziehung:

(15.28) Die Verbindungsgeraden entsprechender Punkte der Flächen $[\overline{\mathfrak{x}}]$ und $[\overline{\mathfrak{y}}]$ berühren die beiden Flächen in diesen Punkten. Sie bilden also ein Geradensystem (=2-parametrige Geradenmenge), das die Flächen $[\overline{\mathfrak{x}}]$ und $[\overline{\mathfrak{y}}]$ als Brennflächen (=Hüllflächen) hat.

Geradensysteme, deren beide Brennflächen durch das Geradensystem so aufeinander bezogen sind, daß jedem konjugierten Kurvennetz der einen Brennfläche auf der jeweils anderen Brennfläche wieder ein konjugiertes Kurvennetz entspricht, nennt man nach J. Weingarten *W-Systeme*. Wir können daher die Sätze (15.27) und (15.28) folgendermaßen zusammenfassen:

(15.29) Die Verbindungsgeraden entsprechender Punkte der Flächen $[\overline{\mathfrak{x}}]$ und $[\overline{\mathfrak{y}}]$ bilden ein W-System mit diesen beiden Flächen als Brennflächen.

Dementsprechend bezeichnen wir die Beziehung zwischen den Flächen $[\overline{\mathfrak{x}}]$ und $[\overline{\mathfrak{y}}]$ als *W-Beziehung*.

15.6. Partielle Differentialgleichung der infinitesimalen Flächenverbiegung.

Die Aufgabe, sämtliche infinitesimale Verbiegungen einer vorgegebenen Fläche $[\overline{\mathfrak{x}}]$ zu ermitteln, läßt sich auf die Lösung einer homogenen linearen partiellen Differentialgleichung zweiter Ordnung und im übrigen lediglich auf Quadraturen zurückführen [6]:

Wir wählen spezielle Parameter, nämlich

$$u = x = x_1, \quad v = y = x_2,$$

und erhalten dann mit $\mathfrak{x} = (x_1, x_2, x_3)$, $\mathfrak{y} = (y_1, y_2, y_3)$, $\bar{\mathfrak{x}} = (\bar{x}_1, \bar{x}_2, \bar{x}_3)$ und den weiteren Bezeichnungen

$$x_3 = z(x,y), \quad \bar{x}_3 = \bar{z}(x,y)$$

aus den Gln. (15.21)

$$(15.30) \quad \begin{aligned} &\frac{\partial y_1}{\partial x} = \sigma, \quad \frac{\partial y_2}{\partial x} = \rho, \quad \frac{\partial y_3}{\partial x} = \sigma \frac{\partial z}{\partial x} + \rho \frac{\partial z}{\partial y}, \\ &\frac{\partial y_1}{\partial y} = -\tau, \quad \frac{\partial y_2}{\partial y} = -\sigma, \quad \frac{\partial y_3}{\partial y} = -\tau \frac{\partial z}{\partial x} - \sigma \frac{\partial z}{\partial y}. \end{aligned}$$

Aus den Gln. (15.18) folgt dann weiter

$$(15.31) \quad \frac{\partial \bar{z}}{\partial x} = -y_2, \quad \frac{\partial \bar{z}}{\partial y} = y_1, \quad \text{also} \begin{cases} \rho = -\dfrac{\partial^2 \bar{z}}{\partial x^2}, \\[2mm] \sigma = \dfrac{\partial^2 \bar{z}}{\partial x \partial y}, \\[2mm] \tau = -\dfrac{\partial^2 \bar{z}}{\partial y^2}. \end{cases}$$

Wenn also die V e r b i e g u n g s f u n k t i o n $\bar{z}(x,y)$ bekannt wäre, könnte man alle Verbiegungsflächen durch Quadraturen bestimmen. Zunächst nämlich ist nach Gl. (15.31)

$$y_1 = \frac{\partial \bar{z}}{\partial y}, \quad y_2 = -\frac{\partial \bar{z}}{\partial x},$$

und mit Rücksicht auf die Gln. (15.30) und (15.31) hat man

$$\frac{\partial y_3}{\partial x} = \frac{\partial^2 \bar{z}}{\partial x \partial y} \frac{\partial z}{\partial x} - \frac{\partial^2 \bar{z}}{\partial x^2} \frac{\partial z}{\partial y}, \qquad \frac{\partial y_3}{\partial y} = \frac{\partial^2 \bar{z}}{\partial y^2} \frac{\partial z}{\partial x} - \frac{\partial^2 \bar{z}}{\partial x \partial y} \frac{\partial z}{\partial y}.$$

Aus den Gln. (15.18) folgt dann

$$(15.32) \quad \begin{aligned} &\frac{\partial \bar{x}_1}{\partial x} = y_2 \frac{\partial z}{\partial x}, \qquad \frac{\partial \bar{x}_2}{\partial x} = y_3 - y_1 \frac{\partial z}{\partial x}, \\ &\frac{\partial \bar{x}_1}{\partial y} = y_2 \frac{\partial z}{\partial y} - y_3, \quad \frac{\partial \bar{x}_2}{\partial y} = - y_1 \frac{\partial z}{\partial y}. \end{aligned}$$

Hiermit ist also $\bar{\mathfrak{x}}(x,y)$ und damit die infinitesimale Verbiegung durch Quadraturen festgelegt, sobald die Verbiegungsfunktion $\bar{z}(x,y)$ bekannt ist. Für $\bar{z}(x,y)$ ergibt sich nun eine partielle Differentialgleichung auf folgende Weise: Gl. (15.22) schreiben wir in der Form

$$\tau\langle \mathfrak{x}_u, \mathfrak{x}_v, \mathfrak{x}_{uu}\rangle + 2\sigma\langle \mathfrak{x}_u, \mathfrak{x}_v, \mathfrak{x}_{uv}\rangle + \rho\langle \mathfrak{x}_u, \mathfrak{x}_v, \mathfrak{x}_{vv}\rangle = 0.$$

In den speziellen Parametern $u = x$, $v = y$ und durch Einsetzen von ρ, σ, τ aus den Gln. (15.31) ergibt sich hieraus

$$(15.33) \quad \frac{\partial^2 z}{\partial y^2}\frac{\partial^2 \bar{z}}{\partial x^2} - 2\frac{\partial^2 z}{\partial x \partial y}\frac{\partial^2 \bar{z}}{\partial x \partial y} + \frac{\partial^2 z}{\partial x^2}\frac{\partial^2 \bar{z}}{\partial y^2} = 0.$$

Dies ist in der Tat eine lineare homogene Differentialgleichung zweiter Ordnung für $\bar{z}(x,y)$ bei vorgegebener Fläche $\mathfrak{x} = (x, y, z(x,y))$. Da die Koeffizienten $\frac{\partial^2 z}{\partial x^2}$, $\frac{\partial^2 z}{\partial x \partial y}$, $\frac{\partial^2 z}{\partial y^2}$ den Fundamentalgrößen zweiter Art der gegebenen Fläche $[\mathfrak{x}]$ proportional sind, kann man Gl. (15.33) auch in die Form

$$(15.34) \quad N\frac{\partial^2 \bar{z}}{\partial x^2} - 2M\frac{\partial^2 \bar{z}}{\partial x \partial y} + L\frac{\partial^2 \bar{z}}{\partial y^2} = 0.$$

bringen.

Für Leser, die mit der Charakteristikentheorie der partiellen Differentialgleichungen vertraut sind, sei hinzugefügt: Die Differentielgleichung der Charakteristiken der partiellen Differentialgleichung (15.34), nämlich

$$(15.35) \quad L\,dx^2 + M\,dx\,dy + N\,dy^2 = 0,$$

zeigt, daß die Charakteristiken die Grundrisse der Schmieglinien der Fläche $[\mathfrak{x}]$ sind; vgl. Gl. (9.19). Demnach ist die Differentialgleichung (15.34) vom elliptischen bzw. hyperbolischen Typus, je nachdem das Krümmungsmaß K der gegebenen Fläche positiv oder negativ ist.

Daß die Schmieglinien die Bestimmtheitsbereiche bei den Anfangswertproblemen vom hyperbolischen Typus begrenzen (vgl. Satz (1.9)), ist durch die vorangehenden Überlegungen wenigstens für infinitesimale Flächenverbiegungen bewiesen.

Die allgemeine Lösung der linearen Differentialgleichung (15.35) kann explizit mit zwei willkürlichen Funktionen von je einer Veränderlichen in zwei Sonderfällen angegeben werden. In diesen Fällen lassen sich dann sämtliche infinitesimalen Verbiegungen lediglich durch Quadraturen finden. Beim ersten Sonderfall handelt es sich um Flächen mit einem geradlinigen Schmiegliniennetz, also um die Quadriken (=einschalige Hyperboloide und hyperbolische Paraboloide); die Methode läßt sich, bei Einführung analytischer Funktionen einer komplexen Veränderlichen, auch auf nicht geradlinige Flächen zweiten Grades (=Ellipsoide und elliptische Paraboloide) anwenden. Beim zweiten Sonderfall handelt es sich um Flächen, deren Schmiegliniennetze sich als Rückungsnetze in einer passend gewählten x,y-Ebene projizieren. Vgl. hierzu [6, 23, 26].

§ 16. Schränkungsfeste Kurvennetze bei einer infinitesimalen Flächenverbiegung.

Bei einer infinitesimalen Verbiegung einer Fläche $[\mathfrak{r}]$ gibt es stets unendlich viele sogenannte schränkungsfeste Kurvennetze. Sie sind das differentialgeometrische Analogon der Vierecksnetze, deren Maschen bei einer infinitesimalen Deformation des Netzes in der Größenordnung $O(\eta)$ starr bleiben (flächenstarr wackelige Vierecksnetze [15, 5].

16.1. Definition der flächenstarr wackligen Vierecksnetze. Wir wenden uns zunächst zu einem heuristischen differenzengeometrischen Modell für die nachfolgenden differentialgeometrischen Untersuchungen:

Vorgegeben sei ein Vierecksnetz mit starren und i.a. nicht-ebenen Vierecksmaschen. Bei der Realisierung etwa durch ein Blechmodell kann man die Vierecke durch irgend welche Flächenstücke, z.B. durch Ausschnitte aus hyperbolischen Paraboloiden, ausfüllen. Wir nehmen an, daß das Vierecksnetz mindestens drei Leitstreifen einer jeden der beiden Scharen, also 3×3 Vierecksmaschen, enthält. Ein solches Vierecksnetz ist i.a. starr, d.h. es läßt keine Verknickungen durch Drehung benachbarter Maschen um die jeweils gemeinsame Maschenseite zu, ohne daß es zu einer Zerreißung des Netzes kommt. Wir haben aber auch Vierecksnetze kennen gelernt, die eine 1-parametrige Menge von Verknickungen zulassen (verknickbare Vierecksnetze), nämlich die V-Netze in § 12 und die T-Netze in § 13. Dabei handelte es sich um ebenflächige Vierecksnetze; ob es auch nicht-ebenflächige verknickbare Vierecksnetze gibt, ist ein ungelöstes Problem. Bei den Verknickungen eines Vierecksnetzes werden die Querseitenfolgen (=Stangenmodelle, die von den Querseiten längs eines Leitpolygons erzeugt werden) im Sinne von Ziff. 4.5 ebenfalls verknickt, d.h. die Winkel aufeinander folgender Querseiten sowie die Schränkungen und Verwerfungen der Querseitenfolgen bleiben ungeändert.

Neben den starren und flächenstarr verknickbaren Vierecksnetzen gibt es flächenstarre Vierecksnetze, die nur infinitesimal ver-

knickbar sind. Wir bezeichnen sie als *flächenstarr wakkelige Vierecksnetze*. Dabei sind die infinitesimalen Verknickungen flächenstarrer Vierecksnetze ähnlich definiert, wie die infinitesimalen Flächenverbiegungen in Ziff. 15.3:

$\mathfrak{r}_i$ seien die Ortsvektoren der Knotenpunkte eines gegebenen Vierecksnetzes. Wir betrachten eine 1-parametrige Menge (Parameter η) von Deformationen dieses Netzes, bei denen die Ortskoordinaten $\mathfrak{r}_i$ in

(16.1) $\mathfrak{r}_i^* = \mathfrak{r}_i + \eta \bar{\mathfrak{r}}_i$

übergehen. Wir verlangen, daß bei diesen Deformationen die Vierecke in der Größenordnung $O(\eta)$ starr bleiben. Das heißt: Die Vierecksseiten $\tilde{a}$ und $\tilde{b}$ sowie, bei Ergänzung des Vierecksnetzes zu einem Dreiecksnetz durch Hinzunahme der einen Diagonalschar, auch die Dreiecksseiten $\tilde{c}$ und die Keilwinkel $\tilde{\mu}$ sollen für $\eta \to 0$ in der Ordnung $O(\eta)$ ungeändert bleiben. Dasselbe gilt dann auch für die Winkel aufeinander folgender Querseiten des Netzes und die Schränkungen und Verwerfungen der Querseitenfolgen des Vierecksnetzes. Die Keilwinkel $\tilde{\kappa}$ und $\tilde{\lambda}$ dagegen ändern sich i.a. in der Ordnung $O(\eta)$. Wir sagen dann: Für $\eta \to 0$ stellt Gl. (16.1) eine *infinitesimale Verknickung* des flächenstarren Vierecksnetzes $[\mathfrak{r}]$ dar, oder: Das Vierecksnetz $[\mathfrak{r}]$ ist *flächenstarr wackelig*. Die Querseitenfolgen werden im Sinne von Ziff. 4.5 ebenfalls infinitesimal verknickt.

Ein Sonderfall der flächenstarr wackeligen Vierecksnetze sind die ebenflächigen flächenstarr wackeligen Vierecksnetze. Hier bleiben die Vierecksmaschen in der Ordnung $O(\eta)$ eben. Die Querseitenfolgen sind Faltmodelle und werden zusammen mit dem Vierecksnetz ebenfalls infinitesimal verknickt.

Daß ein beliebiges flächenstarres Vierecksnetz nicht flächenstarr wackelig, also erst recht nicht endlich verknickbar ist, werden wir in Ziff. 16.4 sehen.

<u>16.2. Definition der bei einer infinitesimalen Flächenverbiegung schränkungsfesten Kurvennetze.</u> Das differentialgeometrische Analogon der flächenstarr wackeligen Vierecksnetze sind die bei einer vorgegebenen infinitesimalen Flächenverbiegung (15.12) *schränkungsfesten Kurvennetze*. Darunter verstehen wir solche Kurvennetze der Fläche $[\mathfrak{r}]$, deren Querregelflächen (=Regelflächen der Quertangenten längs der Kurven des Netzes) bei der infinitesimalen Verbiegung der Fläche $[\mathfrak{r}]$ ebenfalls eine infinitesimale Verbiegung erfahren. Das heißt: Die

Schränkungen und Verwerfungen der Querregelflächen bleiben für $\eta \to 0$ ebenso wie die Bogenlängen auf der Fläche $[\mathfrak{r}]$ in der Größenordnung $O(\eta)$ ungeändert. Die Analogie der flächenstarr wackeligen Vierecksnetze und der schränkungsfesten Kurvennetze kommt auch in folgendem Satz zum Ausdruck

(16.2) Wenn man ein schränkungsfestes Kurvennetz als Parameterkurvennetz nimmt, ist für die Schränkungsfestigkeit notwendig und hinreichend, daß bei der Flächenverbiegung (15.12) für $\eta \to 0$ nicht nur a, b und c, sondern auch μ (bzw. nicht nur E,F,G sondern auch M) in der Ordnung $O(\eta)$ ungeändert bleiben. $\varkappa$ und λ (bzw. L und N) dagegen ändern sich i.a. in der Ordnung $O(\eta)$.

Den Beweis dieses Satzes kann man dadurch führen, daß man die Schränkung und Verwerfung der Querregelflächen berechnet; dabei zeigt sich, daß diese Größen nur von a, b, c und μ (bzw. E,F,G und M) abhängen. Man kann den Satz aber auch differenzengeometrisch beweisen: Wir betrachten das Sehnendreiecksnetz eines Kurvennetzes. Die Schränkungen und Verwerfungen der Querseitenfolgen sind allein durch a_ε, b_ε, c_ε und μ_ε festgelegt. Beim Grenzprozeß $\varepsilon \to 0$ ergeben sich daher für die Schränkung und Verwerfung Funktionen von a,b,c und μ, nicht aber von $\varkappa$ und λ.

Ein Sonderfall der schränkungsfesten Kurvennetze sind die schränkungsfesten konjugierten Kurvennetze. Sie bleiben bei der betreffenden infinitesimalen Verbiegung der Fläche in der Größenordnung $O(\eta)$ konjugiert. Die Querregelflächen sind hier bekanntlich Torsen; sie werden zusammen mit der Fläche ebenfalls infinitesimal verbogen.

<u>16.3. Verlagerungsriß und Schraubriß eines flächenstarr wackeligen Vierecksnetzes.</u> Unser Ziel ist es nun festzustellen, wie die in § 15 erörterten Beziehungen zwischen der Fläche $[\mathfrak{r}]$, ihrem Verlagerungsriß $[\bar{\mathfrak{r}}]$ und ihrem Schraubriß $[\mathfrak{y}]$, $[\bar{\mathfrak{y}}]$ sich spezialisieren, wenn wir als Parameterkurvennetz ein für die betreffende Verbiegung schränkungsfestes Kurvennetz zugrunde legen. Vorher aber wollen wir erst die entsprechenden differenzengeometrischen Untersuchungen für flächenstarr wackelige Vierecksnetze führen (Fig. 16.1).

In Fig. 16.1 ist ein Ausschnitt aus einem flächenstarr wackeligen Vierecksnetz $[\mathfrak{r}]$ angegeben. Es enthält vier Vierecksmaschen (I),(II),(III), (IV) mit den Eckpunkten i,1,2,3,4,a,b,c,d.

Jeder Knotenpunkt $\mathfrak{r}_i$ des Vierecksnetzes $[\mathfrak{r}]$ erfährt bei der infinitesimalen Verknickung eine Verlagerung $\eta\bar{\mathfrak{r}}_i$ und jede Vierecksmasche (I)

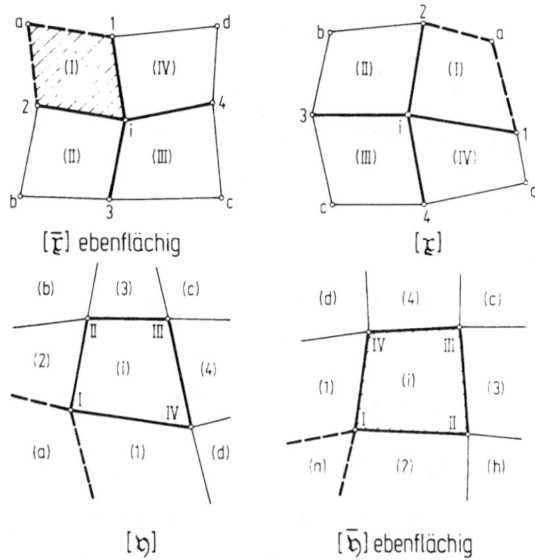

Fig. 16.1. Flächenstarr wackeliges Vierecksnetz mit Verlagerungsriß und Schraubriß

erfährt als starrer Körper eine infinitesimale Drehung $\eta\,\mathfrak{y}_I$ um eine Achse durch den Nullpunkt O sowie eine Verschiebung $\eta\,\bar{\mathfrak{y}}_I$. Die Vektoren $\bar{\mathfrak{x}}_i$, $\mathfrak{y}_I$ und $\bar{\mathfrak{y}}_I$ bestimmen als Ortsvektoren den Verlagerungsriß [$\bar{\mathfrak{x}}$], den Drehriß [$\mathfrak{y}$] und den Verschiebungsriß [$\bar{\mathfrak{y}}$]; den Drehriß und den Verschiebungsriß fassen wir unter der Bezeichnung Schraubriß $\{\mathfrak{y}, \bar{\mathfrak{y}}\}$ zusammen. Ähnlich wie in Ziff. 15.3 setzen wir voraus, daß diese Risse nicht entarten, sondern ebenso wie [$\mathfrak{x}$] Vierecksnetze sind.

Man beachte, daß [$\mathfrak{x}$] und [$\bar{\mathfrak{x}}$] und ebenso auch [$\mathfrak{y}$] und [$\bar{\mathfrak{y}}$] durch Zuordnung ihrer Knotenpunkte aufeinander bezogen sind ($\mathfrak{x}_i \Leftrightarrow \bar{\mathfrak{x}}_i$, $\mathfrak{y}_I \Leftrightarrow \bar{\mathfrak{y}}_I$). [$\mathfrak{x}$] und [$\mathfrak{y}$] dagegen sind reziprok aufeinander bezogen. Das heißt: Eine Masche (I) von [$\mathfrak{x}$] mit den Knotenpunkten $\mathfrak{x}_i$, $\mathfrak{x}_1$, $\mathfrak{x}_a$, $\mathfrak{x}_2$ als Eckpunkten entspricht in [$\mathfrak{y}$] ein Vierkant mit $\mathfrak{y}_I$ als Scheitel und den Maschen (i), (1), (a), (2) als Seitenflächen. Umgekehrt entspricht einer Masche (i) des Drehrisses [$\mathfrak{y}$] mit den Eckpunkten I, II, III, IV in [$\mathfrak{x}$] ein Vierkant mit dem Scheitel $\mathfrak{x}_i$ und den Maschen (I), (II), (III), (IV) als Seitenflächen. Also

Knotenpunkt i in [$\mathfrak{x}$] $\Leftrightarrow$ Masche (i) in [$\mathfrak{y}$],

Knotenpunkt I in [$\mathfrak{y}$] $\Leftrightarrow$ Masche (I) in [$\mathfrak{x}$].

Daraus folgt: Jeder Seite des einen der beiden Vierecksnetze entspricht im anderen Netz wiederum eine Seite, also z.B.

Seite i1 von [$\mathfrak{x}$] $\Leftrightarrow$ Seite I IV von [$\mathfrak{y}$].

Bei festem $\mathfrak{r}_i$ gelten die vier Beziehungen

(16.3) $\quad \overline{\mathfrak{r}}_i = \overline{\mathfrak{y}}_\alpha + \mathfrak{y}_\alpha \times \mathfrak{r}_i \qquad$ mit $\alpha = \mathrm{I}, \mathrm{II}, \mathrm{III}, \mathrm{IV}$

und bei festem $\mathfrak{y}_{\mathrm{I}}, \overline{\mathfrak{y}}_{\mathrm{I}}$ gelten ebenfalls vier Beziehungen

(16.4) $\quad \overline{\mathfrak{r}}_j = \overline{\mathfrak{y}}_{\mathrm{I}} + \mathfrak{y}_{\mathrm{I}} \times \mathfrak{r}_j \qquad$ mit $j = i, 1, a, 2.$

Aus den Gleichungen

$$\overline{\mathfrak{r}}_i = \overline{\mathfrak{y}}_{\mathrm{I}} + \mathfrak{y}_{\mathrm{I}} \times \mathfrak{r}_i, \; \overline{\mathfrak{r}}_1 = \overline{\mathfrak{y}}_{\mathrm{I}} + \mathfrak{y}_{\mathrm{I}} \times \mathfrak{r}_1, \; \overline{\mathfrak{r}}_a = \overline{\mathfrak{y}}_{\mathrm{I}} + \mathfrak{y}_{\mathrm{I}} \times \mathfrak{r}_a, \; \overline{\mathfrak{r}}_2 = \overline{\mathfrak{y}}_{\mathrm{I}} = \mathfrak{y}_{\mathrm{I}} \times \mathfrak{r}_2$$

folgt

$$\overline{\mathfrak{r}}_i - \overline{\mathfrak{r}}_1 = \mathfrak{y}_{\mathrm{I}} \times (\mathfrak{r}_i - \mathfrak{r}_1), \qquad \overline{\mathfrak{r}}_i - \overline{\mathfrak{r}}_2 = \mathfrak{y}_{\mathrm{I}} \times (\mathfrak{r}_i - \mathfrak{r}_2),$$

(16.5) $$\overline{\mathfrak{r}}_a - \overline{\mathfrak{r}}_i = \mathfrak{y}_{\mathrm{I}} \times (\mathfrak{r}_a - \mathfrak{r}_i), \qquad \overline{\mathfrak{r}}_1 - \overline{\mathfrak{r}}_2 = \mathfrak{y}_{\mathrm{I}} \times (\mathfrak{r}_1 - \mathfrak{r}_2).$$

Dies liefert eine zu Ziff. 15.3 analoge differenzengeometrische Aussage:

(16.6) Das flächenstarr wackelige Vierecksnetz $[\mathfrak{r}]$ und der Verlagerungsriß $[\overline{\mathfrak{r}}]$ sind orthogonal-bezogen. Das heißt: Einander entsprechende Vierecksseiten (z.B. $\overline{\mathfrak{r}}_i - \overline{\mathfrak{r}}_1$ und $\mathfrak{r}_i - \mathfrak{r}_1$) sowie einander entsprechende Vierecksdiagonalen (z.B. $\overline{\mathfrak{r}}_i - \overline{\mathfrak{r}}_a$ und $\mathfrak{r}_i - \mathfrak{r}_a$) sind zueinander senkrecht.

Aus den Gleichungen

$$\overline{\mathfrak{r}}_i - \overline{\mathfrak{r}}_1 = \mathfrak{y}_{\mathrm{I}} \times (\mathfrak{r}_i - \mathfrak{r}_1) = \mathfrak{y}_{\mathrm{IV}} \times (\mathfrak{r}_i - \mathfrak{r}_1),$$

$$\overline{\mathfrak{r}}_i - \overline{\mathfrak{r}}_2 = \mathfrak{y}_{\mathrm{I}} \times (\mathfrak{r}_i - \mathfrak{r}_2) = \mathfrak{y}_{\mathrm{II}} \times (\mathfrak{r}_i - \mathfrak{r}_2)$$

ergibt sich

$$(\mathfrak{y}_{\mathrm{I}} - \mathfrak{y}_{\mathrm{IV}}) \times (\mathfrak{r}_i - \mathfrak{r}_1) = 0, \qquad (\mathfrak{y}_{\mathrm{I}} - \mathfrak{y}_{\mathrm{II}}) \times (\mathfrak{r}_i - \mathfrak{r}_2) = 0,$$

also

(16.7) $$\mathfrak{y}_{\mathrm{I}} - \mathfrak{y}_{\mathrm{IV}} = \rho(\mathfrak{r}_i - \mathfrak{r}_1), \qquad \mathfrak{y}_{\mathrm{I}} - \mathfrak{y}_{\mathrm{II}} = \tau(\mathfrak{r}_i - \mathfrak{r}_2).$$

In Worten:

(16.8) Bei der Beziehung der Vierecksnetze $[\mathfrak{r}]$ und $[\mathfrak{y}]$ sind entsprechende Seiten parallel. Wir bezeichnen diese Beziehung fortan als <u>reziprok-parallel</u>.

Eine solche reziprok-parallele Beziehung haben wir in Ziff. 12.4 (vgl. Fig. 12.5) bereits in einem Spezialfall, nämlich für die ebenflächigen V-Netze und die ebeneckigen P-Netze kennengelernt. Im allgemeinen sind aber die reziprok-parallelen Netze weder ebenflächig noch ebeneckig. Wir wiederholen die bereits in Ziff. 12.4 angegebenen Eigenschaften der reziprok-parallelen Zuordnung (Fig. 16.2):

(16.9) Die Geraden

eines Vierecks	des einen Netzes sind parallel zu den Geraden	eines Vierkants	im anderen Netz.
eines Vierkants		eines Vierecks	
eines Leitpolygons		einer Querseitenfolge	
einer Querseitenfolge		eines Leitpolygons	

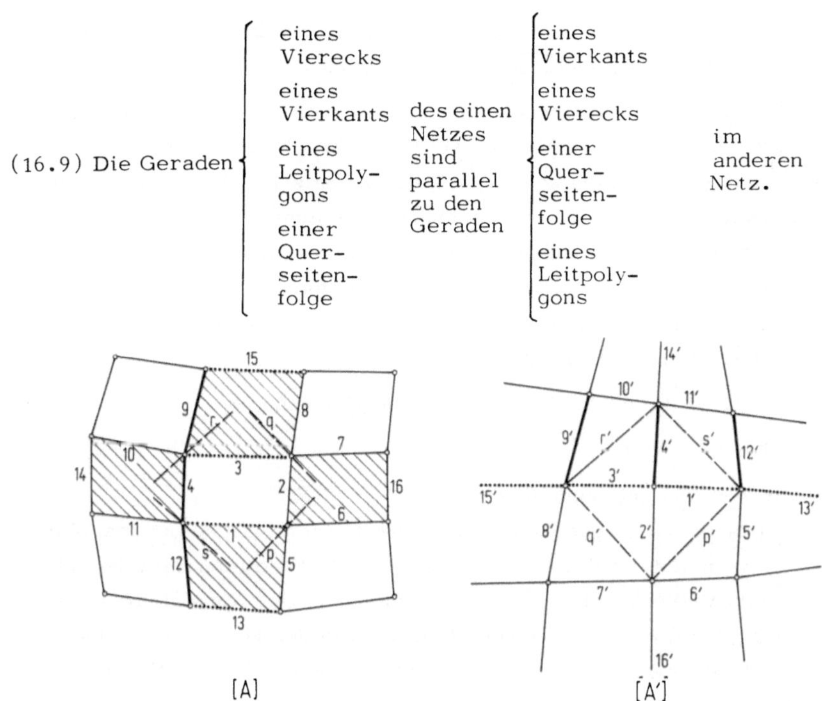

Fig. 16.2. Reziprok-parallele Vierecksnetze

Aus den Gln. (16.5) folgt, daß die Seiten $\bar{\mathfrak{r}}_i - \bar{\mathfrak{r}}_1$, $\bar{\mathfrak{r}}_i - \bar{\mathfrak{r}}_2$ und die Diagonalen $\bar{\mathfrak{r}}_a - \bar{\mathfrak{r}}_i$, $\bar{\mathfrak{r}}_1 - \bar{\mathfrak{r}}_2$ der Masche (I) des Vierecksnetzes $[\bar{\mathfrak{r}}]$ auf dem Vektor $\mathfrak{y}_I$ senkrecht stehen. Demnach gilt (vgl. Fig. 16.1):

(16.10) Die Maschen des Vierecksnetzes $[\bar{\mathfrak{r}}]$ sind eben, das Netz $[\bar{\mathfrak{r}}]$ ist ein ebenflächiges Vierecksnetz. Jede Vierecksmasche (I) ist senkrecht zum Vektor $\mathfrak{y}_I$.

Aus den Gleichungen

$$\bar{\mathfrak{r}}_i = \bar{\mathfrak{y}}_I + (\mathfrak{y}_I \times \mathfrak{r}_i) = \bar{\mathfrak{y}}_{IV} + (\mathfrak{y}_{IV} \times \mathfrak{r}_i) \tag{16.11}$$

folgt

$$\bar{\mathfrak{y}}_I - \bar{\mathfrak{y}}_{IV} = \mathfrak{r}_i \times (\mathfrak{y}_I - \mathfrak{y}_{IV}).$$

Hieraus und den analogen Gleichungen

$$\bar{\mathfrak{y}}_I - \bar{\mathfrak{y}}_{II} = \mathfrak{r}_i \times (\mathfrak{y}_I - \mathfrak{y}_{II}),\quad \bar{\mathfrak{y}}_I - \bar{\mathfrak{y}}_{III} = \mathfrak{r}_i \times (\mathfrak{y}_I - \mathfrak{y}_{III}), \tag{16.12}$$

$$\bar{\mathfrak{y}}_{II} - \bar{\mathfrak{y}}_{IV} = \mathfrak{r}_i \times (\mathfrak{y}_{II} - \mathfrak{y}_{IV})$$

ergeben sich die zu den Sätzen (16.6) und (16.10) analogen Sätze (vgl. Fig. 16.1):

(16.13) Ebenso wie die Vierecksnetze $[\mathfrak{x}]$ und $[\overline{\mathfrak{x}}]$ sind auch die Vierecksnetze $[\mathfrak{y}]$ und $[\overline{\mathfrak{y}}]$ orthogonal-bezogen.

(16.14) Ebenso wie das Vierecksnetz $[\overline{\mathfrak{x}}]$ ist auch das Vierecksnetz $[\overline{\mathfrak{y}}]$ ebenflächig. Jede Masche (i) ist senkrecht zum Vektor $\mathfrak{x}_i$.

Beide Sätze zusammen zeigen, daß der zu Satz (15.17) über infinitesimale Flächenverbiegung analoge Sachverhalt besteht:

(16.15) Wenn $\mathfrak{Y} = \{\mathfrak{y}, \overline{\mathfrak{y}}\}$ Schraubriß einer infinitesimalen Verknickung des flächenstarr wackeligen Vierecksnetzes $[\mathfrak{x}]$ ist, dann ist auch das Vierecksnetz $[\mathfrak{y}]$ flächenstarr wackelig und hat $\mathfrak{X} = \{\mathfrak{x}, \overline{\mathfrak{x}}\}$ als Schraubriß.

Schließlich liefert die erste Gl.(16.11) in der Fassung

$$\overline{\mathfrak{y}}_I - \overline{\mathfrak{x}}_i = \mathfrak{x}_i \times \mathfrak{y}_I$$

den zu Satz (15.28) analogen Satz:

(16.16) Die Verbindungsgerade einer Ecke I einer Masche (i) des Vierecksnetzes $[\overline{\mathfrak{y}}]$ mit der entsprechenden Ecke i der Masche (I) des Vierecksnetzes $[\mathfrak{x}]$ ist senkrecht zu den Normalenvektoren $\mathfrak{x}_i$ und $\mathfrak{y}_I$ dieser Maschen, liegt also in den Ebenen der beiden Maschen, d.h. sie ist die Schnittgerade der beiden Maschenebenen.

16.4. Existenz flächenstarr wackeliger Vierecksnetze. Aus Ziff.16.3 folgt:

(16.17) Wenn ein Vierecksnetz flächenstarr wackelig (-oder endlich verknickbar-) ist, existiert ein reziprok-paralleles Vierecksnetz.

Es gilt auch die Umkehrung:

(16.18) Wenn zu einem Vierecksnetz ein reziprok-paralleles Vierecksnetz existiert, ist das vorgegebene Vierecksnetz flächenstarr wackelig (-oder endlich verknickbar-).

Der Beweis dieses Satzes ergibt sich aus einer einfachen kinematischen Überlegung nach Ziff.15.2 (vgl. Fig.16.1): Da die Vektoren $\eta(\mathfrak{y}_{II} - \mathfrak{y}_I)$, $\eta(\mathfrak{y}_{III} - \mathfrak{y}_{II})$, $\eta(\mathfrak{y}_{IV} - \mathfrak{y}_{III})$ und $\eta(\mathfrak{y}_I - \mathfrak{y}_{IV})$ die infinitesimalen Relativverdrehungen der Maschenvierecke (I) bis (IV) des gegebenen Vierecksnetzes $[\mathfrak{x}]$ liefern, folgt aus dem Zusammenschluß dieser vier Vektoren zu einem Viereck (i) im Drehriß $[\mathfrak{y}]$, daß diese Drehung eine infinitesimale Verknickung der vier Maschenvierecke (I) bis (IV) herbeiführen, ohne daß ein Zerreißen eintritt.

Wir sind nun in der Lage folgenden Existenzsatz zu beweisen:

(16.19) Es gibt unendlich viele flächenstarr wackelige Vierecksnetze.

Auf Grund der Sätze (16.17) und (16.18) genügt es, eine Konstruktion anzugeben, welche alle möglichen Paare reziprok-paralleler Vierecksnetze liefert. Wir beziehen uns dabei auf Fig. 16.2 und bezeichnen die beiden zu konstruierenden Vierecksnetze mit (A) und (A'). 1 bis 4 sind die Seiten eines Vierecks von A, 5 bis 12 die in den Ecken anstoßenden Seiten der Nachbarvierecke. Die Schnittgeraden p bis s der Ebenen (1,2) mit (5,6) usf. nennen wir die Eckenspuren des Vierecks 1234. Wenn das Vierkant uneben ist, hat man als Eckenspur p eine eindeutig bestimmte und von den Kanten 1,2,6,5 verschiedene Gerade. Ist dagegen das Vierkant 1265 eben, so nehmen wir als Eckenspur p eine beliebige von 1,2,6,5 verschiedene Gerade des Büschels 1265. Die zu den Seiten 1 bis 12 parallelen Seiten 1' bis 12' eines zu (A) reziprok-parallelen Vierecksnetzes (A') bilden vier Vierecke, die zu p bis s parallelen Geraden p' bis s' sollen Vierecksdiagonalen in (A') sein und schließen sich daher zu einem (-ebenen oder unebenen-) Viereckszug zusammen. Die Existenz reziprok-paralleler Vierecksnetze (A), (A') ergibt sich nun durch folgende Erzeugungsweise:

Die Seiten 1 bis 11 des Netzes A werden willkürlich vorgegeben; dabei sind aber "halbebene" Vierkante, bei denen 3, aber nicht alle 4 Kanten in einer Ebene liegen, auszuschließen. Dadurch sind die drei Eckenspuren p,q,r festgelegt bzw. im Fall ebener Vierkante willkürlich wählbar. Durch Ziehen paralleler Geraden zu 1 bis 11 und zu p,q,r erhält man dann die Seiten 1' bis 11' und die Diagonalen p',q',r' einer bis auf den Maßstab bestimmten reziprok-parallelen Figur (A'). Durch p',q',r' ist die vierte Diagonale s' in (A') und somit auch die zu s' parallele vierte Eckenspur s in (A) eindeutig festgelegt. Als Kante 12 kann man nun eine beliebige (-natürlich von 1,4,11,s verschiedene-) Gerade in der Ebene (11,s) wählen. Dann und nur dann schneiden sich nämlich die Geraden 11' und 12' und liefern dadurch ein zu (A) reziprok-paralleles Vierecksnetz (A').

Durch Wiederholung derselben Konstruktion ergeben sich Paare reziprok-paralleler Vierecksnetze (A),(A') mit beliebig vielen Vierecksmaschen.

Aus der eben angegebenen Konstruktion ergibt sich auch, *daß es Vierecksnetze gibt, die nicht flächenstarr wackelig sind.* Außerdem folgt aus der Konstruktion:

(16.20) Alle zu einem Vierecksnetz ohne ebene Vierkante reziprok-parallelen Vierecksnetze sind zueinander ähnlich. Die flächenstarr wackeligen Vierecksnetze ohne ebene Vierkante lassen also nur eine einzige infinitesimale Verknickung zu.

Ferner gelten offenbar folgende Sätze:

(16.21) Wenn ein ebenflächiges Vierecksnetz flächenstarr wackelig ist, hat es als reziprok-paralleles Vierecksnetz ein ebeneckiges Netz.

(16.22) Ein ebeneckiges Vierecksnetz besitzt unendlich viel zueinander nicht ähnliche und zwar ebenflächige reziprok-parallele Vierecksnetze. Alle diese Vierecksnetze sind parallel-bezogen, (vgl. Ziff.10.1). Ein ebeneckiges Vierecksnetz ist also hinsichtlich unendlich vieler infinitesimaler Verknickungen flächenstarr wackelig.

Die in Ziff.12.5 erörterte reziprok-parallele Beziehung zwischen ebenflächigen V-Netzen und ebeneckigen P-Netzen (vgl. Fig.12.5) sind ein Beispiel zu den Sätzen (16.21) und (16.22). Allerdings sind die V-Netze nicht nur flächenstarr wackelig, sondern sogar endlich verknickbar.

Die in Ziff.15.2 angegebene Umdeutung kinematischer in statische Beziehungen führt zu folgender statischen Interpretation der flächenstarr wackeligen Vierecksnetze: Wir fassen die beim Beweis des Satzes (16.18) erwähnten Drehvektoren $(\mathfrak{y}_{II} - \mathfrak{y}_I)$ bis $(\mathfrak{y}_I - \mathfrak{y}_{IV})$ als Kraftvektoren auf und betrachten das flächenstarr wackelige Vierecksnetz als *Fadennetz*, dessen Fäden gespannt und in den Knotenpunkten des Netzes miteinander verknotet sind. Die Fadenspannungen sind durch $(\mathfrak{y}_{II} - \mathfrak{y}_I)$ usw., also durch die entsprechenden Seiten des reziprok-parallelen Vierecksnetzes gegeben. *Das Fadennetz ist ohne Hinzunahme äußerer Kräfte im Gleichgewicht.*

Analoge differentialgeometrische Betrachtungen werden in einem weiteren Zusammenhang in § 21 folgen.

<u>16.5. Verlagerungsriß und Schraubriß eines bei einer infinitesimalen Flächenverbiegung schränkungsfesten Kurvennetzes.</u> Die bei einer infinitesimalen Flächenverbiegung (15.12)

$$\mathfrak{x}^*(u,v) = \mathfrak{x}(u,v) + \eta\bar{\mathfrak{x}}(u,v)$$

schränkungsfesten Kurvennetze sind nach Satz (16.2) durch die Forderung

$$(16.23) \qquad \mu^* = \mu + O(\eta^2) \quad \text{bzw.} \quad M^* = M + O(\eta^2)$$

gekennzeichnet. Hierbei ist vorausgesetzt, daß das schränkungsfeste Kurvennetz als Parameterkurvennetz genommen wurde. Man kann die Bedingungen (16.23) ersetzen durch

(16.24) $\langle \mathfrak{x}_u^*, \mathfrak{x}_v^*, \mathfrak{x}_{uv}^* \rangle = \langle \mathfrak{x}_u, \mathfrak{x}_v, \mathfrak{x}_{uv} \rangle + O(\eta^2)$.

Wegen des Ansatzes (15.12) folgt hieraus

(16.25) $\langle \overline{\mathfrak{x}}_u, \mathfrak{x}_v, \mathfrak{x}_{uv} \rangle + \langle \mathfrak{x}_u, \overline{\mathfrak{x}}_v, \mathfrak{x}_{uv} \rangle + \langle \mathfrak{x}_u, \mathfrak{x}_v, \overline{\mathfrak{x}}_{uv} \rangle = 0$.

Setzt man hierin nach den Gln. (15.18) und (15.21)

$$\overline{\mathfrak{x}}_u = \mathfrak{y} \times \mathfrak{x}_u, \qquad \overline{\mathfrak{x}}_v = \mathfrak{y} \times \mathfrak{x}_v,$$
$$\overline{\mathfrak{x}}_{uv} = \mathfrak{y} \times \mathfrak{x}_{uv} + \mathfrak{y}_v \times \mathfrak{x}_u = \mathfrak{y} \times \mathfrak{x}_{uv} + \sigma(\mathfrak{x}_u \times \mathfrak{x}_v),$$

so liefert Gl. (16.25) nach elementaren Umformungen

(16.26) $\sigma(\mathfrak{x}_u \times \mathfrak{x}_v)^2 = \sigma(EG - F^2) = 0$, also $\sigma = 0$.

Daraus folgt:

(16.27) | Die schränkungsfesten u, v-Kurvennetze sind durch $\sigma = 0$ gekennzeichnet.

Die Gln. (15.21) spezialisieren sich zu

(16.28) $$\begin{pmatrix} \mathfrak{y}_u = \rho \mathfrak{x}_v, \\ \\ -\mathfrak{y}_v = \tau \mathfrak{x}_u, \end{pmatrix} \text{ bzw. } \begin{pmatrix} \mathfrak{x}_u = -\frac{1}{\tau} \mathfrak{y}_v, \\ \\ \mathfrak{x}_v = \frac{1}{\rho} \mathfrak{y}_u. \end{pmatrix}$$

Diese Gleichungen sind das differentialgeometrische Analogon der Gln. (16.7) für flächenstarr wackelige Vierecksnetze. Sie begründen eine r e z i p r o k - p a r a l l e l e B e z i e h u n g d e r s c h r ä n k u n g s f e s t e n K u r v e n n e t z e $[\mathfrak{x}]$ zu den ihnen entsprechenden Netzen auf dem Drehriß $[\mathfrak{y}]$, die der in Satz (16.9) angegebenen reziprok-parallelen Beziehung bei den flächenstarr wackeligen Vierecksnetzen analog ist (Fig. 16.3):

(16.29) | In einem schränkungsfesten Kurvennetz $[\mathfrak{x}]$ und dem ihm entsprechenden Kurvennetz des Drehrisses $[\mathfrak{y}]$ sind in entsprechenden Punkten die Längstangenten (=Tangenten längs einer Netzkurve) des einen Netzes parallel zu den Quertangenten (=Erzeugende der Querregelflächen) des jeweils anderen Netzes. Wir nennen diese Beziehung der beiden Kurvennetze reziprok-parallele Beziehung.

Die reziprok-parallele Beziehung ist wechselseitig. Wenn das eine Netz bei einer infinitesimalen Flächenverbiegung mit dem Schraubriß $\mathfrak{Y} = \{\mathfrak{y}, \overline{\mathfrak{y}}\}$ schränkungsfest ist, dann ist das andere Netz schränkungsfest für die infinitesimale Flächenverbiegung mit dem Schraubriß $\mathfrak{X} = \{\mathfrak{x}, \overline{\mathfrak{x}}\}$; vgl. Satz (15.17).

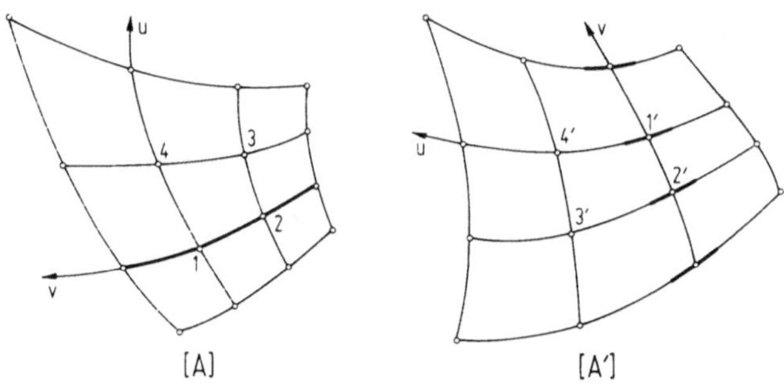

Fig. 16.3. Reziprok-parallele Kurvennetze

Wegen Gl. (16.26), nämlich $\sigma = 0$, ergibt sich aus den Gln. (15.24) und (15.25)

$$(16.30) \qquad \overline{M} = \overline{\overline{M}} = 0.$$

Daraus folgt:

(16.31) Einem schränkungsfesten Kurvennetz $[\mathfrak{x}]$ entspricht auf dem Verlagerungsriß $[\bar{\mathfrak{x}}]$ und auf dem Verschiebungsriß $[\bar{\mathfrak{y}}]$ ein konjugiertes Kurvennetz.

Diese Tatsache ist das differentialgeometrische Analogon der in den Sätzen (16.10) und (16.14) enthaltenen Aussagen, daß einem flächenstarr wackeligen Vierecksnetz $[\mathfrak{x}]$ im Verlagerungsriß $[\bar{\mathfrak{x}}]$ und im Verschiebungsriß $[\bar{\mathfrak{y}}]$ ebenflächige Vierecksnetze entsprechen.

<u>16.6. Existenz schränkungsfester Kurvennetze.</u> Bei jeder infinitesimalen Verbiegung einer Fläche gibt es unendlich viele schränkungsfeste Kurvennetze; denn wegen der Gln. (15.24) und (15.25) gilt auch die Umkehrung des Satzes (16.31), nämlich

(16.32) Jedem konjugierten Kurvennetz auf dem Verlagerungsriß $[\bar{\mathfrak{x}}]$ (–und ebenso auf dem Verschiebungsriß $[\bar{\mathfrak{y}}]$–) entspricht ein schränkungsfestes Kurvennetz auf $[\mathfrak{x}]$ sowie auf dem Drehriß $[\mathfrak{y}]$. Man kann also auf $[\mathfrak{x}]$ eine Kurvenschar u = const willkürlich vorgeben, mit der Einschränkung, daß die entsprechenden Kurven auf $[\bar{\mathfrak{x}}]$ nicht Schmieglinien sind und nicht von Schmieglinien berührt werden. Es gibt dann hierzu genau eine zweite Kurvenschar v = const, die mit der Kurvenschar u = const ein schränkungsfestes Kurvennetz bildet.

Zu demselben Ergebnis kommt man auch, wenn man auf $[\mathfrak{x}]$ von einem im wesentlichen beliebigen u,v-Netz ausgeht und dann durch die Substitution $U = U(u,v)$, $V = V(u,v)$ neue Parameter U, V einführt. Dabei transformieren sich die Gln. (15.21) in

$$(16.33)\quad \mathfrak{y}_U = \sigma' \mathfrak{x}_U + \rho' \mathfrak{x}_V, \qquad -\mathfrak{y}_V = \tau' \mathfrak{x}_U + \sigma' \mathfrak{x}_V$$

mit

$$\sigma' = \frac{1}{\Delta}\left[\rho U_v V_v + \sigma\left(U_u V_v + U_v V_u\right) + \tau U_u V_u\right],$$

$$(16.34)\quad \rho' = \frac{1}{\Delta}\left[\rho V_v^2 + 2\sigma V_u V_v + \tau V_u^2\right],$$

$$\tau' = \frac{1}{\Delta}\left[\rho U_v^2 + 2\sigma U_u U_v + \tau U_u^2\right].$$

Dabei ist

$$(16.35)\quad \Delta = U_u V_v - U_v V_u \neq 0 \text{ und } \rho'\tau' - \sigma'^2 = \rho\tau - \sigma^2 \neq 0.$$

Δ ist die Funktionaldeterminante der Parametersubstitution. Wenn also die neuen Parameterkurven

$$U = \text{const, also } U_u\, du^{(1)} + U_v\, dv^{(1)} = 0,$$

$$V = \text{const, also } V_u\, du^{(2)} + V_v\, dv^{(2)} = 0$$

der Differentialgleichung $\sigma' = 0$, d.h.

$$(16.36)\quad \rho\, du^{(1)} du^{(2)} - \sigma\left(du^{(1)} dv^{(2)} + du^{(2)} dv^{(1)}\right) + \tau\, dv^{(1)} dv^{(2)} = 0$$

genügen, bilden sie ein schränkungsfestes Kurvennetz. Dabei kann etwa die Schar U = const willkürlich gewählt werden, jedoch mit Ausschluß der durch die Differentialgleichung $\rho' = 0$ oder $\tau' = 0$, also

$$(16.37)\quad \rho\, du^2 - 2\sigma\, du\, dv + \tau\, dv^2 = 0$$

bestimmten Tangentenrichtungen. Dann ist wegen der Gln. (15.24) und (15.25) sichergestellt, daß $\overline{N}$ bzw. $\overline{\overline{N}}$ im U, V-Koordinatensystem nicht verschwindet, daß also die der vorgegebenen Kurvenschar U = const auf $[\mathfrak{x}]$ bzw. $[\mathfrak{y}]$ entsprechenden Kurven keine Schmieglinie berühren. Die Kurvenschar V = const ist hierauf durch die Differentialgleichung (16.36) eindeutig bestimmt und bildet zusammen mit der Kurvenschar U = const ein schränkungsfestes Kurvennetz.

Dem differenzengeometrischen Satz (16.20) ist folgender differentialgeometrischer Satz analog:

(16.38) Alle zu einem schränkungsfesten Kurvennetz, das keine Schmiegtangenten enthält, reziprok-parallelen Kurvennetze sind zueinander ähnlich. Diese schränkungsfesten Kurvennetze sind also nur bei einer einzigen infinitesimalen Verbiegung schränkungsfest.

B e w e i s : Nach Gl. (15.22) und der unmittelbar vorangehenden Gleichung gilt bei schränkungsfesten Kurvennetzen, also bei $\sigma = 0$,

$$\rho N = -\tau L, \text{ daher } \rho = \zeta\langle \mathfrak{x}_u, \mathfrak{x}_v, \mathfrak{x}_{uu}\rangle, \ \tau = -\zeta\langle \mathfrak{x}_u, \mathfrak{x}_v, \mathfrak{x}_{vv}\rangle$$

und

$$\rho_v \mathfrak{x}_v + \rho \mathfrak{x}_{vv} = -\tau_u \mathfrak{x}_u - \tau \mathfrak{x}_{uu}.$$

Durch skalare Multiplikation mit $\mathfrak{x}_u \times \mathfrak{x}_{uu}$ bzw. $\mathfrak{x}_v \times \mathfrak{x}_{vv}$ kommt

$$\frac{\partial}{\partial v} \ln \zeta = \frac{\zeta v}{\zeta} = \frac{P}{\langle \mathfrak{x}_u, \mathfrak{x}_v, \mathfrak{x}_{uu}\rangle}, \quad \frac{\partial}{\partial u} \ln \zeta = \frac{\zeta u}{\zeta} = \frac{Q}{\langle \mathfrak{x}_u, \mathfrak{x}_v, \mathfrak{x}_{vv}\rangle},$$

wobei zur Abkürzung

$$P = \langle \mathfrak{x}_u, \mathfrak{x}_{uu}, \mathfrak{x}_{vv}\rangle - \frac{\partial}{\partial v}\langle \mathfrak{x}_u, \mathfrak{x}_v, \mathfrak{x}_{uu}\rangle,$$

$$Q = \langle \mathfrak{x}_v, \mathfrak{x}_{uu}, \mathfrak{x}_{vv}\rangle - \frac{\partial}{\partial u}\langle \mathfrak{x}_u, \mathfrak{x}_v, \mathfrak{x}_{vv}\rangle$$

gesetzt ist. ζ und demnach auch ρ und τ sind also bis auf einen unwesentlichen konstanten Faktor bestimmt.

16.7. Spezialfälle. a. S c h r ä n k u n g s f e s t e k o n j u g i e r t e K u r v e n n e t z e u n d S c h m i e g l i n i e n n e t z e

Analog zu Gl. (16.21) gilt:

(16.39) Wenn ein konjugiertes Kurvennetz hinsichtlich einer infinitesimalen Flächenverbiegung schränkungsfest ist, dann ist das reziprok-parallele Kurvennetz ein Schmiegliniennetz.

B e w e i s: Aus den Gln. (16.28) folgt

$$\langle \mathfrak{y}_u, \mathfrak{y}_v, \mathfrak{y}_{uu}\rangle = \rho\tau^2\langle \mathfrak{x}_u, \mathfrak{x}_v, \mathfrak{x}_{uv}\rangle, \ -\langle \mathfrak{y}_u, \mathfrak{y}_v, \mathfrak{y}_{vv}\rangle = \rho\tau^2\langle \mathfrak{x}_u, \mathfrak{x}_v, \mathfrak{x}_{uv}\rangle.$$

Wegen $\langle \mathfrak{x}_u, \mathfrak{x}_v, \mathfrak{x}_{uv}\rangle = 0$ ist also $\langle \mathfrak{y}_u, \mathfrak{y}_v, \mathfrak{y}_{uu}\rangle = \langle \mathfrak{y}_u, \mathfrak{y}_v, \mathfrak{y}_{vv}\rangle = 0$, die Kurven $u = \text{const}$ und $v = \text{const}$ auf dem Drehriß $[\mathfrak{y}]$ sind also Schmieglinien.

Analog zu Satz (16.22) gilt:

(16.40) Ein Schmiegliniennetz ist bei allen infinitesimalen Verbiegungen seiner Trägerfläche schränkungsfest. Es existieren unendlich viele reziprok-parallele Kurvennetze und diese sind zueinander parallel-bezogene schränkungsfeste konjugierte Kurvennetze.

B e w e i s: Mit $L=N=0$ und $M\neq 0$ folgt aus Gl. (15.22) sofort $\sigma = 0$, das u,v-Kurvennetz ist also nach Satz (16.27) schränkungsfest. Aus $\langle \mathfrak{x}_u, \mathfrak{x}_v, \mathfrak{x}_{uu}\rangle = \langle \mathfrak{x}_u\ \mathfrak{x}_v\ \mathfrak{x}_{vv}\rangle = 0$ folgt $\langle \mathfrak{y}_u, \mathfrak{y}_u, \mathfrak{y}_{uv}\rangle = 0$, die reziprok-parallelen Kurvennetze sind also konjugierte Kurvennetze. Offenbar gilt die reziprok-parallele Beziehung für alle zu einem dieser konjugierten Kurvennetze parallel-bezogenen Netze (vgl. Ziff. 10.1).

Eine unmittelbare Folgerung der Sätze (16.39) und (16.40) ist folgende Aussage:

(16.41) Bei einer infinitesimalen Verbiegung einer Fläche $[\mathfrak{x}]$ gibt es höchstens ein schränkungsfestes konjugiertes Kurvennetz. Dieser Fall tritt ein, wenn der Drehriß $[\mathfrak{y}]$ eine Fläche negativen Krümmungsmaßes ist.

b. T s c h e b y s c h e f f s c h e S c h m i e g l i n i e n n e t z e und k o n j u g i e r t e g e o d ä t i s c h e K u r v e n n e t z e

Die in Ziff. 12.5 erörterte und am Ende von Ziff. 16.4 wieder erwähnte reziprok-parallele Zuordnung der P-Netze und V-Netze ist das differenzengeometrische Analogon zu einem entsprechenden Verhalten der Tschebyscheffschen Schmiegliniennetze (vgl. § 11) und der konjugierten geodätischen Kurvennetze (vgl. § 12), das seinen Niederschlag in folgendem Satz findet:

(16.42) Den konjugierten geodätischen Kurvennetzen entsprechen bei den Verbiegungen dieser Netze als reziprok-parallele Kurvennetze Tschebyscheffsche Schmiegliniennetze. Die Drehrisse sind also pseudosphärische Flächen.

B e w e i s : Vorgegeben sei eine Fläche $[\mathfrak{x}]$, auf der die Parameterkurven ein konjugiertes geodätisches Netz bilden. Dann stehen die Binormalen der Parameterkurven auf den Flächennormalen senkrecht, es ist also

$$(16.43)\qquad \left(\mathfrak{x}_u \times \mathfrak{x}_{uu}\right)\left(\mathfrak{x}_u \times \mathfrak{x}_v\right) = 0 \quad\text{und}\quad \left(\mathfrak{x}_v \times \mathfrak{x}_{vv}\right)\left(\mathfrak{x}_u \times \mathfrak{x}_v\right) = 0.$$

Aus den Gln. (16.28) erhält man

$$\mathfrak{x}_{uu} = -\left(\frac{1}{\tau}\right)_u \mathfrak{y}_v - \frac{1}{\tau}\mathfrak{y}_{uv}, \quad \mathfrak{x}_{vv} = \left(\frac{1}{\rho}\right)_v \mathfrak{y}_u + \frac{1}{\rho}\mathfrak{y}_{uv}.$$

Nach Einsetzen in die Gln. (16.43) ergibt sich hieraus

$$\left(\mathfrak{y}_v \times \mathfrak{y}_{uv}\right)\left(\mathfrak{y}_u \times \mathfrak{y}_v\right) = 0 \text{ und } \left(\mathfrak{y}_u \times \mathfrak{y}_{uv}\right)\left(\mathfrak{y}_u \times \mathfrak{y}_v\right) = 0.$$

Das Ausmultiplizieren liefert

$$\left(\mathfrak{y}_u\mathfrak{y}_v\right)\left(\mathfrak{y}_v\mathfrak{y}_{uv}\right) - \mathfrak{y}_v^2\left(\mathfrak{y}_u\mathfrak{y}_{uv}\right) = 0 \text{ und } \mathfrak{y}_u^2\left(\mathfrak{y}_v\mathfrak{y}_{uv}\right) - \left(\mathfrak{y}_u\mathfrak{y}_v\right)\left(\mathfrak{y}_u\mathfrak{y}_{uv}\right) = 0.$$

Wegen

$$\mathfrak{y}_u^2\,\mathfrak{y}_v^2 - \left(\mathfrak{y}_u\mathfrak{y}_v\right)^2 = \left(\mathfrak{y}_u \times \mathfrak{y}_v\right)^2 \neq 0$$

kommt

$$\mathfrak{y}_u \mathfrak{y}_{uv} = 0 \text{ und } \mathfrak{y}_v \mathfrak{y}_{uv} = 0, \text{ also } E_v = G_u = 0,$$

somit

$$E = U(u), \quad G = V(v);$$

das reziprok-parallele Netz auf dem Drehriß $[\mathfrak{y}]$ ist also in der Tat ein Tschebyscheffsches Kurvennetz.

Da die konjugierten geodätischen Kurvennetze eine 1-parametrige Menge von Verbiegungen zulassen, haben sie in jedem Stadium dieses kontinuierlichen Verbiegungsprozesses die Eigenschaften eines schränkungsfesten Netzes. Infolgedessen existiert eine 1-parametrige Menge reziprok-paralleler Schmiegliniennetze und jedes dieser Schmiegliniennetze ist bis auf eine Ähnlichkeitsdeformation bestimmt. Wenn wir aus den jeweils ähnlichen Schmiegliniennetzen jeweils dasjenige auswählen, dessen Trägerfläche ein festes konstantes negatives Krümmungsmaß (etwa $K = -1$) besitzt, ergibt sich folgender Satz:

(16.44) Der 1-parametrigen Menge von Verbiegungen eines konjugierten geodätischen Kurvennetzes entspricht durch reziprok-parallele Zuordnung eine 1-parametrige Menge von Tschebyscheff-Schmiegliniennetzen. Wenn man diese nur bis auf Ähnlichkeitsdeformationen festgelegten Netze so auswählt, daß die Trägerflächen dasselbe konstante negative Krümmungsmaß haben, gehen sie durch Liesche Transformationen gemäß Satz (11.33) auseinander hervor.

§ 17. Krümmungsfeste Kurvennetze bei einer infinitesimalen Flächenverbiegung

Bei gewissen infinitesimalen Verbiegungen einer Fläche $[\mathfrak{x}]$ gibt es ein sogenanntes k r ü m m u n g s f e s t e s K u r v e n n e t z. Diese Kurvennetze sind das differentialgeometrische Analogon der Vierecksnetze, welche infinitesimale Deformationen zulassen, bei denen die Vierkante des Netzes in der Ordnung $O(\eta)$ unverzerrt bleiben (e c k e n s t a r r w a k k e l i g e V i e r e c k s n e t z e) [16, 5].

17.1. Definition der eckenstarr wackeligen Vierecksnetze und der bei einer infinitesimalen Flächenverbiegung krümmungsfesten Kurvennetze. Sowohl bei den in § 16 behandelten f l ä c h e n s t a r r w a c k e l i g e n V i e r e c k s n e t z e n, bei denen die Vierecksmaschen in der Ordnung $O(\eta)$ unverzerrt bleiben, wie auch bei den jetzt zu erörternden e c k e n-

starr wackeligen Vierecksnetzen, bei denen die Vierkante sich in der Ordnung $O(\eta)$ nicht ändern, bleiben die Längen sowohl der Seiten als auch der Diagonalen der Vierecksmaschen in der Ordnung $O(\eta)$ erhalten. Wenn wir also die Vierecksnetze durch Hinzunahme der einen Diagonalenschar zu Dreiecksnetzen vervollständigen, handelt es sich in beiden Fällen um infinitesimale Verknickungen von Dreiecksnetzen. Während aber (-immer in der Ordnung $O(\eta)$-) bei den flächenstarr wackeligen Vierecksnetzen die Schränkungen und Verwerfungen der Querseitenfolgen fest bleiben, bewirkt bei den eckenstarr wackeligen Vierecksnetzen die Starrheit der Vierkante, daß die Winkel aufeinander folgender Seiten der Leitpolygone und infolgedessen auch die Krümmungen der Leitpolygone erhalten bleiben.

Aus diesem Grunde liegt es nahe, die eckenstarr wackeligen Vierecksnetze als heuristisches differenzengeometrisches Modell zu benützen für Kurvennetze, welche die Eigenschaft haben, daß die Krümmungen ihrer Kurven bei einer vorgegebenen infinitesimalen Verbiegung (15.12) der Trägerfläche sich in der Ordnung $O(\eta)$ nicht ändern. Solche Kurvennetze bezeichnen wir als *krümmungsfest* hinsichtlich der infinitesimalen Flächenverbiegung (15.12).

Die Existenz eckenstarr wackeliger Vierecksnetze und krümmungsfester Kurvennetze werden wir in Ziff. 17.3 und 17.5 beweisen.

17.2. Verlagerungsriß und Schraubriß eckenstarr wackeliger Vierecksnetze. In Fig. 17.1 ist ein Ausschnitt aus einem eckenstarr wackeligen Vierecksnetz $[\mathfrak{r}]$ angegeben. Es enthält das Vierkant mit dem Scheitel i und den weiteren Knotenpunkten 1,2,s,r sowie den Knotenpunkt l. Er bildet zusammen mit den Knotenpunkten i,r,s eine Vierecksmasche.

Während wir in Ziff. 16.3 für die Vierecksmaschen als starre Körper den Verlagerungsriß und Schraubriß aufstellten, haben wir jetzt die Vierkante als starre Körper zu betrachten. Infolgedessen ist hier jedem Knotenpunkt $\mathfrak{r}_i$ usw. als Scheitel eines Vierkants je ein Knotenpunkt $\bar{\mathfrak{r}}_i$, $\mathfrak{y}_i$, $\bar{\mathfrak{y}}_i$ im Verlagerungsriß und im Schraubriß (Drehriß und Verschiebungsriß) zugeordnet. Wie in Ziff. 16.3 setzen wir voraus, daß diese Risse nicht entarten, sondern ebenso wie $[\mathfrak{r}]$ Vierecksnetze bilden.

Die vier Netze $[\mathfrak{r}]$, $[\bar{\mathfrak{r}}]$, $[\mathfrak{y}]$, $[\bar{\mathfrak{y}}]$ sind knotenpunktweise aufeinander bezogen: Jedem Vierkant und jeder Vierecksmasche von $[\mathfrak{r}]$ ist in den drei anderen Netzen wieder ein Vierkant bzw. eine Vierecksmasche zugeordnet. Anstelle der Beziehungen (16.3) und (16.4) haben wir jetzt (vgl. Fig. 17.1)

(17.1) $$\left.\begin{aligned}\bar{\mathfrak{r}}_i &= \bar{\mathfrak{y}}_j + \mathfrak{y}_j \times \mathfrak{r}_i\\ \bar{\mathfrak{r}}_j &= \bar{\mathfrak{y}}_i + \mathfrak{y}_i \times \mathfrak{r}_j\end{aligned}\right\}$$ für festes i und j = i,1,2,s,r.

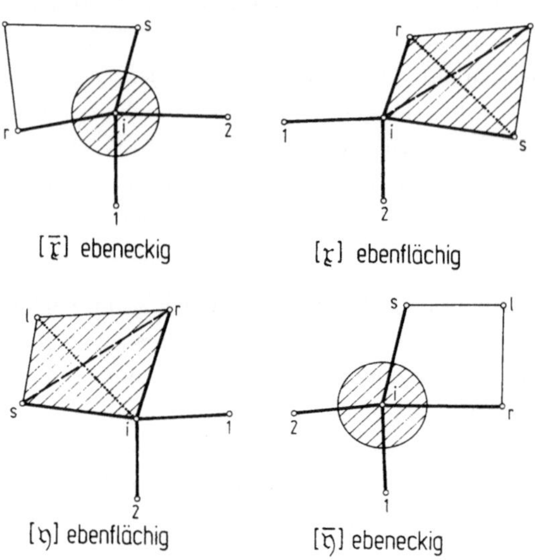

Fig. 17.1. Eckenstarr wackeliges Vierecksnetz mit Verlagerungsriß und Schraubriß

Hieraus folgt beispielsweise

(17.2) $\bar{\mathfrak{r}}_r - \bar{\mathfrak{r}}_i = \mathfrak{y}_i \times \left(\mathfrak{r}_r - \mathfrak{r}_i\right)$ und $\bar{\mathfrak{r}}_s - \bar{\mathfrak{r}}_r = \mathfrak{y}_i \times \left(\mathfrak{r}_s - \mathfrak{r}_r\right)$

also:

(17.3) Das eckenstarr wackelige Vierecksnetz [$\mathfrak{r}$] und der Verlagerungsriß [$\bar{\mathfrak{r}}$] sind orthogonal-bezogen. Das heißt: Einander entsprechende Vierecksseiten und einander entsprechende Vierecksdiagonalen sind zueinander senkrecht.

Ferner erhält man aus den Gln. (17.1) und den entsprechenden Gleichungen für s

$$\bar{\mathfrak{r}}_i = \bar{\mathfrak{y}}_i + \mathfrak{y}_i \times \mathfrak{r}_i, \quad \bar{\mathfrak{r}}_s = \bar{\mathfrak{y}}_i + \mathfrak{y}_i \times \bar{\mathfrak{r}}_s, \qquad \text{also } \bar{\mathfrak{r}}_i - \mathfrak{r}_s = \mathfrak{y}_i \times \left(\mathfrak{r}_i - \mathfrak{r}_s\right),$$

$$\bar{\mathfrak{r}}_i = \bar{\mathfrak{y}}_s + \mathfrak{y}_s \times \mathfrak{r}_i, \quad \bar{\mathfrak{r}}_s = \bar{\mathfrak{y}}_s + \mathfrak{y}_s \times \mathfrak{r}_s, \qquad \text{also } \bar{\mathfrak{r}}_i - \bar{\mathfrak{r}}_s = \mathfrak{y}_s \times \left(\mathfrak{r}_i - \mathfrak{r}_s\right).$$

Durch Subtraktion kommt

(17.4) $\left(\mathfrak{y}_i - \mathfrak{y}_s\right) \times \left(\mathfrak{r}_i - \mathfrak{r}_s\right) = 0$, ebenso $\left(\mathfrak{y}_i - \mathfrak{y}_r\right) \times \left(\mathfrak{r}_i - \mathfrak{r}_r\right) = 0.$

Auf dieselbe Weise ergibt sich

$$(17.5)\quad \begin{aligned} &\overline{\mathfrak{x}}_s = \overline{\mathfrak{y}}_1 + \left(\mathfrak{y}_1 \times \mathfrak{x}_s\right),\ \overline{\mathfrak{x}}_r = \overline{\mathfrak{y}}_1 + \left(\mathfrak{y}_1 \times \mathfrak{x}_r\right),\ \text{also } \overline{\mathfrak{x}}_s - \overline{\mathfrak{x}}_r = \mathfrak{y}_1 \times \left(\mathfrak{x}_s - \mathfrak{x}_r\right),\\ &\overline{\mathfrak{x}}_s = \overline{\mathfrak{y}}_i + \left(\mathfrak{y}_i \times \mathfrak{x}_s\right),\ \overline{\mathfrak{x}}_r = \overline{\mathfrak{y}}_i + \left(\mathfrak{y}_i - \mathfrak{x}_r\right),\ \text{also } \overline{\mathfrak{x}}_s - \overline{\mathfrak{x}}_r = \mathfrak{y}_i \times \left(\mathfrak{x}_s - \mathfrak{x}_r\right) \end{aligned}$$

und somit

$$(17.6)\quad \left(\mathfrak{y}_i - \mathfrak{y}_1\right) \times \left(\mathfrak{x}_s - \mathfrak{x}_r\right) = 0, \quad \text{ebenso } \left(\mathfrak{y}_s - \mathfrak{y}_r\right) \times \left(\mathfrak{x}_i - \mathfrak{x}_1\right) = 0.$$

Die Gln. (17.5) und (17.6) liefern folgende Aussage (Fig. 17.2):

(17.7) Bei der Beziehung der Vierecksnetze $[\mathfrak{x}]$ und $[\mathfrak{y}]$ sind entsprechende Seiten und einander nicht-entsprechende Diagonalen parallel. Wir bezeichnen diese Beziehung fortan als antiparallel.

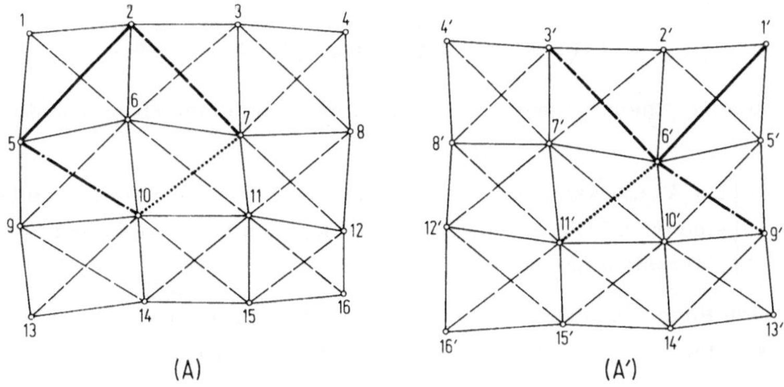

Fig. 17.2. Antiparallele Vierecksnetze

Ebenso wie die reziprok-parallele Beziehung (16.9) der flächenstarr wakkeligen Vierecksnetze ist auch die antiparallele Beziehung (17.7) der eckenstarr wackeligen Vierecksnetze wechselseitig, d.h. hinsichtlich $[\mathfrak{x}]$ und $[\mathfrak{y}]$ symmetrisch.

In Fig. 17.2 ist ein Ausschnitt aus antiparallelen Vierecksnetzen dargestellt. Den Diagonalen 5/2, 2/7 , 7/10 und 10/5 des Netzes (A), die ein Viereck bilden, sind im Netz (A') die jeweils parallelen Diagonalen 6'/1', 6'/3', 6'/11' und 6'/9' zugeordnet, die ein Vierkant erzeugen. Daraus folgt:

(17.8) Die Diagonalen zweier antiparalleler Vierecksnetze $[\mathfrak{x}]$ und $[\mathfrak{y}]$ bilden zwei parallel-reziproke, also flächenstarr wackelige Vierecksnetze.

Daß bei der Verknickung (17.1) eines eckenstarr wackeligen Vierecksnetzes $[\mathfrak{x}]$ das diagonale Netz als flächenstarr wackelig verknickt wird, folgt unmittelbar aus der Forderung der Eckenstarrheit von $[\mathfrak{x}]$;

denn wenn im Vierecksnetz (A) der Fig. 17.2 das Vierkant mit dem Scheitel 6 starr bleibt, dann bleibt auch das Viereck 2/7/10/5 starr.

Wir betrachten jetzt wieder Fig. 17.1. Bei Festhalten des Vierkants mit dem Scheitel $\mathfrak{r}_i$ kann man die infinitesimale Verlagerung des Knotenpunktes $\mathfrak{r}_l$ in doppelter Weise berechnen, nämlich einmal durch Drehung um die Achse $\mathfrak{r}_s - \mathfrak{r}_i$ mit dem Drehvektor $\eta(\mathfrak{y}_s - \mathfrak{y}_i)$ und das andere Mal durch Drehung um die Achse $\mathfrak{r}_r - \mathfrak{r}_i$ mit dem Drehvektor $\eta(\mathfrak{y}_r - \mathfrak{y}_i)$. Daraus folgt

$$(\mathfrak{y}_s - \mathfrak{y}_i) \times (\mathfrak{r}_l - \mathfrak{r}_s) = (\mathfrak{y}_r - \mathfrak{y}_i) \times (\mathfrak{r}_l - \mathfrak{r}_r).$$

Wegen der Gln. (17.4) ist dann auch

$$\sigma_1(\mathfrak{r}_s - \mathfrak{r}_i) \times (\mathfrak{r}_l - \mathfrak{r}_s) = \sigma_2(\mathfrak{r}_r - \mathfrak{r}_i) \times (\mathfrak{r}_l - \mathfrak{r}_r).$$

Die in den Klammern stehenden vier Vektoren sind einer Ebene parallel d.h.:

(17.9) | Die Vierecksmaschen antiparalleler Vierecksnetze $[\mathfrak{r}]$ und $[\mathfrak{y}]$ sind eben. Die eckenstarr wackeligen Vierecksnetze sind also stets ebenflächig.

Wir setzen fortan voraus, daß die Vierkante der eckenstarr wackeligen Vierecksnetze nicht eben sind, weil sich sonst uninteressante Entartungen ergeben.

Aus den Gln. (17.1) erhält man folgende zu den Sätzen (16.10), (16.14) über flächenstarr wackelige Vierecksnetze analogen Sätze:

(17.10) | Die Vierkante des Vierecksnetzes $[\overline{\mathfrak{r}}]$ sind eben, das Netz $[\overline{\mathfrak{r}}]$ ist ein ebeneckiges Vierecksnetz. Die Ebenen der Vierkante mit den Scheiteln $\overline{\mathfrak{r}}_i$ sind senkrecht zu den Vektoren $\mathfrak{y}_i$.

(17.11) | Ebenso wie die Vierecksnetze $[\mathfrak{r}]$ und $[\overline{\mathfrak{r}}]$ sind auch die Vierecksnetze $[\mathfrak{y}]$ und $[\overline{\mathfrak{y}}]$ orthogonal-bezogen.

(17.12) | Ebenso wie das Vierecksnetz $[\overline{\mathfrak{r}}]$ ist auch das Vierecksnetz $[\overline{\mathfrak{y}}]$ ebeneckig. Die Ebenen der Vierkante mit den Scheiteln $\overline{\mathfrak{y}}_i$ sind senkrecht zu den Vektoren $\mathfrak{r}_i$.

Aus der ersten Gl. (17.1) mit j = i, also

$$(17.13) \quad \overline{\mathfrak{y}}_i - \overline{\mathfrak{r}}_i = \mathfrak{r}_i \times \mathfrak{y}_i$$

folgt der zu Gl. (16.16) analoge Satz:

(17.14) Die Verbindungsgerade entsprechender Ecken i der Verecksnetze $[\bar{\mathfrak{y}}]$ und $[\bar{\mathfrak{r}}]$ ist senkrecht zu den Normalenvektoren $\mathfrak{r}_i$ und $\mathfrak{y}_i$ der Ebenen der Vierkante mit den Scheitenl $\bar{\mathfrak{y}}_i$ und $\bar{\mathfrak{r}}_i$, liegt also in den Ebenen der beiden Vierkante, d.h. sie ist die Schnittgerade der beiden Vierkantebenen.

Die vorangehenden Überlegungen zeigen, daß die Verecksnetzpaare $[\mathfrak{r}]$, $[\bar{\mathfrak{r}}]$ und $[\mathfrak{y}]$, $[\bar{\mathfrak{y}}]$ in ihrer Bedeutung vertauschbar sind, daß also folgender zu Satz (16.15) analoge Satz gilt:

(17.15) Wenn $\mathfrak{Y} = \{\mathfrak{y}, \bar{\mathfrak{y}}\}$ Schraubriß einer infinitesimalen Verknickung des eckenstarr wackeligen Verecksnetzes $[\mathfrak{r}]$ ist, dann ist auch das Verecksnetz $[\mathfrak{y}]$ eckenstarr wackelig und hat $\mathfrak{X} = \{\mathfrak{r}, \bar{\mathfrak{r}}\}$ als Schraubriß.

<u>17.3. Existenz eckenstarr wackeliger Verecksnetze.</u> Analog zu den Sätzen (16.17) und (16.18) gilt:

(17.16) Ein Verecksnetz ist dann und nur dann eckenstarr wackelig, wenn ein antiparalleles Verecksnetz existiert.

Daß die Existenz eines antiparallelen Verecksnetzes eine notwendige Bedingung ist, wurde schon in Ziff. 17.2 gezeigt. Daß die Bedingung auch hinreicht, ergibt sich wie beim Beweis des Satzes (16.18) durch eine kinematische Überlegung: Da die Vektoren $\eta(\mathfrak{y}_s - \mathfrak{y}_i)$, $\eta(\mathfrak{y}_l - \mathfrak{y}_s)$, $\eta(\mathfrak{y}_r - \mathfrak{y}_l)$ und $\eta(\mathfrak{y}_i - \mathfrak{y}_r)$ die infinitesimalen Relativverdrehungen der Vierkante mit den Scheiteln $\mathfrak{r}_i$, $\mathfrak{r}_s$, $\mathfrak{r}_l$, $\mathfrak{r}_r$ liefern, folgt aus dem Zusammenschluß dieser vier Vektoren zu einem Viereck im Drehriß $[\mathfrak{y}]$, daß diese Drehungen eine infinitesimale Verlagerung der vier Vierkante herbeiführen, ohne daß ein Zerreißen der Verecksmasche mit den Ecken $\mathfrak{r}_i$, $\mathfrak{r}_s$, $\mathfrak{r}_l$, $\mathfrak{r}_r$ eintritt.

Den zu Satz (16.19) analogen E x i s t e n z s a t z der eckenstarr wackeligen Verecksnetze könnte man durch eine Konstruktion anti-paralleler Verecksnetze unmittelbar beweisen. Wir verzichten hierauf, weil wir später (vgl. Ziff. 19.2) feststellen werden, daß die zu ebenflächigen flächenstarr wackeligen Verecksnetzen korrelativen (=dual projektiven) Verecksnetze eckenstarr wackelig sind. Die Existenz ebenflächiger flächenstarr wackeliger Verecksnetze läßt sich aber nach den Sätzen (16.21) und (16.22) leicht durch die Konstruktion reziprok-paralleler Netze zu ebeneckigen Verecksnetzen beweisen. Die Konstruktion dieser Netze haben wir bereits in Ziff. 10.3 (vgl. Fig. 10.6) behandelt.

17.4. Verlagerungsriß und Schraubriß eines bei einer infinitesimalen Flächenverbiegung krümmungsfesten Kurvennetzes. Das Parameterkurvennetz soll für eine infinitesimale Flächenverbiegung (15.12) krümmungsfest sein und soll keine Schmiegtangente enthalten. Dann ist durchwegs $L \neq 0$ und $N \neq 0$. Für die Krümmung der Kurven u = const hat man nach Gl. (2.12)

$$k^2_{u=\text{const}} = \frac{\mathfrak{x}_v^2\,\mathfrak{x}_{vv}^2 - \left(\mathfrak{x}_v\mathfrak{x}_{vv}\right)^2}{\left|\mathfrak{x}_v\right|^6} = \frac{\mathfrak{x}_{vv}^2}{G^2} - \frac{1}{4}\,\frac{G_v^2}{G^3}\,.$$

Die Forderung der Krümmungsfestigkeit der Kurven u = const ist also äquivalent mit der Forderung

$$\mathfrak{x}^{*2}_{vv} = \left(\mathfrak{x}_{vv} + \eta\,\overline{\mathfrak{x}}_{vv}\right)^2 = \mathfrak{x}_{vv}^2 + 2\eta\,\mathfrak{x}_{vv}\overline{\mathfrak{x}}_{vv} + \eta^2\overline{\mathfrak{x}}_{vv}^2 = \mathfrak{x}_{vv}^2 + o\left(\eta^2\right),$$

also mit der Bedingung

$$0 = \mathfrak{x}_{vv}\overline{\mathfrak{x}}_{vv} = \mathfrak{x}_{vv}\left(\mathfrak{y}\times\mathfrak{x}_{vv} + \mathfrak{y}_v\times\mathfrak{x}_v\right) = \langle\mathfrak{x}_{vv},\mathfrak{y}_v,\mathfrak{x}_v\rangle = -\tau\langle\mathfrak{x}_u,\mathfrak{x}_v,\mathfrak{x}_{vv}\rangle$$
$$= -\tau N\sqrt{EG-F^2}\,.$$

Hieraus und aus derselben Rechnung für die Krümmung der Kurven v=const folgt:

(17.17) | Die krümmungsfesten u,v-Kurvennetze sind durch $\rho = \tau = 0$ gekennzeichnet.

Die Gln. (15.21) spezialisieren sich zu

$$(17.18)\qquad \begin{aligned} \mathfrak{y}_u &= \sigma\,\mathfrak{x}_u, & \mathfrak{x}_u &= \frac{1}{\sigma}\,\mathfrak{y}_u, \\ -\mathfrak{y}_v &= \sigma\,\mathfrak{x}_v, & \mathfrak{x}_v &= -\frac{1}{\sigma}\,\mathfrak{y}_v \end{aligned} \qquad \text{mit } \sigma \neq 0.$$

Für das Netz der Diagonalkurven U=u+v=const und V=u-v=const ergibt sich

$$\mathfrak{y}_U + \mathfrak{y}_V = \sigma\left(\mathfrak{x}_U + \mathfrak{x}_V\right),\quad \mathfrak{y}_U - \mathfrak{y}_V = -\sigma\left(\mathfrak{x}_V - \mathfrak{x}_V\right),$$

also

$$(17.19)\qquad \mathfrak{y}_U = \sigma\,\mathfrak{x}_V,\quad \mathfrak{y}_V = \sigma\,\mathfrak{x}_U.$$

Die Gln. (17.18) sind das differenzengeometrische Analogon der Gln. (17.4) und (17.6) für die eckenstarr wackeligen Vierecksnetze. Sie begründen eine *antiparallele Beziehung der krümmungsfesten Kurvennetze* $[\mathfrak{x}]$ zu den ihnen entsprechenden Netzen auf dem Drehriß $[\mathfrak{y}]$, die der in Satz (17.7) angegebenen antipa-

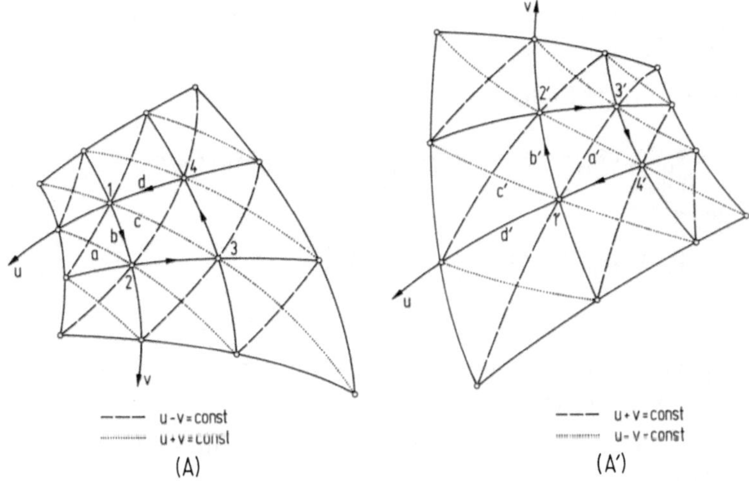

Fig. 17.3. Antiparallele Kurvennetze

rallelen Beziehung bei den eckenstarr wackeligen Vierecksnetzen analog ist (Fig. 17.3):

(17.20) In einem krümmungsfesten Kurvennetz [𝔵] und dem ihm entsprechenden Kurvennetz des Drehrisses [𝔶] sind in entsprechenden Punkten die Tangenten der Netzkurven u = const und v = const den Tangenten der Netzkurven u = const und v = const und außerdem die Tangenten der Diagonalkurven $u \pm v$ = const den Tangenten der Diagonalkurven $u \mp v$ = const der jeweils anderen Schar parallel. Wir nennen diese Beziehung der beiden Kurvennetze antiparallele Beziehung.

Ebenso wie die reziprok-parallele Beziehung ist auch die antiparallele Beziehung wechselseitig. Wenn also das u,v-Kurvennetz auf [𝔵] krümmungsfest ist, gilt dasselbe für das entsprechende Kurvennetz auf [𝔶].

Die Gln. (17.19) liefern die zu Satz (17.8) analoge Aussage:

(17.21) Die Diagonalkurven $u \pm v$ = const zweier antiparalleler Kurvennetze auf [𝔵] und [𝔶] bilden reziprok-parallele, also schränkungsfeste Kurvennetze.

Bei den Transformationen der Kurvenschar u = const, v = const zweier antiparalleler Kurvennetze in sich mittels der Substitutionen

$$u^* = f(u), \quad v^* = g(v)$$

ist in den Gln. (17.18) lediglich u,v durch u^*, v^* und in den Gln. (17.19) lediglich U,V durch $U^* = f(u) + g(v)$, $V^* = f(u) - g(v)$ zu ersetzen. Man erhält dadurch zu einem Paar antiparalleler Kurvennetze auf [𝔵] und [𝔶] unendlich viele Paare reziprok-paralleler, also schränkungsfester Kurvennetze auf $[\mathfrak{x}]$ und $[\mathfrak{y}]$.

Aus den Gln. (17.18) folgt

$$\langle \mathfrak{y}_u, \mathfrak{y}_v, \mathfrak{y}_{uv} \rangle = \sigma^3 \langle \mathfrak{r}_u, \mathfrak{r}_v, \mathfrak{r}_{uv} \rangle = -\sigma^3 \langle \mathfrak{x}_u, \mathfrak{x}_v, \mathfrak{x}_{uv} \rangle,$$

also wegen $\sigma \neq 0$

$$\langle \mathfrak{x}_u, \mathfrak{x}_v, \mathfrak{x}_{uv} \rangle = \langle \mathfrak{y}_u, \mathfrak{y}_v, \mathfrak{y}_{uv} \rangle = 0.$$

Damit ist der zu Satz (17.9) analoge Satz bewiesen:

(17.22) Antiparallele, also krümmungsfeste Kurvennetze sind konjugierte Kurvennetze.

Aus den Gln. (15.25) und (15.26) ergibt sich mit $\rho = \tau = 0$ und $\sigma \neq 0$ die zu Satz (17.10) und (17.12) analoge Aussage:

(17.23) Den krümmungsfesten Kurvennetzen auf $[\mathfrak{x}]$ und $[\mathfrak{y}]$ entsprechen auf $[\bar{\mathfrak{x}}]$ und $[\bar{\mathfrak{y}}]$ die Schmieglinienetze und umgekehrt.

Außerdem haben die vorangehenden Untersuchungen gezeigt, daß ebenso wie bei den schränkungsfesten Kurvennetzen auch bei den krümmungsfesten Kurvennetzen die Bedeutung der Flächenpaare $\mathfrak{Y} = \{\mathfrak{y}, \bar{\mathfrak{y}}\}$ und $\mathfrak{X} = \{\mathfrak{x}, \bar{\mathfrak{x}}\}$ vertauschbar ist.

<u>17.5. Existenz krümmungsfester Kurvennetze.</u> Durch Satz (17.23) ist die Frage nach der Existenz krümmungsfester Kurvennetze bereits beantwortet:

(17.24) Bei einer infinitesimalen Verbiegung einer Fläche $[\mathfrak{x}]$ existiert dann und nur dann ein und zwar ein einziges krümmungsfestes Kurvennetz, wenn das Krümmungsmaß der Flächen $[\bar{\mathfrak{x}}]$ und $[\bar{\mathfrak{y}}]$ negativ ist. Das krümmungsfeste Kurvennetz ist in diesen Fällen das Bild der Schmieglinienetze der Flächen $[\bar{\mathfrak{x}}]$ und $[\bar{\mathfrak{y}}]$.

Man kann die krümmungsfesten Kurvennetze auch unmittelbar aus den eine infinitesimale Verbiegung definierenden Gln. (15.21)

$$\mathfrak{y}_u = \sigma \mathfrak{x}_u + \rho \mathfrak{x}_v, \qquad -\mathfrak{y}_v = \tau \mathfrak{x}_u + \sigma \mathfrak{x}_v$$

erhalten. Dabei ergeben sich für das etwa vorhandene krümmungsfeste Kurvennetz $U(u,v) = \text{const}$, $V(u,v) = \text{const}$ aus den Gln. (16.34) mit $\rho' = \tau' = 0$ die Bedingungen

$$\rho U_v^2 + 2\sigma U_u U_v + \tau U_u^2 = 0, \quad \rho V_v^2 + 2\sigma V_u V_v + \tau V_u^2 = 0.$$

Die beiden Kurvenscharen eines krümmungsfesten Kurvennetzes sind also die Integralkurven der Differentialgleichung (16.37)

$$\rho\, du^2 - 2\sigma\, du\, dv + \tau\, dv^2 = 0.$$

In Ziff. 16.6 hatten wir festgestellt, daß die Tangenten dieser Integralkurven als Tangenten in einem schränkungsfesten Kurvennetz verboten sind. Hier sehen wir, daß $\rho\tau - \sigma^2 < 0$ für die Existenz eines krümmungsfesten Kurvennetzes eine notwendige und hinreichende Bedingung ist. Die linke Seite der Gl. (16.36) ist die Bilinearform der linken Seite der Gl. (16.37). Infolgedessen bilden in jedem Punkt der Fläche $[\mathfrak{x}]$ oder $[\mathfrak{y}]$ die Tangentenpaare der schränkungsfesten Kurvennetze für $\rho\tau - \sigma^2 \lessgtr 0$ eine hyperbolische bzw. elliptische Involution. Die Doppelelemente dieser Involution sind die Tangenten der reellen bzw. "imaginären krümmungsfesten Kurvennetze".

Nach Gl. (16.35) ist $\rho\tau - \sigma^2$ parameterinvariant. Daher ist die Bedingung $\rho\tau - \sigma^2 < 0$ auf Grund der Gln. (15.30) gleichbedeutend mit

$$(17.25) \qquad \frac{\partial y_1}{\partial x}\frac{\partial y_2}{\partial y} - \frac{\partial y_1}{\partial y}\frac{\partial y_2}{\partial x} < 0$$

Daraus folgt:

(17.26) Ein krümmungsfestes Kurvennetz existiert dann und nur dann, wenn die Abbildung der Fläche $[\mathfrak{x}]$ auf den Drehriß $[\mathfrak{y}]$ gegensinnig ist, d.h. wenn der Umlaufsinn der Ränder einfach zusammenhängender endlicher Bereiche umgekehrt wird (vgl. Fig. 17.3).

17.6. Beispiel. Als Beispiel nehmen wir die infinitesimale Verbiegung einer Drehfläche

$$\mathfrak{x} = \left(u \cos v,\ u \sin v,\ z(u)\right)$$

in eine Drehfläche (vgl. Ziff. 13.4, Schlußabsatz). Als Drehriß ergibt sich

$$\mathfrak{y} = \left(\frac{1}{z'} \sin v,\ -\frac{1}{z'} \cos v,\ v\right) \text{ mit } ' := \frac{d}{du}.$$

Eine einfache Rechnung liefert

$$\rho = \frac{z''}{uz'^2}, \quad \sigma = 0, \quad \tau = -\frac{1}{z'}, \text{ also } \rho\tau - \sigma^2 = -\frac{z''}{uz'^3}.$$

Wegen $\sigma = 0$ bilden die Parallelkreise und Profilkurven ein schränkungsfestes Kurvennetz; aus § 12 wissen wir bereits, daß dieses Kurvennetz bei einer 1-parametrigen Menge von Verbiegungen der Drehfläche in Drehflächen konjugiert, also schränkungsfest bleibt.

Für die krümmungsfesten Kurven hat man nach Gl. (16.37)

$$z'' \, du^2 - uz' \, dv^2 = 0,$$

also

$$\frac{dv}{du} = \pm \sqrt{\frac{z''}{uz'}} .$$

Hiernach existiert ein relles krümmungsfestes Kurvennetz für $\frac{z''}{z'} > 0$, also bei Drehflächen positiven Krümmungsmaßes.

§ 18. Projektive Abbildungen

Die Theorie der infinitesimalen Flächenverbiegung hängt, wie wir gesehen haben, mit dem Studium gewisser parallel bezogener Kurvennetze (reziprok-paralleler und antiparalleler) Kurvennetze bzw. Vierecksnetze zusammen. Daraus folgt, daß es sich hierbei um Fragen der *affinen Geometrie* handelt [4]. Wir werden aber sehen, daß diese Probleme sich sogar dem weiteren Rahmen der *projektiven Geometrie* einordnen lassen, daß nämlich die Verknüpfung zwischen der Fläche $[\mathfrak{x}]$ und dem Schraubriß $\mathfrak{Y} = \{\mathfrak{y}, \bar{\mathfrak{y}}\}$ einer gewissen infinitesimalen Verbiegung gegen projektive Abbildungen invariant ist [5]. Deshalb stellen wir hier als Hilfsmittel für die folgenden Untersuchungen die benötigten Grundbegriffe der projektiven Geometrie für den hiermit weniger vertrauten Leser zusammen.

18.1. Projektive Punkt- und Ebenenkoordinaten. Wir gehen von den rechtwinkligen Cartesischen Koordinaten x,y,z (-mit gleichen Maßstäben auf den Koordinatenachsen-) des *Euklidischen Raums* mittels

$$(18.1) \qquad x = \frac{x_1}{x_4}, \quad y = \frac{x_2}{x_4}, \quad z = \frac{x_3}{x_4}$$

zu *homogenen Punktkoordinaten* $\rho x_1, \rho x_2, \rho x_3, \rho x_4$ mit dem beliebigen nicht verschwindenden Proportionalitätsfaktor ρ über. Für die Punkte des Euklidischen Raums ist $x_4 \neq 0$. Bekanntlich erweitert man den Euklidischen Raum durch Hinzufügen uneigentlicher Punkte mit $x_4 = 0$ zum *projektiven Raum* und verlangt lediglich, daß nicht alle vier Koordinaten x_i verschwinden.

Nach Einführung der projektiven Punktkoordinaten lautet die Ebenengleichung

$$(18.2) \qquad w_1 x_1 + w_2 x_2 + w_3 x_3 + w_4 x_4 = 0.$$

Die $\sigma w_1, \sigma w_2, \sigma w_3, \sigma w_4$ mit dem wieder beliebigen nicht verschwindenden Proportionalitätsfaktor σ sind dann *homogene Ebenenkoor-*

d i n a t e n. Man verlangt, daß nicht alle vier Koordinaten w_i verschwinden. Jedes Quadrupel σw_i definiert dann genau eine Ebene. Durch $w_4 = 0$ sind die Ebenen durch den Nullpunkt gekennzeichnet. $w_1 = w_2 = w_3 = 0, w_4 \neq 0$ liefert die uneigentliche Ebene $x_4 = 0$. Gl. (18.2) ist die Gleichung einer Ebene w, wenn man die x_i als Veränderliche betrachtet, oder aber die Gleichung eines Punktes x, wenn man die w_i als Veränderliche nimmt.

Wir fassen fortan die vier homogenen Koordinaten ρx_i bzw. σw_i im Symbol x bzw. w zusammen und sprechen kurz vom Punkt x bzw. von der Ebene w.

18.2. Projektive Linienkoordinaten und singuläre Sechservektoren. Eine Gerade g kann festgelegt werden a) durch zwei Punkte x,x' oder b) durch zwei Ebenen w, w' (Fig. 18.1). Hierbei sind auch uneigentliche Punkte und die uneigentliche Ebene zugelassen. Zwei uneigentliche Punkte x,x' definieren eine u n e i g e n t l i c h e G e r a d e.

In beiden Fällen a) und b) definiert man L i n i e n k o o r d i n a t e n für die Geraden g:

a) Die in der Matrix

$$\begin{pmatrix} x_1 & x_2 & x_3 & x_4 \\ x_1' & x_2' & x_3' & x_4' \end{pmatrix}$$

enthaltenen 2-reihigen Determinanten definieren homogene Linienkoordinaten

$$(18.3) \quad \begin{aligned} &\rho p_1 = x_1'x_4 - x_1x_4', \; \rho p_2 = x_2'x_4 - x_2x_4', \; \rho p_3 = x_3'x_4 - x_3x_4', \\ &\rho p_4 = x_2x_3' - x_2'x_3, \; \rho p_5 = x_3x_1' - x_3'x_1, \; \rho p_6 = x_1x_2' - x_1'x_2. \end{aligned}$$

b) Die in der Matrix

$$\begin{pmatrix} w_1 & w_2 & w_3 & w_4 \\ w_1' & w_2' & w_3' & w_4' \end{pmatrix}$$

enthaltenen 2-reihigen Determinanten definieren ebenfalls homogene Linienkoordinaten

$$(18.4) \quad \begin{aligned} &\rho p_1 = w_2w_3' - w_2'w_3, \; \rho p_2 = w_3w_1' - w_3'w_1, \; \rho p_3 = w_1w_2' - w_1'w_2, \\ &\rho p_4 = w_1'w_4 - w_1w_4', \; \rho p_5 = w_2'w_4 - w_2w_4', \; \rho p_6 = w_3'w_4 - w_3w_4'. \end{aligned}$$

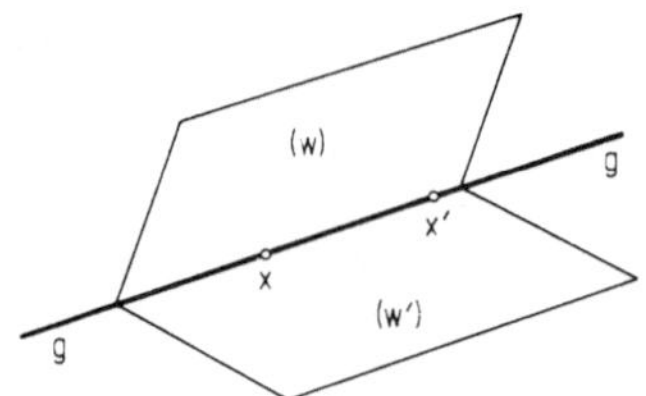

Fig. 18.1. Festlegung einer Geraden

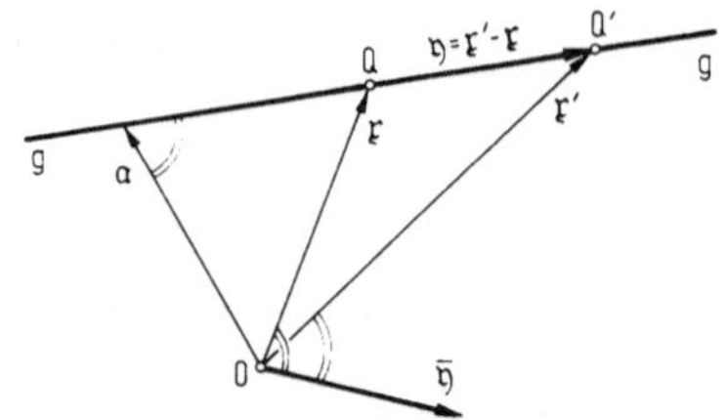

Fig. 18.2. Linienkoordinaten und Sechservektor einer Geraden g

In der Liniengeometrie wird gezeigt, daß beide Definitionen (18.3) und (18.4) miteinander übereinstimmen.

Die uneigentlichen Geraden $\left(x_4 = x_4' = 0\right)$ sind durch

(18.5) $\quad p_1 = p_2 = p_3 = 0,$

die Geraden durch den Nullpunkt $\left(w_4 = w_4' = 0\right)$ sind durch

(18.6) $\quad p_4 = p_5 = p_6 = 0$

gekennzeichnet.

Man bestätigt leicht, daß die Linienkoordinaten ungeändert bleiben, wenn man die zunächst gewähten Punkte x,x' einer Geraden g durch irgend welche Punkte y,y' der Geraden g ersetzt; denn aus $y_i = \alpha x_i + \beta x'_i$, $y'_k = \alpha' x_k + \beta' x_k'$ mit $d = \alpha\beta' - \alpha'\beta \neq 0$ folgt

$$y_i y_k' - y_i' y_k = d \cdot \left(x_i x_k' - x_i' x_k\right).$$

Ebenso überzeugt man sich, daß die Linienkoordinaten sich nicht ändern, wenn man anstelle der zunächst gewähten w,w' durch eine Gerade g irgend welche Ebenen v,v' durch g treten läßt.

Ferner bestätigt man leicht, daß die Linienkoordinaten der Identität

(18.7) $\quad p_1p_4 + p_2p_5 + p_3p_6 = 0$

genügen.

Sind x und x' sowie w und w' eigentliche Punkte bzw. Ebenen, dann setzen wir

$$\mathfrak{r} = (x,y,z),\ \mathfrak{r}' = (x',y',z'),\ \mathfrak{w} = \left(w_1, w_2, w_3\right),\ \mathfrak{w}' = \left(w_1', w_2', w_3'\right).$$

$\mathfrak{w}$ und $\mathfrak{w}'$ sind Normalenvektoren der Ebenen w und w'. Die Gln. (18.3) und

(18.4) können wir dann, bei geeigneter Normierung der Proportionalitätsfaktoren, ersetzen durch

$$(18.8)\quad \begin{aligned}(p_1,p_2,p_3) &= \mathfrak{x}' - \mathfrak{x} = \mathfrak{w}\times\mathfrak{w}',\\ (p_4,p_5,p_6) &= \mathfrak{x}\times\mathfrak{x}' = \mathfrak{w}' - \mathfrak{w}.\end{aligned}$$

Mit

$$\mathfrak{y} = \mathfrak{x}' - \mathfrak{x},\ \overline{\mathfrak{y}} = \mathfrak{x}\times\mathfrak{x}' = \mathfrak{x}\times(\mathfrak{x}' - \mathfrak{x}) = \mathfrak{x}\times\mathfrak{y}$$

fassen wir die sechs Linienkoordinaten p_i zum singulären Sechservektor

$$(18.9)\quad \mathfrak{Y} = \{\mathfrak{y},\overline{\mathfrak{y}}\} \quad \text{mit} \quad \mathfrak{Y}\mathfrak{Y} = 2\mathfrak{y}\overline{\mathfrak{y}} = 0$$

wie in Ziff. 15.1 und Ziff. 4.1 zusammen und stellen fest, daß die Identität (18.7) in die Pläckersche Identität (4.5) bzw. (15.10) übergeht (Fig. 18.2). Für $\mathfrak{x}$ oder $\mathfrak{x}'$ kann man insbesondere den zu g senkrechten Vektor $\mathfrak{a} = \frac{\mathfrak{y}\times\overline{\mathfrak{y}}}{\mathfrak{y}\overline{\mathfrak{y}}}$ nehmen; vgl. Gl. (15.7). Fig. 18.2 ist bis auf die Bezeichnungen eine Wiederholung der Fig. 4.2.

Wir verallgemeinern den Begriff des singulären Sechservektors jetzt dadurch, daß wir im Ansatz

$$(18.10)\quad \begin{aligned}&\rho\mathfrak{P} = \rho(p_1,p_2,p_3,p_4,p_5,p_6) = \rho\{\mathfrak{p},\overline{\mathfrak{p}}\}\\ &\text{mit } \mathfrak{p} = (p_1,p_2,p_3),\ \overline{\mathfrak{p}} = (p_4,p_5,p_6)\end{aligned}$$

auch uneigentliche Elemente zulassen. Die uneigentlichen Geraden sind durch $\mathfrak{p} = 0$, $\overline{\mathfrak{p}} \neq 0$, also

$$(18.11)\quad \rho\mathfrak{P} = \rho\{0,\overline{\mathfrak{p}}\} \quad \text{mit } 0 = \text{Nullvektor}$$

gekennzeichnet. $\rho\mathfrak{P}$ liefert im projektiven Raum die Schnittgerade der uneigentlichen Ebene mit dem zum Vektor $\overline{\mathfrak{p}}$ senkrechten Parallelebenbüschel. Die Definition (4.6) des Skalarprodukts

$$\mathfrak{P}\mathfrak{Q} = \mathfrak{p}\overline{\mathfrak{q}} + \overline{\mathfrak{p}}\mathfrak{q} = p_1q_4 + p_2q_5 + p_3q_6 + p_4q_1 + p_5q_2 + p_6q_3$$

soll fortan auch für Sechservektoren gelten, die uneigentliche Gerade darstellen.

<u>18.3. Geradenbüschel, Geradenbündel, Geradenfeld.</u> Zwei linear unabhängige singuläre Sechservektoren $\mathfrak{P}$, $\mathfrak{Q}$ stellen dann und nur dann zwei sich schneidende Gerade dar, wenn das Skalarprodukt verschwindet, also für

$$(18.12)\quad \mathfrak{P}\mathfrak{Q} = 0.$$

In Gl. (4.8) haben wir diesen Satz schon für eigentliche Gerade aufgestellt. Daß er allgemein, also auch mit Einschluß uneigentlicher Geraden gilt, sieht man folgendermaßen:

Sind x und x' bzw. y und y' zwei Punkte der gegebenen Geraden, dann ist

$$D = \begin{vmatrix} x_1 & x_2 & x_3 & x_4 \\ x'_1 & x'_2 & x'_3 & x'_4 \\ y_1 & y_2 & y_3 & y_4 \\ y'_1 & y'_2 & y'_3 & y'_4 \end{vmatrix} = 0$$

für das Schneiden der beiden Geraden im projektiven Raum notwendig und hinreichend. Durch Entwicklung der Determinante D nach den zweireihigen Unterdeterminanten der beiden ersten und der beiden letzten Zeilen erhält man sofort die Schnittbedingung (18.12).

Die Geraden des durch $\mathfrak{P}$ und $\mathfrak{Q}$ bestimmten Geradenbüschels sind durch die singulären Sechservektoren

$$\lambda \mathfrak{P} + \mu \mathfrak{Q} \quad \text{bei Ausschluß von } \lambda = \mu = 0$$

gegeben. Für alle Werte von λ und μ gilt

$$(\lambda \mathfrak{P} + \mu \mathfrak{Q})(\lambda \mathfrak{P} + \mu \mathfrak{Q}) = \lambda^2 \mathfrak{P}\mathfrak{P} + 2\lambda\mu\, \mathfrak{P}\mathfrak{Q} + \mu^2 \mathfrak{Q}\mathfrak{Q} = 0.$$

Drei linear unabhängige Sechservektoren $\mathfrak{P}$, $\mathfrak{Q}$, $\mathfrak{R}$ von denen je zwei die Schnittbedingung ($\mathfrak{Q}\mathfrak{R} = \mathfrak{R}\mathfrak{P} = \mathfrak{P}\mathfrak{Q} = 0$), erfüllen gehören entweder einem Geradenbündel (=2-parametrige Menge der Geraden durch einen festen Punkt) oder einem Geradenfeld (=2-parametrige Menge der Geraden einer Ebene) an. Die Geraden des Geradenbündels bzw. des Geradenfeldes sind gegeben durch

$$\lambda \mathfrak{P} + \mu \mathfrak{Q} + \nu \mathfrak{R} \quad \text{bei Ausschluß von} \quad \lambda = \mu = \nu = 0.$$

Für alle Werte von λ, μ und ν gilt

$$(\lambda \mathfrak{P} + \mu \mathfrak{Q} + \nu \mathfrak{R})(\lambda \mathfrak{P} + \mu \mathfrak{Q} + \nu \mathfrak{R}) = 0.$$

Im Folgenden werden wir folgenden Satz benötigen:

(18.13) Wenn vier paarweise windschiefe Geraden $\mathfrak{P}^{I}$, $\mathfrak{P}^{II}$, $\mathfrak{P}^{III}$, $\mathfrak{P}^{IV}$ linear abhängig sind, also eine Beziehung

$$\lambda_1 \mathfrak{P}^{I} + \lambda_2 \mathfrak{P}^{II} + \lambda_3 \mathfrak{P}^{III} + \lambda_4 \mathfrak{P}^{IV} = 0$$

mit nicht verschwindenden Koeffizienten λ_i erfüllen, dann befinden sie sich in hyperboloidischer Lage, d.h. sie gehören einer der beiden Erzeugendenscharen einer Quadrik (=einschaliges Hyperboloid oder hyperbolisches Paraboloid) an.

Beweis: Jede Gerade $\mathfrak{Q}$, die drei oder vier gegebenen Geraden, etwa $\mathfrak{P}^{I}$, $\mathfrak{P}^{II}$, $\mathfrak{P}^{III}$ schneidet, schneidet auch die vierte Gerade; denn aus $\mathfrak{P}^{I}\mathfrak{Q} =$

$\mathfrak{P}^{II}\mathfrak{Q} = \mathfrak{P}^{III}\mathfrak{Q} = 0$ folgt notwendig auch $\mathfrak{P}^{IV}\mathfrak{Q} = 0$. Infolgedessen bilden die Geraden $\mathfrak{Q}$ eine Erzeugendenschar einer Quadrik und die vier gegebenen Geraden $\mathfrak{P}^{I}, \mathfrak{P}^{II}, \mathfrak{P}^{III}, \mathfrak{P}^{IV}$ sind Gerade der anderen Erzeugendenschar dieser Quadrik.

18.4. Darstellung projektiver Abbildungen in Punkt- und Ebenenkoordinaten. Die projektiven Abbildungen sind entweder a) Kollineationen (kollineare Abbildungen) oder b) Korrelationen (korrelative oder dualprojektive Abbildungen). Es entsprechen sich umkehrbar eindeutig

bei a) Punkt ⇔ Punkt, Ebene ⇔ Ebene, Gerade ⇔ Gerade;
bei b) Punkt ⇔ Ebene, Ebene ⇔ Punkt, Gerade ⇔ Gerade.

Bei a) und b) bleibt die vereinigte Lage von Punkten, Ebenen und Geraden erhalten.

Die Kollineationen a) und Korrelationen b) sind in homogenen Punkt- und Ebenenkoordinaten gegeben durch

$$\left.\begin{aligned} &(18.14\text{a})\quad \tilde{x}_i = \sum_{k=1}^{4} \alpha_{ik} x_k \\ &(18.14\text{b})\quad \tilde{w}_i = \sum_{k=1}^{4} \beta_{ik} x_k \end{aligned}\right\} \text{mit } i=1,2,3,4 \text{ und } \det \alpha_{ik} \neq 0,\ \det \beta_{ik} \neq 0.$$

In beiden Fällen kann man, da die vereinigte Lage von Punkten und Ebenen erhalten bleibt,

$$\sum_{k=1}^{4} w_k x_k = \sum_{i=1}^{4} \tilde{w}_i \tilde{x}_i$$

vorschreiben. Durch Einsetzen der Gln. (18.14a) bzw. (18.14b) ergibt sich

$$\sum_{k=1}^{4} w_k x_k = \begin{cases} \displaystyle\sum_{i=1}^{4} \Big(\sum_{k=1}^{4} \tilde{w}_i \alpha_{ik} x_k \Big) & \text{bei a)}, \\[2ex] \displaystyle\sum_{i=1}^{4} \Big(\sum_{k=1}^{4} \beta_{ik} x_k \tilde{x}_i \Big) & \text{bei b)}. \end{cases}$$

Durch Identifizieren der Koeffizienten von x_k auf beiden dieser Gleichungen erhält man die den Gln. (18.14a,b) äquivalenten Darstellungen

$$\left.\begin{aligned}(18.14a^*)\quad w_k &= \sum_{i=1}^{4} \alpha_{ik}\tilde{w}_i \\ (18.14b^*)\quad w_k &= \sum_{i=1}^{4} \beta_{ik}\tilde{x}_i\end{aligned}\right\} \text{mit } k = 1,2,3,4$$

der Kollineationen und Korrelationen.

S p e z i a l f ä l l e :

a) A f f i n e A b b i l d u n g e n. In den Gln. (18.14a) und (18.14a*) ist $\alpha_{41} = \alpha_{42} = \alpha_{43} = 0$. Die uneigentliche Ebene wird in sich abgebildet. Der Parallelismus von Geraden und Ebenen bleibt erhalten.

b) P o l a r a b b i l d u n g e n. In den Gln. (18.14b) und (18.14b*) ist

$$\beta_{ik} = \begin{cases} 0 & \text{für } i \neq k, \\ 1 & \text{für } i = k. \end{cases}$$

Man hat also

$$(18.15)\quad \tilde{w}_i = x_i, \quad w_i = \tilde{x}_i$$

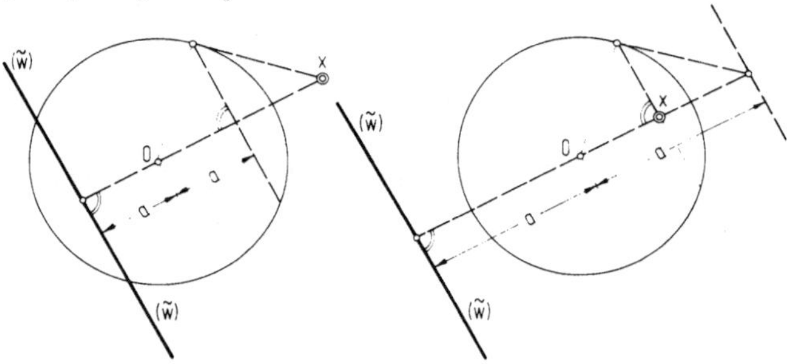

Fig. 18.3. Polarabbildung

Jedem Punkt x (bzw. $\tilde{x}$) wird die Ebene $\tilde{w}$ (bzw. w) zugeordnet, die aus der Polarebene des Punktes x (bzw. $\tilde{x}$) hinsichtlich der Einheitskugel um O durch Spiegelung an O hervorgeht (Fig. 18.3). Die Zeichenebene in Fig. 18.3 ist senkrecht zur Ebene w, also parallel zur Geraden Ox.

<u>18.5. Darstellung projektiver Abbildungen in Linienkoordinaten.</u> Wir stellen jetzt die projektiven Abbildungen (18.14a) und (18.14b) in L i n i e n k o o r d i n a t e n dar. Zu diesem Zweck ersetzen wir in den rechten Seiten von

$$\tilde{p}_1 = \tilde{x}_1'\tilde{x}_4 - \tilde{x}_1\tilde{x}_4' \quad \text{bzw.} \quad \tilde{p}_1 = \tilde{w}_2\tilde{w}_3' - \tilde{w}_2'\tilde{w}_3 \text{ usf.} \quad (\tilde{\rho} = 1 \text{ gesetzt})$$

die $\tilde{x}_i$, $\tilde{x}_k'$ bzw. $\tilde{w}_i$, $\tilde{w}_k'$ mittels der Gln. (18.14a) bzw. (18.14b). Dabei erhalten wir Linearformen der $p_1, \ldots, p_6$, also

(18.16) $\tilde{p}_i = \gamma_{i1} p_1 + \dots + \gamma_{i6} p_6 \quad (i = 1,\dots,6)$ mit $\gamma = \det \gamma_{ik} \neq 0$.

Die Koeffizientendeterminante γ verschwindet nicht, weil bei den durch die Gln. (18.14a) bzw. (18.14b) definierten projektiven Abbildungen die Geraden umkehrbar eindeutig transformiert werden.
Die 6 × 6 Koeffizienten γ_{ik} sind nicht unabhängig voneinander, sondern durch die 4 × 4 Koeffizienten α_{ik} bzw. β_{ik} bestimmt und zwar nach folgendem Bildungsgesetz:

a) bei Kollineationen:

$$\begin{array}{ll} \gamma_{11} = \alpha_{11}\alpha_{44} - \alpha_{14}\alpha_{41}, \dots, & \gamma_{41} = \alpha_{31}\alpha_{24} - \alpha_{34}\alpha_{21}, \dots, \\ \gamma_{12} = \text{-------------}, & \gamma_{42} = \text{-------------}, \\ \gamma_{13} = \text{-------------}, & \gamma_{43} = \text{-------------}, \\ \gamma_{14} = \alpha_{13}\alpha_{42} - \alpha_{12}\alpha_{43}, \dots, & \gamma_{44} = \alpha_{22}\alpha_{33} - \alpha_{23}\alpha_{32}, \dots, \\ \gamma_{15} = \text{-------------}, & \gamma_{45} = \text{-------------}, \\ \gamma_{16} = \text{-------------}, & \gamma_{46} = \text{-------------}. \end{array} \tag{18.17a}$$

b) bei Korrelationen:

$$\begin{array}{ll} \gamma_{11} = \beta_{31}\beta_{24} - \beta_{34}\beta_{21}, \dots, & \gamma_{41} = \beta_{11}\beta_{44} - \beta_{14}\beta_{41}, \dots, \\ \gamma_{12} = \text{-------------}, & \gamma_{42} = \text{-------------}, \\ \gamma_{13} = \text{-------------}, & \gamma_{43} = \text{-------------}, \\ \gamma_{14} = \beta_{22}\beta_{33} - \beta_{23}\beta_{32}, \dots, & \gamma_{44} = \beta_{13}\beta_{42} - \beta_{12}\beta_{43}, \dots, \\ \gamma_{15} = \text{-------------}, & \gamma_{45} = \text{-------------}, \\ \gamma_{16} = \text{-------------}, & \gamma_{46} = \text{-------------}. \end{array} \tag{18.17b}$$

Die durch Punkte angedeuteten Ausdrücke ergeben sich aus den links vorangehenden, indem man in den α_{ik} und β_{ik} die ersten Zeiger 1,2,3 zyklisch vertauscht. Die durch Striche angedeuteten Ausdrücke ergeben sich aus den oben vorangehenden, indem man die zweiten Zeiger 1,2,3 zyklisch vertauscht. Der Zeiger 4 bleibt jeweils ungeändert.

Spezialfälle:

a) Affine Abbildungen. Wegen $\alpha_{41} = \alpha_{42} = \alpha_{43} = 0$ ist

$$\gamma_{i4} = \gamma_{i5} = \gamma_{i6} = 0 \quad \text{für } i = 1,2,3,$$

die $\tilde{p}_1, \tilde{p}_2, \tilde{p}_3$ sind also Linearformen der p_1, p_2, p_3 allein. Eigentliche Gerade werden umkehrbar eindeutig in eigentliche Gerade abgebildet.

b) Polarabbildungen. Aus den Gln. (18.15) folgt

$$\tilde{p}_1 = p_4,\ \tilde{p}_2 = p_5,\ \tilde{p}_3 = p_6 \text{ und } \tilde{p}_4 = p_1,\ \tilde{p}_5 = p_2,\ \tilde{p}_6 = p_3\,,$$

also in Vektorschreibweise

(18.18) $\tilde{\mathfrak{p}} = \overline{\mathfrak{p}},\quad \tilde{\overline{\mathfrak{p}}} = \mathfrak{p},\quad$ somit $\tilde{\mathfrak{P}} = \{\overline{\mathfrak{p}}, \mathfrak{p}\}$.

Die Polarabbildung vertauscht hiernach lediglich $\mathfrak{p}$ und $\overline{\mathfrak{p}}$, und wegen

$$\mathfrak{p}\,\tilde{\mathfrak{p}} = \mathfrak{p}\,\overline{\mathfrak{p}} = 0$$

sind Gerade, die sich bei der Polarabbildung entsprechen, zueinander senkrecht.

18.6. Projektive Abbildungen beliebiger Sechservektoren. Bisher handelte es sich nur um projektive Abbildungen von Punkten, Ebenen und Geraden und demzufolge nur um singuläre Sechservektoren. Wir erweitern jetzt die Betrachtungen wie in Ziff. 15.1 auf beliebige, also auch nichtsinguläre Sechservektoren, d.h. beliebige Sextupel $p_1, \ldots, p_6$ bzw. Vektorpaare $\mathfrak{p}, \overline{\mathfrak{p}}$, die nicht an die Bedingung (18.7) bzw. $\mathfrak{p}\,\overline{\mathfrak{p}} = 0$ gebunden sind. Solche Zahlensextupel bzw. Vektorpaare sollen dann Sechservektoren heißen, wenn sie bei projektiven Abbildungen des Raumes nach den Formeln (18.17a,b) wie die singulären Sechservektoren transformiert werden. Dann gilt für singuläre und nichtsinguläre Sechservektoren

(18.19) $\tilde{\mathfrak{P}}\tilde{\mathfrak{P}} = k\,\mathfrak{P}\mathfrak{P}$ und $\tilde{\mathfrak{P}}\tilde{\mathfrak{Q}} = k\,\mathfrak{P}\mathfrak{Q}$ mit $k \gtrless 0$.

Der Faktor k ist eine von $\mathfrak{P}$ und $\mathfrak{Q}$ unabhängige, nicht verschwindende Konstante.

Fallunterscheidung

Je nach dem Vorzeichen der Koeffizientendeterminante γ der Transformationsgleichungen (18.16) und dem Vorzeichen der Konstanten k in der Bedingung (18.19) ergeben sich vier Möglichkeiten:

a) α) $k > 0,\ \gamma > 0$; β) $k < 0,\ \gamma < 0$;

b) α) $k > 0,\ \gamma < 0$; β) $k < 0,\ \gamma > 0$.

Dabei gilt, wie in der Liniengeometrie gezeigt wird [5]:

(18.20) | Die Abbildungen a) sind Kollineationen, die Abbildungen b) Korrelationen. Die Abbildungen a) α) lassen sich durch stetige Änderung der Koeffizienten γ_{ik} in die Identität $\tilde{\mathfrak{P}} = \mathfrak{P}$, die Abbildungen b) α) lassen sich durch stetige Änderung der Koeffizienten γ_{ik} in die Polarabbildung $\tilde{\mathfrak{P}} = \{\bar{\mathfrak{p}}, \mathfrak{p}\}$ überführen. Die Abbildungen β) ergeben sich aus den Abbildungen α) durch Spiegelung.

In Ziff. 15.1 und 15.2 haben wir Sechservektoren in der *Kinematik* und *Statik* eingeführt. Die in der Geometrie verwendeten singulären Sechservektoren haben als Komponenten die homogenen Linienkoordinaten und sind daher nur bis auf einen beliebigen Faktor $\rho \neq 0$ bestimmt. Bei den in der Kinematik bzw. Statik verwendeten Sechservektoren tritt ein solcher beliebiger Faktor $\mathfrak{p}$ nicht auf: Die Sechservektoren $\mathfrak{P} = \{\mathfrak{p}, \bar{\mathfrak{p}}\}$ werden hier als *Bewegungsschrauben* bzw. *Kraftschrauben* interpretiert (vgl. Ziff. 15.2). Bei singulären Sechservektoren reduzieren sich, wie wir gesehen haben, die Bewegungsschrauben auf reine Drehungen oder reine Parallelverschiebungen, die Kraftschrauben reduzieren sich auf Einzelkräfte oder auf Kräftepaare.

Wenn wir die Bewegungsschrauben bzw. Kraftschrauben als Sechservektoren in dem jetzt präzisierten Sinne auffassen, d.h. wenn wir sie den projektiven Abbildungen nach den Gln. (18.16) und (18.17a,b) unterziehen, dann sprechen wir von *kinematischen* bzw. *statischen projektiven Abbildungen*. Nach dem Vorangehenden gilt für diese Abbildungen:

(18.21) Bei den kinematischen bzw. statischen projektiven Abbildungen werden die Drehachsen reiner Drehungen bzw. die Wirkungslinien von Einzelkräften projektiv transformiert. Dabei sind die Parallelverschiebungen als Drehungen mit uneigentlicher Drehachse gemäß Gl. (18.11) und die Kräftepaare als Einzelkräfte mit uneigentlicher Wirkungslinie mit einzubeziehen.

Die Bedeutung der kinematischen bzw. statischen projektiven Abbildungen beruht darin, daß die Gleichgewichtsbedingungen (15.11) wegen der Linearität der Abbildungsgleichungen erhalten bleiben:

(18.22) Ein System von Bewegungsschrauben bzw. Kraftschrauben, das sich im Gleichgewicht befindet, geht bei einer kinematischen bzw. statischen projektiven Abbildung wieder in ein Gleichgewichtssystem über.

Bei Kollineationen gehen Drehachsen bzw. Wirkungslinien, die einem Geradenbündel oder Geradenfeld angehören, wieder in Drehachsen bzw. Wirkungslinien in einem Geradenbündel oder Geradenfeld über. Bei Korrelationen dagegen entspricht einem Geradenbündel ein Geradenfeld und umgekehrt. Bei affinen Abbildungen als Spezialfall der Kollineationen gehen Drehungen mit eigentlicher Drehachse bzw. Einzelkräfte mit eigentlicher Wirkungslinie und ebenso reine Verschiebungen bzw. Kräftepaare wieder in ebensolche Gebilde über.

18.7. Anwendung auf Fachwerke. Unter einem Fachwerk versteht man Gefüge von Stäben, die als gewichtslose Strecken idealisiert und in Knotenpunkten ohne Widerstandskräfte gegeneinander verdrehbar sind, sofern der Zusammenhang des gesamten Fachwerks dies gestattet. Man unterscheidet:

a) geometrisch unbestimmte Fachwerke, die als Ganzes nicht starr sind (z.B. das Fachwerk der 12 Kanten eines Würfels),

b) geometrisch bestimmte Fachwerke, die als Ganzes starr sind, aber nach Wegnahme eines beliebigen Stabes geometrisch unbestimmt werden (z.B. Fachwerk der 12 Kanten eines Oktaeders),

c) geometrisch überbestimmte Fachwerke, bei denen mindestens 1 Stab weggenommen werden kann, ohne daß sie unbestimmt werden (z.B. Fachwerk der 12 Kanten und dazu noch einer Diagonale eines Oktaeders).

Unter den geometrisch bestimmten Fachwerken gibt es noch gewisse Ausnahmefachwerke, die wir als wackelige Fachwerke bezeichnen wollen. Sie sind zwar gegenüber endlichen Verknikkungen starr, lassen aber infinitesimale Verknickungen zu. Das heißt: Bei geeigneten kleinen Verlagerungen der Knotenpunkte

$$\mathfrak{r}_i^* = \mathfrak{r}_i + \eta \overline{\mathfrak{r}}_i \quad \text{mit } \eta = \text{const}$$

ändern sich die Stablängen l_{ik} beim Grenzprozeß $\eta \to 0$ in der Größenordnung $0(\eta^2)$, also

$$l_{ik}^* = l_{ik} + 0(\eta^2).$$

Ein Beispiel bilden die flächenstarr wackeligen, aber nicht endlich verknickbaren Vierecksnetze (vgl. § 16), wenn man die Vierecksmaschen durch Inzunahme der Diagonalen zu Tetraedern ergänzt.

Obwohl die wackeligen Fachwerke durch eine metrische Forderung gekennzeichnet sind, gilt folgender von H. Liebmann gefundene projektivgeometrische Satz:

(18.23) | Die zu einem wackeligen Fachwerk kollinearen Fachwerke sind wieder wackelig.

Beweis: Wenn ein wackeliges Fachwerk einer infinitesimalen Verknickung unterworfen wird, erfährt jeder Stab a bzw. b eine infinitesimale

Schraubung $\mathfrak{D}_a$ bzw. $\mathfrak{D}_b$. Diese Schraubungen sind offenbar nur bis auf beliebige Drehungen um den Stab als Drehachse festgelegt. Die Relativbewegung zweier Stäbe a, b mit dem gemeinsamen Knotenpunkt Q (Fig. 18.4) ist dann die Differenz $\mathfrak{P} = \mathfrak{D}_a - \mathfrak{D}_b$. Das Fachwerk ist dann und nur dann

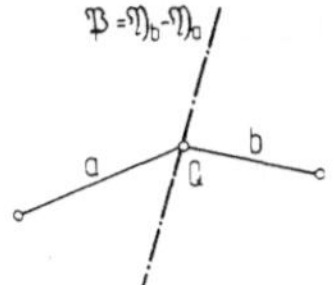

Fig. 18.4. Relativbewegung zweier Stäbe eines wackeligen Fachwerks

wackelig, wenn jede solche Bewegungsschraube sich auf eine Drehung mit einer Drehachse durch den betreffenden Knotenpunkt Q reduziert. Diese Forderungen bleiben bei den kinematischen projektiven Abbildungen erhalten, womit Satz (18.23) bewiesen ist.

Auch geometrisch unbestimmte, bestimmte und überbestimmte Fachwerke behalten bei Kollineationen ihren Charakter. Auf die Darlegung analoger Betrachtungen in der Statik der Fachwerke sei verzichtet.

§ 19. Infinitesimale Verbiegung zueinander projektiver Flächen

Die in Ziff. 18.6 behandelten kinematischen projektiven Abbildungen wenden wir jetzt auf die infinitesimalen Verbiegungen der Flächen an. Die Untersuchungen werden differenzengeometrisch vorbereitet durch analoge heuristische Betrachtungen über kinematische projektive Abbildungen der flächenstarr bzw. eckenstarr wackeligen Vierecksnetze [5, 18, 19].

19.1. Kollineationen flächenstarr wackeliger und eckenstarr wackeliger Vierecksnetze. Bei einem f l ä c h e n s t a r r wackeligen V i e r e c k s n e t z erfährt jede (-ebene oder nicht ebene-) Viereckmasche, z.B. die Masche (I) des Netzes [$\mathfrak{x}$] in Fig. 16.1, eine durch den Schraubriß $\mathfrak{D}_I = \{\mathfrak{y}_I, \bar{\mathfrak{y}}_I\}$ bestimmte infinitesimale Bewegung. Die Relativbewegung zweier Vierecksmaschen mit gemeinsamer Seite, z.B. der Maschen (I) und (IV) mit der gemeinsamen Seit i1 oder der Maschen (I) und (II) mit der gemeinsamen Seite i2, muß eine Drehung um die betreffende Seite sein. Es ist also

$$(19.1) \qquad \mathfrak{D}_{IV} - \mathfrak{D}_I = \rho_{i1}\,\mathfrak{P}_{i1}, \quad \mathfrak{D}_{II} - \mathfrak{D}_I = \tau_{i2}\,\mathfrak{Q}_{i2},$$

wobei $\mathfrak{P}_{i1}$ und $\mathfrak{Q}_{i2}$ singuläre Sechservektoren der Linienkoordinaten der Geraden i1 bzw. i2 sind.

Bei einem eckenstarr wackeligen Vierecksnetz erfährt jedes Vierkant, z.B. das Vierkant mit dem Scheitel i im Netz $[\mathfrak{r}]$ der Fig. 17.1 eine durch den Schraubriß $\mathfrak{D}_i = \{\mathfrak{y}_i, \bar{\mathfrak{y}}_i\}$ bestimmte infinitesimale Bewegung. Die Relativbewegung zweier Vierkante mit gemeinsamer Seite, z.B. die Vierkante mit den Scheiteln i und s bzw. mit den Scheiteln i und r, muß eine Drehung um die Seite is bzw. ir sein. Es ist also

$$(19.2) \qquad \mathfrak{D}_s - \mathfrak{D}_i = \sigma_{is}\,\mathfrak{P}_{is}, \quad \mathfrak{D}_r - \mathfrak{D}_i = \sigma_{ir}\,\mathfrak{Q}_{ir},$$

wobei $\mathfrak{P}_{is}$ und $\mathfrak{Q}_{ir}$ wieder singuläre Sechservektoren der betreffenden Geraden ir bzw. is sind.

Die Bedingungen (19.1) und (19.2) sowie die Gleichgewichtsbedingungen (15.11) sind invariant gegenüber den in Ziff 18.6 behandelten kinematischen kollinearen Abbildungen. Daraus folgt:

(19.3) Die zu einem flächenstarr bzw. eckenstarr wackeligen Vierecksnetz kollinearen Vierecksnetze sind wieder flächenstarr bzw. eckenstarr wackelig.

Die Sechservektoren $\mathfrak{D}$ der Schraubrisse und die singulären Sechservektoren $\mathfrak{P}$ oder $\mathfrak{Q}$ der Linienkoordinaten der Geraden, in denen die Seiten der Vierecksmaschen liegen, werden durch dieselbe Lineartransformation (18.16) (-verbunden mit den Gln. (18.17a) -) abgebildet.

In den §§ 16, 17 haben wir als Kriterium für flächenstarr bzw. eckenstarr wackelige Vierecksnetze die Existenz reziprok-paralleler bzw. antiparalleler Vierecksnetze erkannt. Diese Kriterien sind offensichtlich affin-invariant. Daß sie auch projektiv-invariant sind, ist nicht evident. Man kann sie durch Kriterien ersetzen, deren projektiv-invarianter Charakter unmittelbar ersichtlich ist. Wir beschränken uns darauf, dies für den Fall flächenstarr wackeliger Vierecksnetze mit nicht ebenen Vierecksmaschen zu zeigen:

(19.4) Ein Vierecksnetz mit nicht ebenen Vierecksmaschen ist dann und nur dann flächenstarr wackelig, wenn für jedes nicht am Rand liegende Viereck die Eckenspuren p,q,r,s (vgl. Fig. 16.2) hyperboloidische Lage haben.

B e w e i s: Die Relativbewegungen der vier in Fig. 16.2 schraffierten Vierecke gegeneinander sind Drehungen $\mathfrak{p}^{I}$, $\mathfrak{p}^{II}$, $\mathfrak{p}^{III}$, $\mathfrak{p}^{IV}$ mit den Eckenspuren p,q,r,s als Drehachsen; denn die gegenseitige Verdrehung der Vierecke (1,5,13,12) und (2,6,16,7) in Fig. 16.2 kann sowohl aus Drehungen um die Seiten 5 und 6 wie auch aus Drehungen um die Seiten 1 und 2 zusammengesetzt werden, ihre Achse muß also sowohl in der Ebene (5,6) wie auch in der Ebene (1,2) liegen, d.h. sie muß mit der Eckenspur p zusammenfallen. Die Bedingung für das kinematische Gleichgewicht der vier Drehungen um die Eckenspuren, nämlich

$$(19.5) \qquad \mathfrak{P}^{I} + \mathfrak{P}^{II} + \mathfrak{P}^{III} + \mathfrak{P}^{IV} = 0$$

ist nach Satz (18.13) äquivalent mit der Forderung, daß die vier Eckenspuren sich in hyperboloidischer Lage befinden. Falls die vier Eckenspuren nicht durchwegs paarweise windschief sind, entartet die hyperboloidische Lage.

Ohne Beweis sei folgender Satz hinzugefügt:

(19.6) Ein Vierecksnetz mit ebenen Vierecksmaschen ist dann und nur dann flächenstarr wackelig, wenn für jedes nicht am Rand liegende Viereck die vier Eckenspuren und die beiden Diagonalen einer Kurve zweiter Klasse angehören.

19.2. Korrelationen zwischen ebenflächigen flächenstarr wackeligen und eckenstarr wackeligen Vierecksnetzen. Eine Korrelation transformiert ein ebenflächiges Vierecksnetz wiederum in ein ebenflächiges Vierecksnetz; die ebenen Vierecke (vier Gerade in einer Ebene) gehen dabei in Vierkante (vier Gerade eines Bündels) über und umgekehrt. Die Bedingungen (19.1) und (19.2) für das kinematische Gleichgewicht für die flächenstarr bzw. eckenstarr wackeligen Vierecke sind nicht nur in Bezug auf Kollineationen, sondern auch in Bezug auf Korrelationen invariant. Wir müssen uns dabei allerdings auf ebenflächige flächenstarr wackelige Vierecksnetze beschränken; die eckenstarr wackeligen Vierecksnetze sind ohnehin stets ebenflächig.

Die den ebenen Vierecksmaschen der flächenstarr wackeligen Vierecksnetze zugeordneten Schraubriß-Sechservektoren $\mathfrak{N}$ gehen in Schraubriß-Sechservektoren $\tilde{\mathfrak{N}}$ der Vierkante des korrelativ entsprechenden Netzes über und umgekehrt. Infolgedessen transformiert sich die Bedingung (19.1) der flächenstarren bzw. (19.2) der eckenstarren Wackeligkeit in die Bedingung der eckenstarren bzw. flächenstarren Wackeligkeit. Daraus folgt:

(19.7) Die zu einem ebenflächigen flächenstarr wackeligen bzw. zu einem eckenstarr wackeligen Vierecksnetz korrelativen Vierecksnetze sind eckenstarr bzw. flächenstarr wackelig.

Auch hier werden wie beim Satz (19.3) die Sechservektoren der Schraubrisse und die singulären Sechservektoren $\mathfrak{P}, \mathfrak{Q}$ der Linienkoordinaten der

Geraden, in denen die Seiten der Vierecksmaschen liegen, durch dieselbe Lineartransformation (18.16) (-hier verbunden mit den Gln. (18.17b) -) abgebildet. Im Spezialfall der Polarabbildung (18.18) geht der Schraubriß $\mathfrak{Y} = \{\mathfrak{y}, \bar{\mathfrak{y}}\}$ in $\tilde{\mathfrak{Y}} = \{\bar{\mathfrak{y}}, \mathfrak{y}\}$ über, d.h.: Der Drehriß und der Verschiebungsriß vertauschen ihre Rollen.

19.3. Transformationssatz für infinitesimale Verbiegungen projektiver Flächen. Die infinitesimale Verbiegung einer Fläche $[\mathfrak{x}]$ ist nach Ziff. 15.3 durch den Drehriß $[\mathfrak{y}]$ bis auf Parallelverschiebungen bestimmt; denn nach den Gln. (15.18) ist durch $[\mathfrak{x}]$ und $[\mathfrak{y}]$ der Verlagerungsriß $[\bar{\mathfrak{x}}]$ bis auf einen konstanten additiven Vektor festgelegt. Damit ist dann nach Gl. (15.2) auch der Verschiebungsriß $[\bar{\mathfrak{y}}]$ und sonach der Schraubriß $\mathfrak{Y} = \{\mathfrak{y}, \bar{\mathfrak{y}}\}$ bestimmt.

Wir stellen nun die infinitesimalen Verbiegungen einer Fläche $[\mathfrak{x}]$ in der Schreibweise von Sechservektoren dar, nämlich durch die singulären Sechservektoren $\mathfrak{P}$ und $\mathfrak{Q}$ der Linienkoordinaten der Tangenten des u,v-Kurvennetzes der Fläche $[\mathfrak{x}]$ und durch den Schraubriß-Sechservektor $\mathfrak{Y}$. Wir setzen also

(19.8) $$\mathfrak{P} = \left\{\mathfrak{x}_u, \mathfrak{x} \times \mathfrak{x}_u\right\}, \quad \mathfrak{Q} = \left\{\mathfrak{x}_v, \mathfrak{x} \times \mathfrak{x}_v\right\}$$

für die Tangenten der Kurven v = const und u = const. Die Gln. (15.21)

$$\mathfrak{y}_u = \sigma \mathfrak{x}_u + \rho \mathfrak{x}_v, \qquad -\mathfrak{y}_v = \tau \mathfrak{x}_u + \sigma \mathfrak{x}_v$$

und die Gln. (15.18)

(19.9) $$\begin{aligned} \bar{\mathfrak{y}}_u &= \mathfrak{x} \times \mathfrak{y}_u = \sigma\left(\mathfrak{x} \times \mathfrak{x}_u\right) + \rho\left(\mathfrak{x} \times \mathfrak{x}_v\right), \\ \bar{\mathfrak{y}}_v &= \mathfrak{x} \times \mathfrak{y}_v = -\tau\left(\mathfrak{x} \times \mathfrak{x}_u\right) - \sigma\left(\mathfrak{x} \times \mathfrak{x}_v\right) \end{aligned}$$

fassen wir zusammen in

(19.10) $$\mathfrak{Y}_u = \sigma \mathfrak{P} + \rho \mathfrak{Q}, \qquad -\mathfrak{Y}_v = \tau \mathfrak{P} + \sigma \mathfrak{Q}.$$

Hieraus folgt dann als Integrierbarkeitsbedingung

(19.11) $$\frac{\partial}{\partial v}(\sigma \mathfrak{P} + \rho \mathfrak{Q}) + \frac{\partial}{\partial u}(\tau \mathfrak{P} + \sigma \mathfrak{Q}) = 0.$$

Nach diesen Vorbemerkungen formulieren wir jetzt folgenden Transformationssatz:

> Vorgegeben sei eine Fläche $[\mathfrak{x}]$ durch die singulären Sechservektoren $\mathfrak{P}$, $\mathfrak{Q}$ der Linienkoordinaten der Tangenten des u,v-Kurvennetzes und eine infinitesimale Verbiegung dieser Fläche durch den Schraubriß $\mathfrak{Y} = \{\mathfrak{y}, \bar{\mathfrak{y}}\}$. Für jede zu $[\mathfrak{x}]$ projektive (-kollineare

(19.12) oder korrelative-) Fläche $[\tilde{\mathfrak{x}}]$ ergibt sich hieraus folgendermaßen eine infinitesimale Verbiegung: Den Schraubriß $\tilde{\mathfrak{Y}} = \{\tilde{\mathfrak{y}}, \bar{\tilde{\mathfrak{y}}}\}$ dieser Verbiegung erhält man dadurch, daß man $\mathfrak{Y}$ derselben Lineartransformation (18.16) mit (18.17a bzw. b) unterzieht wie $\mathfrak{P}$ und $\mathfrak{Q}$. Auf diese Weise liefern die infinitesimalen Verbiegungen der vorgegebenen Fläche $[\mathfrak{x}]$ alle infinitesimalen Verbiegungen sämtlicher zu $[\mathfrak{x}]$ projektiven Flächen. Die Schraubrisse $\tilde{\mathfrak{Y}}$ ergeben sich ohne Quadraturen, lediglich für die Ermittlung der Verlagerungsrisse $\bar{\tilde{\mathfrak{x}}} = \int \tilde{\mathfrak{y}} \times d\tilde{\mathfrak{x}}$ sind Quadraturen erforderlich.

Als Spezialfall ist in diesem Transformationssatz folgende Aussage enthalten:

(19.13) Bei der Polarabbildung (18.18) einer Fläche $[\mathfrak{x}]$ in eine Fläche $[\tilde{\mathfrak{x}}]$ wird der Schraubriß $\mathfrak{Y} = \{\mathfrak{y}, \bar{\mathfrak{y}}\}$ in $\tilde{\mathfrak{Y}} = \{\bar{\mathfrak{y}}, \mathfrak{y}\}$ transformiert. Dadurch ergibt sich für $[\tilde{\mathfrak{x}}]$ eine infinitesimale Verbiegung mit $\tilde{\mathfrak{y}} = \bar{\mathfrak{y}}(u,v)$ als Drehriß und $\bar{\tilde{\mathfrak{y}}} = \mathfrak{y}(u,v)$ als Verschiebungsriß.

19.4. Beweis des Transformationssatzes für Kollineationen. Die homogenen Punktkoordinaten x_k der Fläche $[\mathfrak{x}]$ werden bei einer Kollineation (18.14a) in $\tilde{x}_i$, die Linienkoordinaten p_k der Flächentangenten des u,v-Netzes nach den Gln. (18.16), (18.17a) in $\tilde{p}_i$ transformiert. Die Transformationskoeffizienten α_{ik} bzw. γ_{ik} sind konstant, d.h. von u und v unabhängig. Wir berechnen jetzt die Sechservektoren $\tilde{\mathfrak{P}}$, $\tilde{\mathfrak{Q}}$ (vgl. die Gln. (19.8)) der Fläche $[\tilde{\mathfrak{x}}]$: Für die erste Komponente von $\tilde{\mathfrak{P}}$ erhält man $(x_4 \neq 0)$

(19.14)
$$\begin{aligned}
\frac{\partial}{\partial u}\left(\frac{\tilde{x}_1}{\tilde{x}_4}\right) &= \frac{1}{\tilde{x}_4^2}\left(\tilde{x}_4\frac{\partial \tilde{x}_1}{\partial u} - \tilde{x}_1\frac{\partial \tilde{x}_4}{\partial u}\right)\\
&= \frac{1}{\left(\alpha_{41}x_1+\dots+\alpha_{44}x_4\right)^2}\cdot\left\{\begin{aligned}&\left(\alpha_{41}x_1+\dots+\alpha_{44}x_4\right)\left(\alpha_{11}\frac{\partial x_1}{\partial u}+\dots+\alpha_{14}\frac{\partial x_4}{\partial u}\right)\\ &-\left(\alpha_{11}x_1+\dots+\alpha_{14}x_4\right)\left(\alpha_{41}\frac{\partial x_1}{\partial u}+\dots+\alpha_{44}\frac{\partial x_4}{\partial u}\right)\end{aligned}\right\}\\
&= \frac{x_4^2}{\left(\alpha_{41}x_1+\dots+\alpha_{44}x_4\right)^2}\cdot\left\{\begin{aligned}&\left(\alpha_{11}\alpha_{44}-\alpha_{14}\alpha_{41}\right)\frac{\partial}{\partial u}\left(\frac{x_1}{x_4}\right)+\dots\\ &\dots\left(\alpha_{12}\alpha_{41}-\alpha_{11}\alpha_{42}\right)\left[\frac{x_1}{x_4}\frac{\partial}{\partial u}\left(\frac{x_2}{x_4}\right)-\frac{x_2}{x_4}\frac{\partial}{\partial u}\left(\frac{x_1}{x_4}\right)\right]\end{aligned}\right\}\\
&= \frac{x_4^2}{\left(\alpha_{41}x_1+\dots+\alpha_{44}x_4\right)^2}\cdot\left(\gamma_{11}p_1+\dots+\gamma_{16}p_6\right) = \frac{1}{\omega^2}\tilde{p}_1
\end{aligned}$$

mit $\omega = \frac{1}{x_4}\left(\alpha_{41}x_1+\dots+\alpha_{44}x_4\right) = \alpha_{41}x + \alpha_{42}y + \alpha_{43}z + \alpha_{44}$.

Da die Fläche $[\tilde{\mathfrak{x}}]$ ebenso wie die Fläche $[\mathfrak{x}]$ in einem endlichen Raumgebiet liegen soll, können wir Punkte $\mathfrak{x} = (x, y, z)$ ausschließen, die sich in uneigentliche Punkte transformieren, also in der Fluchtebene $\omega = 0$ liegen. Es ist also $\omega \neq 0$ ebenso wie $x_4 \neq 0$ eine zulässige Forderung.

Nach Gln. (19.14) unterscheiden sich die ersten Koordinaten der Sechservektoren $\tilde{\mathfrak{P}}$ und $\left\{\tilde{\mathfrak{x}}_u, \tilde{\mathfrak{x}} \times \tilde{\mathfrak{x}}_u\right\}$ um den Faktor ω^2. Dasselbe gilt dann wegen der Proportionalität der beiden genannten Sechservektoren auch für deren weitere Koordinaten und dasselbe gilt offenbar auch für $\tilde{\mathfrak{Q}}$ und $\left\{\tilde{\mathfrak{x}}_v, \tilde{\mathfrak{x}} \times \tilde{\mathfrak{x}}_v\right\}$. Somit haben wir

$$(19.15) \quad \tilde{\mathfrak{P}} = \omega^2\left\{\tilde{\mathfrak{x}}_u, \tilde{\mathfrak{x}} \times \tilde{\mathfrak{x}}_u\right\}, \quad \tilde{\mathfrak{Q}} = \omega^2\left\{\tilde{\mathfrak{x}}_v, \tilde{\mathfrak{x}} \times \tilde{\mathfrak{x}}_v\right\}.$$

Wegen der Konstanz der Transformationskoeffizienten γ_{ik} folgt aus Gl. (19.11)

$$\frac{\partial}{\partial v}(\sigma \tilde{\mathfrak{P}} + \rho \tilde{\mathfrak{Q}}) + \frac{\partial}{\partial u}(\tau \tilde{\mathfrak{P}} + \sigma \tilde{\mathfrak{Q}}) = 0$$

und auf Grund der Gln. (19.15)

$$(19.16) \quad \begin{aligned} &\frac{\partial}{\partial v}\left(\tilde{\sigma} \tilde{\mathfrak{x}}_u + \tilde{\rho} \tilde{\mathfrak{x}}_v\right) + \frac{\partial}{\partial u}\left(\tilde{\tau} \tilde{\mathfrak{x}}_u + \tilde{\sigma} \tilde{\mathfrak{x}}_v\right) = 0, \\ &\frac{\partial}{\partial v}\left(\tilde{\sigma} \tilde{\mathfrak{x}} \times \tilde{\mathfrak{x}}_u + \tilde{\rho} \tilde{\mathfrak{x}} \times \tilde{\mathfrak{x}}_v\right) + \frac{\partial}{\partial u}\left(\tilde{\tau} \tilde{\mathfrak{x}} \times \tilde{\mathfrak{x}}_u + \tilde{\sigma} \tilde{\mathfrak{x}} \times \tilde{\mathfrak{x}}_v\right) = 0 \end{aligned}$$

mit

$$(19.17) \quad \tilde{\rho} = \omega^2 \rho, \quad \tilde{\sigma} = \omega^2 \sigma, \quad \tilde{\tau} = \omega^2 \tau.$$

Infolgedessen kann man setzen

$$(19.18) \quad \begin{aligned} \tilde{\mathfrak{y}}_u &= \tilde{\sigma} \tilde{\mathfrak{x}}_u + \tilde{\rho} \tilde{\mathfrak{x}}_v, & -\tilde{\mathfrak{y}}_v &= \tilde{\tau} \tilde{\mathfrak{x}}_u + \tilde{\sigma} \tilde{\mathfrak{x}}_v, \\ \bar{\mathfrak{y}}_u &= \tilde{\sigma} \tilde{\mathfrak{x}} \times \tilde{\mathfrak{x}}_u + \tilde{\rho} \tilde{\mathfrak{x}} \times \tilde{\mathfrak{x}}_v, & -\bar{\mathfrak{y}}_v &= \tilde{\tau} \tilde{\mathfrak{x}} \times \tilde{\mathfrak{x}}_u + \tilde{\sigma} \tilde{\mathfrak{x}} \times \tilde{\mathfrak{x}}_v. \end{aligned}$$

Außerdem kann man eine Funktion $\bar{\tilde{\mathfrak{x}}}(u, v)$ durch die Forderungen

$$(19.19) \quad \bar{\tilde{\mathfrak{x}}}_u = \tilde{\mathfrak{y}} \times \tilde{\mathfrak{x}}_u, \quad \bar{\tilde{\mathfrak{x}}}_v = \tilde{\mathfrak{y}} \times \tilde{\mathfrak{x}}_v$$

einführen; denn die Integrierbarkeitsbedingung

$$\bar{\tilde{\mathfrak{x}}}_{uv} = \bar{\tilde{\mathfrak{x}}}_{vu}$$

ist gleichbedeutend mit der aus den Gln. (19.18) folgenden Beziehung

$$\tilde{\mathfrak{y}}_v \times \tilde{\mathfrak{x}}_u = \tilde{\mathfrak{y}}_u \times \tilde{\mathfrak{x}}_v \left(= \tilde{\sigma} \tilde{\mathfrak{x}}_u \times \tilde{\mathfrak{x}}_v\right).$$

Die Gln. (19.18) kann man unter Berücksichtigung der Gln. (19.15) zusammenfassen in

$$(19.20)\qquad \tilde{\mathfrak{Y}}_u = \sigma\tilde{\mathfrak{P}} + \rho\tilde{\mathfrak{Q}}, \qquad -\tilde{\mathfrak{Y}}_v = \tau\tilde{\mathfrak{P}} + \sigma\tilde{\mathfrak{Q}}.$$

Die Gegenüberstellung der Gln. (19.10) und (19.20) zeigt, daß sich die Sechservektoren $\mathfrak{Y}_u$ und $\mathfrak{Y}_v$ ebenso transformieren wie die Sechservektoren $\mathfrak{P}$ und $\mathfrak{Q}$; dasselbe gilt dann auch für $\mathfrak{Y}$, wenn man von unwesentlichen additiven Konstanten absieht.

Die Gln. (19.18) und (19.19) sagen aus, daß $\tilde{\mathfrak{Y}} = \{\tilde{\mathfrak{y}}, \bar{\tilde{\mathfrak{y}}}\}$ der Schraubriß der Fläche $[\tilde{\mathfrak{x}}]$ ist für eine infinitesimale Verbiegung mit dem Verlagerungsriß $[\bar{\tilde{\mathfrak{x}}}]$.

19.5. Beweis des Transformationssatzes für Korrelationen. Anstelle der Transformationsgleichungen (18.14a) und (18.17a) für Kollineationen treten jetzt die Gln. (18.14b) und (18.17b) für Korrelationen. Die Punkte der Fläche $[\mathfrak{x}]$ werden in die Tangentenebenen einer Fläche $[\tilde{\mathfrak{x}}]$ abgebildet und die Tangenten der Kurven u = const und v = const der Fläche $[\mathfrak{x}]$ in die Tangenten der zu den Kurven u = const und v = const konjugierten Kurven auf der Fläche $[\tilde{\mathfrak{x}}]$. Die Transformationskoeffizienten sind ebenso wie in Ziff. 19.4 von u und v unabhängig.

Die Tangenten der Kurven v = const und u = const der Fläche werden wie in Ziff. 19.4 durch die singulären Sechservektoren $\mathfrak{P}$, $\mathfrak{Q}$ nach den Gln. (19.8) dargestellt. Durch analoge Rechnungen wie in Ziff. 19.4 erhält man für die korrelative Fläche $[\tilde{\mathfrak{x}}]$

$$(19.21)\qquad \tilde{\mathfrak{P}} = \omega^2\{\tilde{\mathfrak{w}}\times\tilde{\mathfrak{w}}_u, \tilde{\mathfrak{w}}_u\}, \qquad \tilde{\mathfrak{Q}} = \omega^2\{\tilde{\mathfrak{w}}\times\tilde{\mathfrak{w}}_v, \tilde{\mathfrak{w}}_v\}$$

mit

$$(19.22)\qquad \omega = \beta_{41}x + \beta_{42}y + \beta_{43}z + \beta_{44}.$$

Die Bedingung $\omega \neq 0$ besagt hier, daß $w_4 = 0$ ausgeschlossen wird. Der Nullpunkt O soll also so gewählt sein, daß in dem in Frage kommenden Bereich der Fläche $[\tilde{\mathfrak{x}}]$ keine Tangentenebene durch O hindurchgeht.

Mit Rücksicht auf die Gln. (19.21) und (19.22) können wir ähnlich wie in Ziff. 19.4 setzen

$$(19.23)\qquad \begin{aligned} \tilde{\mathfrak{y}}_u &= \tilde{\sigma}\,\tilde{\mathfrak{w}}\times\tilde{\mathfrak{w}}_u + \tilde{\rho}\,\tilde{\mathfrak{w}}\times\tilde{\mathfrak{w}}_v, & -\tilde{\mathfrak{y}}_v &= \tilde{\tau}\,\tilde{\mathfrak{w}}\times\tilde{\mathfrak{w}}_u + \tilde{\sigma}\,\tilde{\mathfrak{w}}\times\tilde{\mathfrak{w}}_v, \\ \bar{\tilde{\mathfrak{y}}}_u &= \tilde{\sigma}\,\tilde{\mathfrak{w}}_u + \tilde{\rho}\,\tilde{\mathfrak{w}}_v, & -\bar{\tilde{\mathfrak{y}}}_v &= \tilde{\tau}\,\tilde{\mathfrak{w}}_u + \tilde{\sigma}\,\tilde{\mathfrak{w}}_v \end{aligned}$$

mit

$$(19.24)\qquad \tilde{\rho} = \omega^2\rho, \quad \tilde{\sigma} = \omega^2\sigma, \quad \tilde{\tau} = \omega^2\tau.$$

Aus den Gln. (19.21) und (19.23) ergibt sich alsdann wie in Ziff. 19.4

(19.25) $$\tilde{\mathfrak{Y}}_u = \sigma \tilde{\mathfrak{P}} + \rho \tilde{\mathfrak{Q}}, \qquad -\tilde{\mathfrak{Y}}_v = \tau \tilde{\mathfrak{P}} + \sigma \tilde{\mathfrak{Q}}.$$

Auch hier transformiert sich also der Schraubriß $\mathfrak{Y}$ (-wenn man wieder von einer unwesentlichen additiven Konstanten absieht-) wie die singulären Sechservektoren $\mathfrak{P}$ und $\mathfrak{Q}$. Jedoch muß man hier beachten, daß $\tilde{\mathfrak{Y}}_u = \{\tilde{\mathfrak{y}}_u, \overline{\tilde{\mathfrak{y}}}_u\}$ und $\tilde{\mathfrak{Y}}_v = \{\tilde{\mathfrak{y}}_v, \overline{\tilde{\mathfrak{y}}}_v\}$ die Tangenten der Kurven v = const und u = const auf der Fläche $[\tilde{\mathfrak{x}}]$ liefern, während $\tilde{\mathfrak{P}}$ und $\tilde{\mathfrak{Q}}$ die Tangenten der zu den Kurven v = const und u = const konjugierten Kurven darstellen. Infolgedessen bestehen die Linearkombinationen

$$\tilde{\mathfrak{w}} \times \tilde{\mathfrak{w}}_u = \varkappa_{11} \tilde{\mathfrak{x}}_u + \varkappa_{12} \tilde{\mathfrak{x}}_v, \qquad \tilde{\mathfrak{w}} \times \tilde{\mathfrak{w}}_v = \varkappa_{21} \tilde{\mathfrak{x}}_u + \varkappa_{22} \tilde{\mathfrak{x}}_v,$$

$$\tilde{\mathfrak{w}}_u = \varkappa_{11} \tilde{\mathfrak{x}} \times \tilde{\mathfrak{x}}_u + \varkappa_{12} \tilde{\mathfrak{x}} \times \tilde{\mathfrak{x}}_v, \quad \tilde{\mathfrak{w}}_v = \varkappa_{21} \tilde{\mathfrak{x}} \times \tilde{\mathfrak{x}}_u + \varkappa_{22} \tilde{\mathfrak{x}} \times \tilde{\mathfrak{x}}_v$$

mit det $\varkappa_{ik} \neq 0$. Durch Einsetzen in die Gln. (19.23) erhält man

(19.26) $$\begin{aligned} \tilde{\mathfrak{y}}_u &= \tilde{\sigma}_1 \tilde{\mathfrak{x}}_u + \tilde{\rho} \tilde{\mathfrak{x}}_v, & -\tilde{\mathfrak{y}}_v &= \tau \tilde{\mathfrak{x}}_u + \tilde{\sigma}_2 \tilde{\mathfrak{x}}_v, \\ \overline{\tilde{\mathfrak{y}}}_u &= \tilde{\sigma}_1 \tilde{\mathfrak{x}} \times \tilde{\mathfrak{x}}_u + \tilde{\rho} \tilde{\mathfrak{x}} \times \tilde{\mathfrak{x}}_v, & -\overline{\tilde{\mathfrak{y}}}_v &= \tilde{\tau} \tilde{\mathfrak{x}} \times \tilde{\mathfrak{x}}_u + \tilde{\sigma}_2 \tilde{\mathfrak{x}} \times \tilde{\mathfrak{x}}_v \end{aligned}$$

und hieraus weiter

$$\overline{\tilde{\mathfrak{y}}}_u = \tilde{\mathfrak{x}} \times \tilde{\mathfrak{y}}_u, \quad \overline{\tilde{\mathfrak{y}}}_v = \tilde{\mathfrak{x}} \times \tilde{\mathfrak{y}}_v.$$

Die Integrierbarkeitsbedingung dieser beiden Gleichungen liefert

$$\tilde{\mathfrak{x}}_v \times \tilde{\mathfrak{y}}_u = \tilde{\mathfrak{x}}_u \times \tilde{\mathfrak{y}}_v,$$

woraus dann in den Gln. (19.26)

(19.27) $$\tilde{\sigma}_1 = \tilde{\sigma}_2 = \tilde{\sigma}$$

folgt. Dann kann man wie in Ziff. 19.4 durch

(19.28) $$\overline{\tilde{\mathfrak{x}}}_u = \tilde{\mathfrak{y}} \times \tilde{\mathfrak{x}}_u, \quad \overline{\tilde{\mathfrak{x}}}_v = \tilde{\mathfrak{y}} \times \tilde{\mathfrak{x}}_v$$

eine Funktion $\overline{\tilde{\mathfrak{x}}}(u,v)$ bis auf einen unwesentlichen additiven konstanten Vektor festlegen und hat dann schließlich für die korrelative Fläche $[\tilde{\mathfrak{x}}]$ eine infinitesimale Verbiegung mit dem Verlagerungsriß $[\overline{\tilde{\mathfrak{x}}}]$.

19.6. Abbildungen schränkungsfester und krümmungsfester Kurvennetze bei projektiven Abbildungen. Wir stellen jetzt den in Ziff. 19.1 und 19.2 gewonnenen differenzengeometrischen Betrachtungen über infinitesimale Verknickungen flächenstarr oder eckenstarr wackeliger Vierecksnetze analoge differentialgeometrische Beziehungen bei schränkungsfesten oder krümmungsfesten Kurvennetzen zur Seite.

Die schränkungsfesten Kurvennetze sind in den Gln. (15.21) durch $\sigma = 0$, die krümmungsfesten Kurvennetze durch $\rho = \tau = 0$ gekennzeichnet.

Bei Kollineationen ergibt sich aus $\sigma = 0$ bzw. aus $\rho=\tau=0$ mittels der Gln. (19.17) für die Gln. (19.18) $\tilde{\sigma} = 0$ bzw. $\tilde{\rho} = \tilde{\tau} = 0$. Hiermit ist der zu Satz (19.3) analoge differentialgeometrische Satz gewonnen.

(19.29) Wird die Fläche $[\mathfrak{x}]$ und der eine infinitesimale Verbiegung definierende Schraubriß $\mathfrak{Y}$ im Sinne des Transformationssatzes (19.12) einer kollinearen projektiven Abbildung unterworfen, so bilden sich die schränkungsfesten Kurvennetze und ebenso auch ein etwa vorhandenes krümmungsfestes Kurvennetz in ebensolche Netze ab.

Bei Korrolationen werden konjugierte Kurvennetze wieder in konjugierte Kurvennetze abgebildet und zwar gehen die Tangenten der Kurven v = const bzw. u = const in die Tangenten der jeweils konjugierten Kurven u = const bzw. v = const über. Deshalb sind die Vektoren $\tilde{\mathfrak{w}} \times \tilde{\mathfrak{w}}_u$ bzw. $\tilde{\mathfrak{w}} \times \tilde{\mathfrak{w}}_v$ parallel zu den konjugierten Tangenten der Kurven v = const bzw. u = const, also parallel zu den Tangentenvektoren $\tilde{\mathfrak{x}}_v$ bzw. $\tilde{\mathfrak{x}}_u$ der Kurven u = const bzw. v = const.

Wir betrachten nun das Verhalten eines konjugierten schränkungsfesten bzw. eines (-stets konjugierten-) krümmungsfesten u, v-Kurvennetzes bei einer Korrelation und der entsprechenden Transformation des Schraubrisses auf Grund der Gln. (19.25): Ist das u, v-Netz der Fläche schränkungsfest und konjugiert, dann folgt aus $\sigma = 0$ nach den Gln. (19.24) auch $\tilde{\sigma} = 0$ und die Gln. (19.23) spezialisieren sich zu

(19.30) $\tilde{\mathfrak{y}}_u = \tilde{\rho}\, \tilde{\mathfrak{m}} \times \tilde{\mathfrak{w}}_v$ parallel zu $\tilde{\mathfrak{x}}_u$, $-\tilde{\mathfrak{y}}_v = \tilde{\tau}\, \tilde{\mathfrak{w}} \times \tilde{\mathfrak{w}}_u$ parallel zu $\tilde{\mathfrak{x}}_v$.

Ist das u, v-Netz der Fläche $[\mathfrak{x}]$ krümmungsfest, dann folgt aus $\rho=\tau=0$ nach den Gln. (19.24) auch $\tilde{\rho} = \tilde{\tau} = 0$ und die Gln. (19.23) spezialisieren sich zu

(19.31) $\tilde{\mathfrak{y}}_u = \tilde{\sigma}\, \tilde{\mathfrak{w}} \times \tilde{\mathfrak{w}}_u$ parallel zu $\tilde{\mathfrak{x}}_v$, $-\tilde{\mathfrak{y}}_v = \tilde{\sigma}\tilde{\mathfrak{w}} \times \tilde{\mathfrak{w}}_v$ parallel zu $\tilde{\mathfrak{x}}_u$.

Das u, v-Netz der Fläche $[\tilde{\mathfrak{x}}]$ ist somit im Fall der Gln. (19.30) krümmungsfest und im Fall der Gln. (19.31) schränkungsfest. Infolgedessen gilt der zu Satz (19.7) analoge differentialgeometrische Satz:

(19.32) Wird eine Fläche $[\mathfrak{x}]$ und der eine infinitesimale Verbiegung definierte Schraubriß $\mathfrak{Y}$ im Sinne des Transformationssatzes (19.12) einer korrelativen projektiven Abbildung unterworfen, so bildet sich ein etwa vorhandenes konjugiertes schränkungsfestes Kurvennetz in ein krümmungsfestes Kurvennetz und ein etwa vorhandenes krümmungsfestes Kurvennetz in ein konjugiertes schränkungsfestes Kurvennetz ab.

§ 20. Der Darbouxsche Flächenkranz bei einer infinitesimalen Flächenverbiegung

In § 15 haben wir bei der Untersuchung infinitesimaler Verbiegungen einer Fläche $[\mathfrak{x}]$ Quadrupel von Flächen $[\overline{\mathfrak{x}}]$, $[\mathfrak{x}]$, $[\mathfrak{y}]$, $[\overline{\mathfrak{y}}]$ eingeführt. Jetzt erweitern wir diese Flächenquadrupel durch systematische Fortsetzung nach beiden Seiten zu Zyklen von 12 Flächen und nennen einen solchen Zyklus einen Darbouxschen Flächenkranz. Als differenzengeometrisches Analogon ergeben sich Zyklen wackeliger Vierecksnetze. Der Transformationssatz (19.12) über die infinitesimalen Verbiegungen zueinander projektiver Flächen wird auf die 12 Flächen der Darbouxschen Flächenkränze ausgedehnt [1,3,12,22,27].

20. 1. Konstruktion des Darbouxschen Flächenkranzes. Zwischen den vier in Ziff. 15.3 eingeführten Flächen $[\overline{\mathfrak{x}}]$, $[\mathfrak{x}]$, $[\mathfrak{y}]$, $[\overline{\mathfrak{y}}]$ bestehen die in Fig. 20.1 angegebenen Beziehungen:

Orthogonalbeziehung $[\mathfrak{x}] \perp [\overline{\mathfrak{x}}]$, nämlich $d\mathfrak{x}\, d\overline{\mathfrak{x}} = 0$ nach Gl. (15.13),

Orthogonalbeziehung $[\mathfrak{y}] \perp [\overline{\mathfrak{y}}]$, nämlich $d\mathfrak{y}\, d\overline{\mathfrak{y}} = 0$ nach Gl. (15.16),

Parallelbeziehung $[\mathfrak{x}] \ldots \| \ldots [\mathfrak{y}]$, nämlich $\mathfrak{y}_u \times \mathfrak{x}_v = \mathfrak{y}_v \times \mathfrak{x}_u$ nach Gl. (15.19),

W-Beziehung $[\overline{\mathfrak{x}}]$-.-.-.-$[\overline{\mathfrak{y}}]$, nämlich $\overline{\mathfrak{x}} - \overline{\mathfrak{y}} = \mathfrak{y} \times \mathfrak{x}$, $d\overline{\mathfrak{x}} = \mathfrak{y} \times d\mathfrak{x}$, $d\overline{\mathfrak{y}}$,
$d\overline{\mathfrak{y}} = \mathfrak{x} \times d\mathfrak{y}$ nach den Gln. (15.2), (15.15) und (15.16).

Alle diese Beziehungen sind symmetrisch, d.h. $[\mathfrak{x}]$, $[\overline{\mathfrak{x}}]$; $[\mathfrak{y}]$, $[\overline{\mathfrak{y}}]$; $[\mathfrak{x}]$, $[\mathfrak{y}]$ und $[\overline{\mathfrak{x}}]$, $[\overline{\mathfrak{y}}]$ sind jeweils in ihrer Bedeutung vertauschbar.

Wenn eine infinitesimale Verbiegung von $[\mathfrak{x}]$ durch den Verlagerungsriß $[\overline{\mathfrak{x}}]$ vorgegeben ist, sind die Flächen $[\mathfrak{y}]$, $[\overline{\mathfrak{y}}]$ des Schraubrisses auf

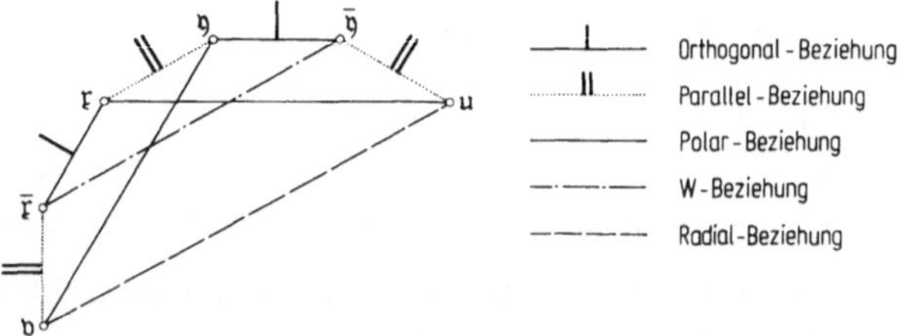

Fig. 20.1. Erweiterung des Flächenquadrupels $[\overline{\mathfrak{x}}]$, $[\mathfrak{x}]$, $[\mathfrak{y}]$, $[\overline{\mathfrak{y}}]$.

Grund der Parallelbeziehung und der W-Beziehung eindeutig festgelegt. Wegen der oben genannten Symmetrien kann man das Flächenquadrupel nach beiden Seiten fortsetzen, indem man $[\mathfrak{x}]$ als Verlagerungsriß für eine infinitesimale Verbiegung der Fläche $[\overline{\mathfrak{x}}]$ und $[\mathfrak{y}]$ als Verlagerungsriß für eine infinitesimale Verbiegung der Fläche $[\overline{\mathfrak{y}}]$ betrachtet. Dann ergeben sich durch die Gleichungen

$$(20.1) \qquad d\mathfrak{x} = \mathfrak{v} \times d\overline{\mathfrak{x}} \quad \text{bzw.} \quad d\mathfrak{y} = \mathfrak{u} \times d\overline{\mathfrak{y}},$$

die den Gln. (15.15) und (15.16) entsprechen, in eindeutiger Weise zwei neue Flächen, nämlich

$$\left.\begin{matrix}[\mathfrak{v}]\\ \\ [\mathfrak{u}]\end{matrix}\right\} = \text{Drehriß für eine infinitesimale Verbiegung von} \left\{\begin{matrix}[\overline{\mathfrak{x}}],\\ \\ [\overline{\mathfrak{y}}].\end{matrix}\right.$$

In dem nunmehr vorliegenden Sextupel von Flächen (Fig. 20.1) kommen zu den oben aufgeführten Beziehungen weitere Beziehungen hinzu: Mit Hilfe der Gln. (15.16) und (15.15) ist

$$d\mathfrak{y} = \mathfrak{u} \times d\overline{\mathfrak{y}} = \mathfrak{u} \times (\mathfrak{x} \times d\mathfrak{y}) = -(\mathfrak{u}\mathfrak{x})\, d\mathfrak{y},$$

$$d\mathfrak{x} = \mathfrak{v} \times d\overline{\mathfrak{x}} = \mathfrak{v} \times (\mathfrak{y} \times d\mathfrak{x}) = -(\mathfrak{v}\mathfrak{y})\, d\mathfrak{x},$$

also

$$(20.2) \qquad \mathfrak{u}\mathfrak{x} + 1 = 0, \qquad \mathfrak{v}\mathfrak{y} + 1 = 0.$$

Das heißt:

(20.3) | Die Punktkoordinaten der Flächen $[\mathfrak{u}]$ und $[\mathfrak{v}]$ sind gleich den Ebenenkoordinaten der Flächen $[\mathfrak{x}]$ und $[\mathfrak{y}]$. Die Flächen $[\mathfrak{u}]$ und $[\mathfrak{v}]$ gehen also aus den Flächen $[\mathfrak{x}]$ und $[\mathfrak{y}]$ durch Polarabbildung hervor.

Aus dieser *Polarbeziehung* zwischen $[\mathfrak{x}]$ und $[\mathfrak{u}]$ und der *Polarbeziehung* zwischen $[\mathfrak{y}]$ und $[\mathfrak{v}]$ geht die *Parallelbeziehung* zwischen $[\mathfrak{x}]$ und $[\mathfrak{y}]$ in eine *Radialbeziehung* zwischen $[\mathfrak{u}]$ und $[\mathfrak{v}]$ über, nämlich

$$(20.4) \qquad \mathfrak{u} = \nu\, \mathfrak{v}, \qquad \mathfrak{v} = \frac{1}{\nu}\, \mathfrak{u};$$

denn die parallelen Tangentenebenen von $[\mathfrak{x}]$ und $[\mathfrak{y}]$ werden bei der Polarabbildung in Punkte $\mathfrak{u}$ und $\mathfrak{v}$ transformiert, die auf einer Geraden durch den Nullpunkt O liegen. Wegen der Gln. (20.2), nämlich $\mathfrak{u}\mathfrak{x} = \mathfrak{v}\mathfrak{y} = -1$, ergibt sich aus den Gln. (20.4)

$$(20.5) \qquad \nu = -\mathfrak{u}\mathfrak{y} = -\frac{1}{\mathfrak{v}\mathfrak{x}}\ .$$

Wir fassen zusammen: In dem in Fig. 20.1 dargestellten Sextupel von Flächen kommen zu den oben aufgeführten Beziehungen noch hinzu

Polarbeziehungen $[\mathfrak{x}]$——$[\mathfrak{u}]$ und $[\mathfrak{y}]$——$[\mathfrak{v}]$ nach den Gln. (20.2),

Radialbeziehung $[\mathfrak{u}]$----$[\mathfrak{v}]$ nach den Gln. (20.4), (20.5).

Auch diese Beziehungen sind symmetrisch.

In derselben Weise fügen wir jetzt nach beiden Seiten hin in eindeutiger Weise weitere Flächen hinzu, indem wir abwechselnd W-Abbildungen und Polarabbildungen vornehmen. Wir erhalten dann in neuer Bezeichnungsweise (Fig. 20.2) aus unserem Sextupel $[\mathfrak{x}_6], [\mathfrak{y}_6], [\mathfrak{x}_1], [\mathfrak{y}_1], [\mathfrak{x}_2], [\mathfrak{y}_2]$ nach links und rechts die neuen Flächen

$$[\mathfrak{y}_5], [\mathfrak{x}_5] \quad \text{bzw.} \quad [\mathfrak{x}_3], [\mathfrak{y}_3], [\mathfrak{x}_4], [\mathfrak{y}_4],$$

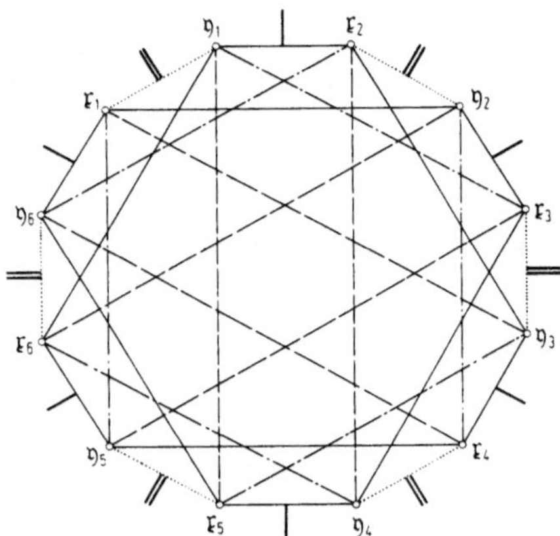

Fig. 20.2. Darbouxscher Flächenkranz

Die Beziehungen (20.5), die jetzt die Form

$$\nu = -\mathfrak{y}_2\mathfrak{y}_1 = -\frac{1}{\mathfrak{x}_6\mathfrak{x}_1}$$

annehmen, lassen sich wegen der auf Grund der W-Beziehung geltenden Gleichungen

$$\mathfrak{y}_1 = \mathfrak{x}_3 + \mathfrak{y}_2 \times \mathfrak{x}_2 \qquad \text{und} \qquad \mathfrak{x}_1 = \mathfrak{y}_5 + \mathfrak{x}_6 \times \mathfrak{y}_6,$$

aus denen

$$\mathfrak{y}_2\mathfrak{y}_1 = \mathfrak{y}_2\mathfrak{x}_3 \qquad \text{und} \qquad \mathfrak{x}_6\mathfrak{x}_1 = \mathfrak{x}_6\mathfrak{y}_5$$

folgt, ersetzen durch

$$\nu = -\mathfrak{y}_2\mathfrak{x}_3 = -\frac{1}{\mathfrak{y}_5\mathfrak{x}_6}.$$

Die Gln. (20.4) lauten jetzt also

$$(20.6)\qquad \mathfrak{y}_2 = -(\mathfrak{y}_2\mathfrak{x}_3)\mathfrak{x}_6 = -\frac{\mathfrak{x}_6}{\mathfrak{y}_5\mathfrak{x}_6}\,,\quad \mathfrak{x}_6 = -(\mathfrak{y}_5\mathfrak{x}_6)\mathfrak{y}_2 = -\frac{\mathfrak{y}_2}{\mathfrak{y}_2\mathfrak{x}_3}\,.$$

In Ziff. 20.2 werden wir beweisen, daß dieselbe Radialbeziehung mit demselben Proportionalitätsfaktor auch für das auf $[\mathfrak{y}_2]$, $[\mathfrak{x}_6]$ folgende Flächenpaar $[\mathfrak{x}_3]$, $[\mathfrak{y}_5]$ gilt, nämlich

$$(20.7)\qquad \mathfrak{x}_3 = -(\mathfrak{y}_2\mathfrak{x}_3)\mathfrak{y}_5 = -\frac{\mathfrak{y}_5}{\mathfrak{y}_5\mathfrak{x}_6}\,,\quad \mathfrak{y}_5 = -(\mathfrak{y}_5\mathfrak{x}_6)\mathfrak{x}_3 = -\frac{\mathfrak{x}_3}{\mathfrak{y}_2\mathfrak{x}_3}\,.$$

Wir bezeichnen diese Gleichungen als *Schließungssatz des Darbouxschen Flächenkranzes*; denn mit seiner Hilfe werden wir jetzt beweisen, daß die im Vorhergehenden eingeführten zwölf Flächen einen Zyklus bilden. D.h.: Wenn wir weitere Flächen durch W-Abbildungen und Polarabbildungen hinzufügen, kommen wir auf die bereits vorhandenen Flächen zurück. Der Beweis verläuft folgendermaßen:

Wenn wir von links her bis $[\mathfrak{x}_5]$ und von rechts her bis $[\mathfrak{y}_4]$ gekommen sind, hat man nach den Gln. (20.6) für die Radialbeziehung

$$(20.8)\qquad \mathfrak{x}_5 = -\frac{\mathfrak{y}_1}{\mathfrak{y}_1\mathfrak{x}_2}\,,\qquad \mathfrak{y}_4 = -\frac{\mathfrak{x}_2}{\mathfrak{y}_1\mathfrak{x}_2}\,.$$

Wenn man dann durch W-Beziehung von links her aus $[\mathfrak{x}_6]$ zu einer neuen Fläche $[\mathfrak{y}'_4]$ und von rechts her aus $[\mathfrak{y}_3]$ zu einer neuen Fläche $[\mathfrak{x}'_5]$ weitergeht, ergibt sich aus den Gln. (20.7)

$$(20.9)\qquad \mathfrak{y}'_4 = -\frac{\mathfrak{x}_2}{\mathfrak{y}_1\mathfrak{x}_2}\,,\qquad \mathfrak{x}'_5 = -\frac{\mathfrak{y}_1}{\mathfrak{y}_1\mathfrak{x}_2}\,.$$

Der Vergleich der Gln. (20.8) und (20.9) zeigt, daß

$$(20.10)\qquad \mathfrak{x}'_5 = \mathfrak{x}_5,\qquad \mathfrak{y}'_4 = \mathfrak{y}_4$$

ist, daß also die Fortsetzung unseres Verfahrens weiterer W-Abbildungen und Polarabbildungen wieder auf die vorangegangenen Flächen zurückführt. Die 12 Flächen $[\mathfrak{x}_1]$; $[\mathfrak{y}_1]$ bis $[\mathfrak{x}_6]$, $[\mathfrak{y}_6]$ bilden also einen Zyklus von Flächen. Wir geben ihm die Bezeichnung *Darbouxscher Flächenkranz*.

<u>20.2. Beweis des Schließungssatzes (20.7).</u> Der Beweis des Satzes (20.7) erfordert einige Umformungen [12]: Wir gehen aus von den Gleichungen

für die W-Beziehung zwischen $[\mathfrak{y}_5]$ und $[\mathfrak{x}_1]$ sowie zwischen $[\mathfrak{x}_3]$ und $[\mathfrak{y}_1]$, nämlich

$$\mathfrak{y}_5 = \mathfrak{x}_1 + \mathfrak{y}_6 \times \mathfrak{x}_6, \quad \mathfrak{x}_3 = \mathfrak{y}_1 + \mathfrak{x}_2 \times \mathfrak{y}_2 .$$

Hieraus folgt

$$\begin{aligned}
\mathfrak{y}_5 \times \mathfrak{x}_3 &= \left(\mathfrak{x}_1 + \mathfrak{y}_6 \times \mathfrak{x}_6\right) \times \left(\mathfrak{y}_1 + \mathfrak{x}_2 \times \mathfrak{y}_2\right) \\
&= \mathfrak{x}_1 \times \mathfrak{y}_1 + \mathfrak{x}_1 \times \left(\mathfrak{x}_2 \times \mathfrak{y}_2\right) + \left(\mathfrak{y}_6 \times \mathfrak{x}_6\right) \times \mathfrak{y}_1 + \left(\mathfrak{y}_6 \times \mathfrak{x}_6\right) \times \left(\mathfrak{x}_2 \times \mathfrak{y}_2\right) \\
&= \mathfrak{x}_1 \times \mathfrak{y}_1 - \left(\mathfrak{x}_1 \mathfrak{x}_2\right)\mathfrak{y}_2 + \left(\mathfrak{x}_1 \mathfrak{y}_2\right)\mathfrak{x}_2 + \left(\mathfrak{y}_6 \mathfrak{y}_1\right)\mathfrak{x}_6 - \left(\mathfrak{x}_6 \mathfrak{y}_1\right)\mathfrak{y}_6 \\
&\quad + \langle \mathfrak{y}_6, \mathfrak{x}_2, \mathfrak{y}_2 \rangle \mathfrak{x}_6 - \langle \mathfrak{x}_6, \mathfrak{x}_2, \mathfrak{y}_2 \rangle \mathfrak{y}_6 .
\end{aligned}$$

Wegen

$$\mathfrak{x}_1 \mathfrak{y}_2 = \mathfrak{y}_1 \mathfrak{x}_6 = -1, \quad \mathfrak{y}_2 = -\left(\mathfrak{y}_2 \mathfrak{x}_3\right)\mathfrak{x}_6 \text{ und } \mathfrak{x}_1 \times \mathfrak{y}_1 = \mathfrak{x}_2 - \mathfrak{y}_6$$

vereinfacht sich diese Beziehung zu

$$\mathfrak{y}_5 \times \mathfrak{x}_3 = -\left(\mathfrak{x}_1 \mathfrak{x}_2\right)\mathfrak{y}_2 + \left(\mathfrak{y}_6 \mathfrak{y}_1\right)\mathfrak{x}_6 + \langle \mathfrak{y}_6, \mathfrak{x}_2, \mathfrak{y}_2 \rangle \mathfrak{x}_6 .$$

Die rechte Seite verschwindet bei der Vektormultiplikation sowohl mit $\mathfrak{y}_2$ als auch mit $\mathfrak{x}_6$. Daher ist

$$\left(\mathfrak{y}_5 \times \mathfrak{x}_3\right) \times \mathfrak{y}_2 = 0, \quad \left(\mathfrak{y}_5 \times \mathfrak{x}_3\right) \times \mathfrak{x}_6 = 0$$

und

$$\left(\mathfrak{y}_5 \mathfrak{y}_2\right)\mathfrak{x}_3 - \left(\mathfrak{x}_3 \mathfrak{y}_2\right)\mathfrak{y}_5 = 0, \quad \left(\mathfrak{y}_5 \mathfrak{x}_6\right)\mathfrak{x}_3 - \left(\mathfrak{x}_3 \mathfrak{x}_6\right)\mathfrak{y}_5 = 0.$$

Durch Einsetzen der aus den Gln. (20.6) durch skalare Multiplikation mit $\mathfrak{y}_5$ bzw. $\mathfrak{x}_3$ folgenden Beziehungen

$$\mathfrak{y}_5 \mathfrak{x}_2 = -\left(\mathfrak{y}_2 \mathfrak{x}_3\right)\left(\mathfrak{y}_5 \mathfrak{x}_6\right), \quad \mathfrak{x}_3 \mathfrak{x}_6 = -\left(\mathfrak{y}_5 \mathfrak{x}_6\right)\left(\mathfrak{x}_3 \mathfrak{y}_2\right)$$

ergeben sich alsdann die zu beweisenden Gln. (20.7)

$$\mathfrak{y}_5 = -\left(\mathfrak{y}_5 \mathfrak{x}_6\right)\mathfrak{x}_3, \quad \mathfrak{x}_3 = -\left(\mathfrak{y}_2 \mathfrak{x}_3\right)\mathfrak{y}_5,$$

wenn man $\mathfrak{y}_2 \mathfrak{x}_3 \neq 0$ und $\mathfrak{y}_5 \mathfrak{x}_6 \neq 0$ voraussetzt.

20.3 Zusammenstellung der Beziehungen im Darbouxschen Flächenkranz.

Alle 12 Flächen eines Darbouxschen Flächenkranz sind gleichberechtigt. Durch je zwei orthogonal-bezogene aufeinander folgende Flächen sind die übrigen 10 Flächen in eindeutiger Weise festgelegt.

Mit den in Fig. 20.2 gewählten Bezeichnungen kann man die Beziehungen zwischen den 12 Flächen in übersichtlicher Weise zusammenfassen, wenn man bei den $\mathfrak{x}_i$ und $\mathfrak{y}_i$ festsetzt, daß durch Indizes i, die mod 6 kongruent sind, dieselben Flächen dargestellt werden sollen. Dann hat man

6 Orthogonalbeziehungen	$[\mathfrak{x}_{i+1}] \perp [\mathfrak{y}_i]$,
6 Parallelbeziehungen	$[\mathfrak{x}_i] \cdot\cdot \Vert \cdot\cdot [\mathfrak{y}_i]$,
6 W-Beziehungen	$[\mathfrak{x}_{i+1}] \text{-·-·-·-} [\mathfrak{y}_{i-1}]$,
6 Polarbeziehungen	$[\mathfrak{x}_i] \text{——} [\mathfrak{y}_{i+1}]$,
6 Radialbeziehungen	$[\mathfrak{x}_{i-1}] \text{----} [\mathfrak{y}_{i+1}]$.

Der Flächenkranz läßt sich in drei Quadrupel zerlegen, deren Flächen abwechselnd durch Polarbeziehung und W-Beziehung miteinander verknüpft sind (PW-Quadrupel). In Fig. 20.2 sind dies die Quadrupel $[\mathfrak{x}_1], [\mathfrak{y}_2], [\mathfrak{x}_4], [\mathfrak{y}_5]$; $[\mathfrak{x}_2], [\mathfrak{y}_3], [\mathfrak{x}_5], [\mathfrak{y}_6]$ und $[\mathfrak{x}_3], [\mathfrak{y}_4], [\mathfrak{x}_6], [\mathfrak{y}_1]$. Da sowohl bei der Polarbeziehung als auch bei der W-Beziehung Schmieglinien wieder in Schmieglinien übergehen, haben die vier Flächen eines PW-Quadrupels stets dasselbe Vorzeichen des Krümmungsmaßes. Dabei gilt [12]:

(20.11) 2 PW-Quadrupel bestehen aus Flächen negativen Krümmungsmaßes, das dritte PW-Quadrupel besteht aus Flächen positiven Krümmungsmaßes.

Dieser Satz ergibt sich unmittelbar aus den beiden folgenden Hilfssätzen, bei denen wir die Bezeichnungen nach Fig. 20.1 zugrunde legen.

Hilfssatz I: Wenn die Fläche $[\overline{\mathfrak{x}}]$ positives Krümmungsmaß hat, dann hat die orthogonal-bezogene Fläche $[\mathfrak{x}]$ negatives Krümmungsmaß.

Beweis: Wir wählen auf der Fläche $[\overline{\mathfrak{x}}]$ als u,v-Netz ein konjugiertes Kurvennetz. Dann ist $\overline{M} = 0$ und nach den Gln. (15.24) auch $\sigma = 0$. Die Gln. (15.21) vereinfachen sich zu

$$\mathfrak{y}_u = \rho\, \mathfrak{x}_v, \qquad -\mathfrak{y} = \tau\, \mathfrak{x}_u.$$

Somit erhält man unter Berücksichtigung der Gln. (15.18) für die Fläche $[\overline{\mathfrak{x}}]$ nach kurzer Rechnung

$$\langle \overline{\mathfrak{x}}_u, \overline{\mathfrak{x}}_v, \overline{\mathfrak{x}}_{uu}\rangle \langle \overline{\mathfrak{x}}_u, \overline{\mathfrak{x}}_v, \overline{\mathfrak{x}}_{vv}\rangle - \langle \overline{\mathfrak{x}}_u \overline{\mathfrak{x}}_v \overline{\mathfrak{x}}_{uv}\rangle^2$$
$$= \langle \overline{\mathfrak{x}}_u, \overline{\mathfrak{x}}_v, \overline{\mathfrak{x}}_{uu}\rangle \langle \overline{\mathfrak{x}}_u, \overline{\mathfrak{x}}_v, \overline{\mathfrak{x}}_{vv}\rangle$$
$$= \rho\tau \langle \mathfrak{y} \times \mathfrak{x}_u,\ \mathfrak{y} \times \mathfrak{x}_v,\ \mathfrak{x}_u \times \mathfrak{x}_v\rangle^2.$$

Analog erhält man für die Fläche $[\mathfrak{x}]$

$$\langle \mathfrak{x}_u, \mathfrak{x}_v, \mathfrak{x}_{uu}\rangle \langle \mathfrak{x}_u, \mathfrak{x}_v, \mathfrak{x}_{vv}\rangle - \langle \mathfrak{x}_u, \mathfrak{x}_v, \mathfrak{x}_{uv}\rangle^2$$
$$= -\frac{1}{\rho^3\tau^3}\langle \mathfrak{y}_u, \mathfrak{y}_v, \mathfrak{y}_{uv}\rangle^2 - \frac{1}{\rho^2\tau^4}\langle \mathfrak{y}_u, \mathfrak{y}_v, \mathfrak{y}_{vv}\rangle^2.$$

Wenn nun $[\overline{\mathfrak{x}}]$ positives Krümmungsmaß hat, ist $\rho\tau > 0$. Daraus folgt dann $LN-M^2 < 0$, $[\mathfrak{x}]$ hat also, wie behauptet, negatives Krümmungsmaß.

Hilfssatz II: Wenn die Fläche $[\overline{\mathfrak{x}}]$ negatives Krümmungsmaß hat, dann haben die Flächen $[\mathfrak{x}]$ und $[\mathfrak{y}]$ verschiedene Vorzeichen des Krümmungsmaßes.

B e w e i s: Wir wählen auf der Fläche $[\overline{\mathfrak{x}}]$ als u,v-Netz das Schmiegliniennetz. Dann ist $\overline{L} = \overline{N} = 0$ und nach den Gln. (15.24) auch $\rho = \tau = 0$. Die Gln. (15.21) vereinfachen sich zu

$$\mathfrak{x}_u = \frac{1}{\sigma}\mathfrak{y}_u, \qquad -\mathfrak{x}_v = \frac{1}{\sigma}\mathfrak{y}_v,$$

In ähnlicher Weise wie beim Beweis des Hilfssatzes I kommt dann

$$\left\{\langle \mathfrak{x}_u, \mathfrak{x}_v, \mathfrak{x}_{uu}\rangle \langle \mathfrak{x}_u, \mathfrak{x}_v, \mathfrak{x}_{vv}\rangle - \langle \mathfrak{x}_u, \mathfrak{x}_v, \mathfrak{x}_{uv}\rangle^2\right\}$$
$$= -\frac{1}{\sigma^6}\left\{\langle \mathfrak{y}_u, \mathfrak{y}_v, \mathfrak{y}_{uu}\rangle \langle \mathfrak{y}_u, \mathfrak{y}_v, \mathfrak{y}_{vv}\rangle - \langle \mathfrak{y}_u, \mathfrak{y}_v, \mathfrak{y}_{uv}\rangle^2\right\}.$$

Die beiden Klammerausdrücke $\{\ldots\}$, also auch die Krümmungsmaße der Flächen $[\mathfrak{x}]$ und $[\mathfrak{y}]$ haben hiernach, wie behauptet, entgegengesetztes Vorzeichen.

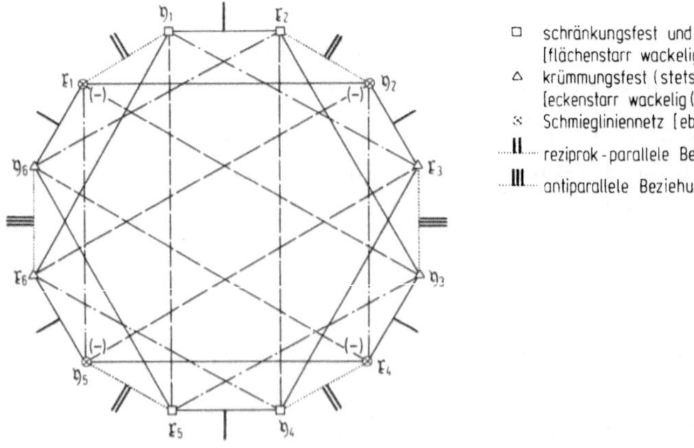

Fig. 20.3. Schmiegliniennetze eines PW-Quadrupels mit Flächen negativen Krümmungsmaßes und zugeordnete Kurvennetze auf den übrigen acht Flächen des Darbouxschen Flächenkranzes

Wir nehmen nun an, daß die Fläche $[\mathfrak{x}_1]$ und damit alle vier Flächen des PW-Quadrupels $[\mathfrak{x}_1], [\mathfrak{y}_2], [\mathfrak{x}_4], [\mathfrak{y}_5]$ negatives Vorzeichen haben (Fig. 20.3). Dann ergibt sich aus den § 16 und § 17 und aus Satz (19.32), speziell auf die Polarabbildung angewandt, folgender Satz:

Den Schmiegliniennetzen auf den Flächen negativen Krümmungsmaßes des Quadrupels $[\mathfrak{x}_1], [\mathfrak{y}_2], [\mathfrak{x}_4], [\mathfrak{y}_5]$ entsprechen auf den reziprok-parallel bezogenen Flächen $[\mathfrak{y}_1], [\mathfrak{x}_2], [\mathfrak{y}_4], [\mathfrak{x}_5]$ schränkungsfeste und konjugierte Kurvennetze und auf den ortho-
(20.12) gonal-bezogenen Flächen $[\mathfrak{y}_6], [\mathfrak{x}_3], [\mathfrak{y}_3], [\mathfrak{x}_6]$ krümmungsfeste (-also ebenfalls konjugierte-) Kurvennetze. Die Paare $[\mathfrak{x}_6], [\mathfrak{y}_6]$, und $[\mathfrak{x}_3], [\mathfrak{y}_3]$ stehen dabei jeweils in antiparalleler Beziehung. Neben den Paaren $[\mathfrak{x}_1], [\mathfrak{y}_6]$; $[\mathfrak{y}_2], [\mathfrak{x}_3]$; $[\mathfrak{x}_4], [\mathfrak{y}_3]$ und $[\mathfrak{y}_5]$, $[\mathfrak{x}_6]$ stehen auch die Paare $[\mathfrak{y}_1], [\mathfrak{x}_2]$ und $[\mathfrak{x}_5], [\mathfrak{y}_4]$ in Orthogonalbeziehung.

Wenn wir Satz (20.12) auf die beiden PW-Quadrupel mit Flächen negativen Krümmungsmaßes anwenden, erhält man auf jeder Fläche des Darbouxschen Flächenkranzes zwei ausgezeichnete Kurvennetze (Fig. 20.4), und zwar auf den vier Flächen positiven Krümmungsmaßes jeweils ein

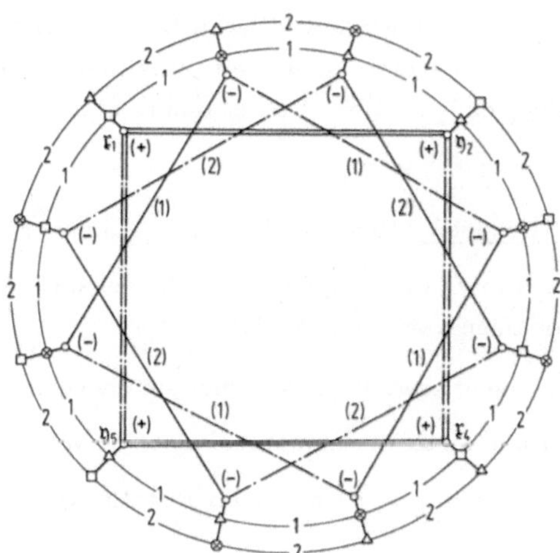

Fig. 20.4. Schmiegliniennetze der beiden PW-Quadrupel mit Flächen negativen Krümmungsmaßes und zugeordnete Kurvennetze auf den jeweils übrigen acht Flächen des Darbouxschen Flächenkranzes

krümmungsfestes und ein konjugiertes schränkungsfestes Kurvennetz und auf den acht Flächen negativen Krümmungsmaßes jeweils das Schmiegliniennetz und dazu ein krümmungsfestes oder ein konjugiertes schränkungsfestes Kurvennetz. In Fig. 20.4 ist angenommen, daß die Flächen $[\mathfrak{x}_1]$, $[\mathfrak{y}_2]$, $[\mathfrak{x}_4]$, $[\mathfrak{y}_5]$ positiven Krümmungsmaß haben.

20.4. Zwölferkranz von Vierecksnetzen. Dem Darbouxschen Flächenkranz läßt sich als differenzengeometrisches Analogon ein Z w ö l f e r k r a n z v o n V i e r e c k s n e t z e n gegenüberstellen, die in analoger Weise wie die Flächen des Darbouxschen Flächenkranzes miteinander verknüpft sind [27]. Wir erläutern dies an Hand der Fig. 20.3. Dabei sind die Symbole in folgender Weise umzudeuten:

□ flächenstarr wackelige und ebenflächige Vierecksnetze,

Δ eckenstarr wackelige (-also auch ebenflächige-) Vierecksnetze,

⊗ ebeneckige Vierecksnetze.

Diese Vierecksnetze sind nach § 16 und § 17 orthogonal oder reziprokparallel oder antiparallel bezogen oder stehen in W-Beziehung. Die flächenstarr und eckenstarr wackeligen Vierecksnetze sind nach Satz (19.7) korrelativ bezogen, und zwar ist diese Beziehung hier eine Polarbeziehung. "Gegenüber liegende" Vierecksnetze stehen in Radialbeziehung.

Die Konstruktion des Zwölferkranzes von Vierecksnetzen erfolgt Schritt für Schritt in ähnlicher Weise wie beim Darbouxschen Flächenkranz. Für jedes der zwölf Vierecksnetze ist eine infinitesimale Verknickung durch das benachbarte orthogonal-bezogene Vierecksnetz als Verlagerungsriß festgelegt.

20.5. Projektive Abbildungen. Ausgehend von der Fläche $[\mathfrak{x}_1]$ in Fig. 20.2 stellen wir die Flächen bzw. Flächenpaare des Darbouxschen Flächenkranzes durch Sechservektoren dar (Fig. 20.5):

a) Die vier in W-Beziehung bzw. Polarbeziehung stehenden Flächen $[\mathfrak{x}_1]$, $[\mathfrak{y}_2]$, $[\mathfrak{x}_4]$, $[\mathfrak{y}_5]$ werden durch die singulären Sechservektoren $\mathfrak{P}$, $\mathfrak{Q}$ der Tangenten der Kurven v = const und u = const dargestellt; vgl. die Gln. (19.8).

b) Die beiden jeweils orthogonal-bezogenen Flächenpaare $[\mathfrak{y}_1]$, $[\mathfrak{x}_2]$ und $[\mathfrak{x}_5]$, $[\mathfrak{y}_4]$ werden nach Ziff. 15.3 durch die i.a. nicht-singulären Sechservektoren

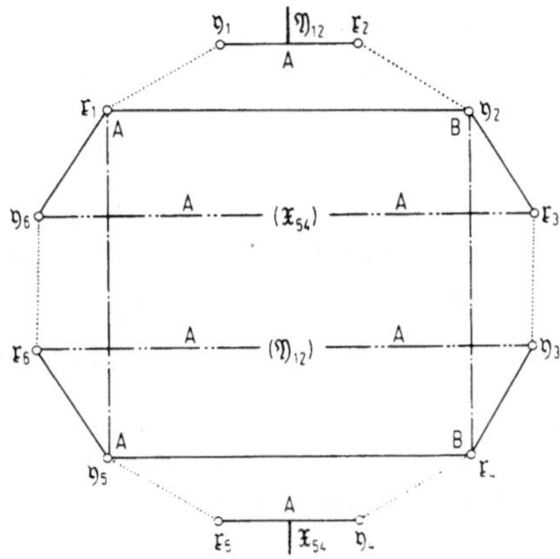

Fig. 20.5. Darstellung des Darbouxschen Flächenkranzes durch Sechservektoren

$$\mathfrak{Y}_{12} = \{\mathfrak{y}_1, \mathfrak{x}_2\}, \qquad \mathfrak{X}_{54} = \{\mathfrak{x}_5, \mathfrak{y}_4\}$$

dargestellt; $\mathfrak{Y}_{12}$ ist der Schraubriß für die Fläche $[\mathfrak{x}_1]$, $\mathfrak{X}_{54}$ für $[\mathfrak{y}_5]$.

c) Die beiden übrigen Flächenpaare $[\mathfrak{x}_6]$, $[\mathfrak{y}_3]$ und $[\mathfrak{y}_6]$, $[\mathfrak{x}_3]$ stehen in Polarbeziehung zu den Flächen $[\mathfrak{y}_1]$, $[\mathfrak{x}_2]$ bzw. $[\mathfrak{x}_5]$, $[\mathfrak{y}_4]$. Daher werden die Sechservektoren

$$\left.\begin{matrix}\mathfrak{Y}_{12}\\ \\ \mathfrak{X}_{54}\end{matrix}\right\}\text{auch von den Ebenenkoordinaten des Flächenpaares}\left\{\begin{matrix}[\mathfrak{x}_6],[\mathfrak{y}_3],\\ \\ [\mathfrak{y}_6],[\mathfrak{x}_3]\end{matrix}\right.$$

erzeugt. In diesem Sinne stellen die Sechservektoren $\mathfrak{Y}_{12}$ und $\mathfrak{X}_{54}$ sowohl die Flächenpaare $[\mathfrak{y}_1]$, $[\mathfrak{x}_2]$ und $[\mathfrak{x}_5]$, $[\mathfrak{y}_4]$ als auch die Flächenpaare $[\mathfrak{x}_6]$, $[\mathfrak{y}_3]$ und $[\mathfrak{y}_6]$, $[\mathfrak{x}_3]$ dar.

Auf Grund der in Ziff. 20.1 erläuterten Radialbeziehung gemäß den Gln. (20.6) und (20.7) sind die Sechservektoren $\mathfrak{X}_{54}$ und $\mathfrak{Y}_{12}$ proportional, nämlich

$$\text{(20.13)} \qquad \mathfrak{X}_{54} = -\frac{2\,\mathfrak{Y}_{12}}{\mathfrak{Y}_{12}\mathfrak{Y}_{12}} \,.$$

Die lineare Transformation (18.16) mit den durch die Gln. (18.17a bzw. 18.17b) gegebenen Koeffizienten γ_{ik} (Kollineationen bzw. Korrelationen) sei kurz mit

$$\text{(20.14)} \qquad \tilde{\mathfrak{P}} = A\,\mathfrak{P}$$

bezeichnet. Wir setzen dabei in den Gln. (18.19) k = 1 voraus; dies bedeutet, wie sich aus Satz (18.20) ergibt, keine wesentliche Beschränkung der Allgemeinheit. Dann ist also

(20.15) $\tilde{\mathfrak{P}}\tilde{\mathfrak{P}} = \mathfrak{P}\mathfrak{P}.$

Nach dem Transformationssatz (19.12) wenden wir die Transformation A sowohl auf die singulären Sechservektoren $\mathfrak{P}_1$, $\mathfrak{Q}_1$ der Tangenten der Kurven v = const, u = const der Fläche $\left[\mathfrak{x}_1\right]$ an als auch auf den nicht-singulären Sechservektor $\mathfrak{Y}_{12}$, der als Schraubriß eine infinitesimale Verbiegung der Fläche $\left[\mathfrak{x}_1\right]$ festlegt. Dadurch erhält man mit

(20.16) $\tilde{\mathfrak{P}}_1 = A\mathfrak{P}_1, \quad \tilde{\mathfrak{Q}}_1 = A\mathfrak{Q}_1, \quad \tilde{\mathfrak{Y}}_{12} = A\mathfrak{Y}_{12}$

eine zu $\left[\mathfrak{x}_1\right]$ projektive Fläche $\left[\tilde{\mathfrak{x}}_1\right]$ und eine infinitesimale Verbiegung dieser Fläche mit dem Schraubriß $\tilde{\mathfrak{Y}}_{12}$.

Durch $\left[\tilde{\mathfrak{x}}_1\right]$ und $\tilde{\mathfrak{Y}}_{12} = \left\{\tilde{\mathfrak{y}}_1, \tilde{\mathfrak{x}}_2\right\}$ ist wieder ein Darbouxscher Flächenkranz festgelegt und es bleibt jetzt zu untersuchen, in welchen Beziehungen die weiteren Flächen dieses Kranzes zu den entsprechenden Flächen des ursprünglichen Kranzes stehen:

Aus den Gln. (20.15) und (20.13) ergibt sich, daß der Sechservektor $\mathfrak{X}_{54} = \left\{\mathfrak{x}_5, \mathfrak{v}_4\right\}$ und infolgedessen auch die singulären Sechservektoren der Tangenten des Parameterkurvennetzes der Fläche $\left[\mathfrak{y}_5\right]$, die $\mathfrak{X}_{54}$ als Schraubriß hat, dieselbe Lineartransformation A erfahren. Die übrigen Flächen sind dann durch Polarbeziehung festgelegt. Wir bezeichnen die Polarabbildung mit N. Die singulären Sechservektoren $\mathfrak{P}_1$, $\mathfrak{Q}_1$ der Tangenten der Fläche $\left[\mathfrak{x}_1\right]$ und die singulären Sechservektoren

(20.17) $\mathfrak{P}_2 = N\mathfrak{P}_1$ und $\mathfrak{Q}_2 = N\mathfrak{Q}_1$

der polar-bezogenen Fläche $\left[\mathfrak{y}_2\right]$ werden also in

(20.18) $\tilde{\mathfrak{P}}_2 = N\tilde{\mathfrak{P}}_1$ und $\tilde{\mathfrak{Q}}_2 = N\tilde{\mathfrak{Q}}_1$

übergeführt.

Wir fassen die Ergebnisse in folgendem T r a n s f o r m a t i o n s - s a t z f ü r d e n D a r b o u x s c h e n F l ä c h e n k r a n z zusammen (vgl. Fig. 20.5):

Die Tangenten-Sechservektoren $\mathfrak{P}_1$, $\mathfrak{Q}_1$ und $\mathfrak{P}_5$, $\mathfrak{Q}_5$ der Fläche $[\mathfrak{x}_1]$ bzw. $[\mathfrak{y}_5]$ werden durch dieselbe Lineartransformation A (mit k=1) abgebildet, also

$$\tilde{\mathfrak{P}}_1 = A\mathfrak{P}_1, \quad \tilde{\mathfrak{Q}}_1 = A\mathfrak{Q}_1, \quad \tilde{\mathfrak{P}}_5 = A\mathfrak{P}_5, \quad \tilde{\mathfrak{Q}}_5 = A\mathfrak{Q}_5.$$

Dadurch sind zu $[\mathfrak{x}_1]$ und $[\mathfrak{y}_5]$ projektive Flächen $[\tilde{\mathfrak{x}}_1]$ und $[\tilde{\mathfrak{y}}_5]$ festgelegt. Dieselbe Lineartransformation liefert

$$\tilde{\mathfrak{Y}}_{12} = A\mathfrak{Y}_{12}, \qquad \tilde{\mathfrak{X}}_{54} = A\mathfrak{X}_{54}.$$

(20.19) Die Tangenten-Sechservektoren $\mathfrak{P}_2 = N\mathfrak{P}_1$, $\mathfrak{Q}_2 = N\mathfrak{Q}_1$ der Fläche $[\mathfrak{y}_2]$ werden durch die Lineartransformation B = NAN in die Tangentenvektoren

$$\tilde{\mathfrak{P}}_2 = B\mathfrak{P}_2 = NAN\mathfrak{P}_2, \qquad \tilde{\mathfrak{Q}}_2 = B\mathfrak{Q}_2 = NAN\mathfrak{Q}_2$$

einer zu $[\mathfrak{y}_2]$ projektiven Fläche $[\tilde{\mathfrak{y}}_2]$ übergeführt. Ebenso werden die Tangenten-Sechservektoren $\mathfrak{P}_4$, $\mathfrak{Q}_4$ der Fläche $[\mathfrak{x}_4]$ transformiert und liefern eine zu $[\mathfrak{x}_4]$ projektive Fläche $[\tilde{\mathfrak{x}}]$.

Hiernach werden vier Flächen des Darbouxschen Flächenkranzes, nämlich $[\mathfrak{x}_1]$, $[\mathfrak{y}_5]$ und $[\mathfrak{y}_2]$, $[\mathfrak{x}_4]$ in projektive Flächen mit der Lineartransformation A bzw. B = NAN abgebildet. Die Punktkoordinaten der Flächenpaare $[\mathfrak{y}_1]$, $[\mathfrak{x}_2]$ und $[\mathfrak{x}_5]$, $[\mathfrak{y}_4]$, welche zugleich die Ebenenkoordinaten der Flächenpaare $[\mathfrak{x}_6]$, $[\mathfrak{y}_3]$ und $[\mathfrak{y}_6]$, $[\mathfrak{x}_3]$ sind, werden zu den Sechservektoren $\mathfrak{Y}_{12}$ und $\mathfrak{X}_{54}$ zusammengefaßt und unterliegen mit diesen Sechservektoren derselben Lineartransformation A wie die Sechservektoren der Tangenten von $[\mathfrak{x}_1]$ und $[\mathfrak{y}_5]$.

Alle 12 Flächen sind innerhalb des Darbouxschen Flächenkranzes gleichberechtigt. Ebenso wie von $[\mathfrak{x}_1]$ hätten wir in den vorangehenden Überlegungen und beim Transformationssatz (20.19) von irgend einer anderen Fläche des Kranzes ausgehen können.

Man kann die hier angestellten differentialgeometrischen Betrachtungen auf den in Ziff. 12.4 behandelten Zwölferzyklus von Vierecksnetzen als differenzengeometrisches Modell übertragen. Wir verzichten darauf, dies im einzelnen zu erläutern.

Spezialfälle:

a) A = Polarabbildung N.

Die Flächen $[\mathfrak{x}_1]$ und $[\mathfrak{y}_2]$ und ebenso die Flächen $[\mathfrak{y}_5]$ und $[\mathfrak{x}_4]$ werden bei A = N miteinander vertauscht. Da bei der Polarabbildung nach Gl. (18.18) die Komponenten $\mathfrak{p}$ und $\overline{\mathfrak{y}}$ ihre Rollen auswechseln, folgt aus

$$\mathfrak{Y}_{12} = \{\mathfrak{y}_1, \mathfrak{x}_2\} \text{ und } \mathfrak{X}_{54} = \{\mathfrak{x}_5, \mathfrak{y}_4\}, \text{ sogleich}$$

$$\widetilde{\mathfrak{Y}}_{12} = \{\mathfrak{x}_2, \mathfrak{y}_1\} \text{ und } \widetilde{\mathfrak{X}}_{54} = \{\mathfrak{y}_4, \mathfrak{x}_5\}.$$

Das heißt: Bei A = N vertauschen $[\mathfrak{y}_1]$ und $[\mathfrak{x}_2]$ und ebenso auch $[\mathfrak{x}_5]$ und $[\mathfrak{y}_4]$ ihre Plätze. Aus der Vertauschung von $[\mathfrak{x}_1]$ mit $[\mathfrak{y}_2]$ bzw. von $[\mathfrak{y}_5]$ mit $[\mathfrak{x}_4]$ folgt wegen der Radialbeziehung auch die Vertauschung von $[\mathfrak{y}_3]$ mit $[\mathfrak{x}_6]$ bzw. von $[\mathfrak{x}_3]$ mit $[\mathfrak{y}_6]$.

Wir fassen zusammen:

(20.20) Bei der Polarabbildung A = N, angewandt auf eine der Flächen des Darbouxschen Flächenkranzes, wird dieser durch Spiegelung an einer seiner "Mittellinien" in sich transformiert.

b) A = Radialaffinität R.

Unter Radialaffinität verstehen wir Affinitäten, bei denen der Nullpunkt O Fixpunkt ist, also jede Gerade durch O wieder in eine Gerade durch O abgebildet wird. Nicht zu verwechseln hiermit ist die in den Gln. (20.4), (20.5) definierte Radialabbildung zweier Flächen, bei der einander zugeordnete Punkte jeweils auf einer Geraden durch den Nullpunkt O liegen.

Die Gln. (18.17a) für die allgemeinen kollinearen Abbildungen spezialisieren sich bei Radialaffinitäten zu

$$\begin{aligned}
\widetilde{p}_1 &= \gamma_{11}p_1 + \gamma_{12}p_2 + \gamma_{13}p_3,\\
\widetilde{p}_2 &= \gamma_{21}p_1 + \gamma_{22}p_2 + \gamma_{23}p_3,\\
\widetilde{p}_3 &= \gamma_{31}p_1 + \gamma_{32}p_2 + \gamma_{33}p_3,\\
\widetilde{p}_4 &= \gamma_{44}p_4 + \gamma_{45}p_5 + \gamma_{46}p_6,\\
\widetilde{p}_5 &= \gamma_{54}p_4 + \gamma_{55}p_5 + \gamma_{56}p_6,\\
\widetilde{p}_6 &= \gamma_{64}p_4 + \gamma_{65}p_5 + \gamma_{66}p_6.
\end{aligned} \tag{20.21}$$

Man überzeugt sich leicht von der Richtigkeit des folgenden Satzes (Fig. 20.6):

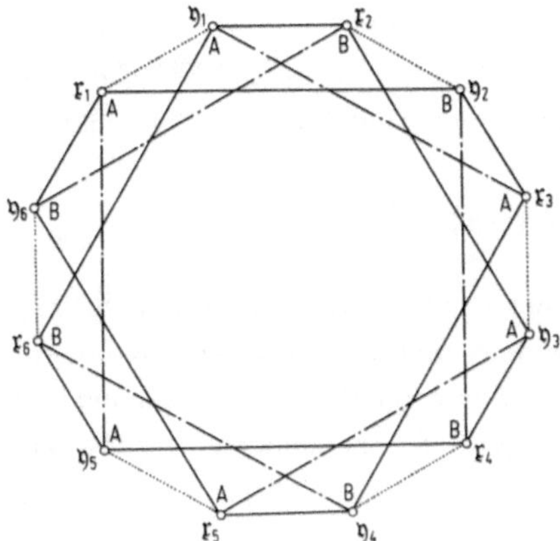

Fig. 20.6. Radialaffine Abbildung des Darbouxschen Flächenkranzes

(20.22) Bei der Radialaffinität A = R, angewandt auf eine der Flächen des Darbouxschen Flächenkranzes, werden sechs Flächen des Kranzes durch diese Affinität A = R und die übrigen sechs Flächen durch die aus R durch Polarabbildung entstehende Radialaffinität B = NRN abgebildet [4].

§ 21. Spannungsgleichgewicht in undehnbaren Membranen

Im Schlußabsatz von Ziff. 16.4 haben wir die flächenstarr wackeligen Vierecksnetze durch Übergang von den Gleichgewichtsbedingungen der Kinematik zu denen der Statik umgedeutet als Netze gespannter Fäden, die ohne Hinzutreten äußerer Kräfte im Gleichgewicht sind. Als differentialgeometrisches Analogon behandeln wir jetzt das Spannungsgleichgewicht in undehnbaren Membranen, das sich durch eine entsprechende Umdeutung der Kinematik in die Statik aus den Untersuchungen über die infinitesimale Flächenverbiegung ergibt [5, 17, 21].

21. 1. Schraubriß einer Spannungsverteilung in einer Membran. Wir legen die in den §§ 15 bis 19 gewonnenen Ergebnisse über die infinitesimalen Verbiegungen von Flächen zugrunde und schließen wie dort Torsen, also insbesondere die Ebene von der Betrachtung aus. Statt der Kinematik der Flächen befassen wir uns jetzt mit einem Problem der Statik, nämlich mit Spannungsverteilungen in Flächen und bezeichnen die Flächen, dem Sprachgebrauch in der Elastizitätstheorie folgend, als *Membranen* oder deutlicher als *undehnbare Membranen*.

Die Gleichgewichtsbedingungen für ein Spannungsfeld in einer undehnbaren Membran, wobei außer den in den Tangentenebenen wirkenden Spannungskräften keine äußeren Kräfte auftreten sollen, ergeben sich folgendermaßen: An jedem Linienelement $d\mathfrak{x}$ der Membran $[\mathfrak{x}]$ greift eine Spannungskraft an, die durch den singulären Sechservektor

$$(21.1) \qquad d\mathfrak{Y} = \left\{ d\mathfrak{y},\ \mathfrak{x} \times d\mathfrak{y} \right\}$$

dargestellt werden kann; vgl. Ziff. 15.2. Da nach Voraussetzung keine äußeren Kräfte vorliegen, muß am Rand eines jeden einfach zusammenhängenden endlichen Flächenbereichs von $[\mathfrak{x}]$ Spannungsgleichgewicht bestehen, also das Randintegral der Spannungen verschwinden,

$$(21.2) \qquad \oint d\mathfrak{Y} = 0.$$

Infolgedessen ist der in Gl. (21.1) eingeführte Sechservektor $d\mathfrak{Y}$ ein vollständiges Differential. Es existiert also ein Sechservektor

$$(21.3) \qquad \mathfrak{Y} = \left\{ \mathfrak{y},\ \bar{\mathfrak{y}} \right\}$$

als Funkton von u und v. Wir bezeichnen ihn als S c h r a u b r i ß der S p a n n u n g s v e r t e i l u n g oder auch als S p a n n u n g s f u n k t i o n.

Mit $d\mathfrak{Y}$ sind auch $d\mathfrak{y}$ und $d\bar{\mathfrak{y}} = \mathfrak{x} \times d\mathfrak{y}$ vollständige Differentiale und es gelten die zu den Gln. (15.13), (15.15), (15.16) und (15.2) analogen Beziehungen

$$(21.4) \qquad \begin{array}{ll} d\mathfrak{x}\, d\bar{\mathfrak{x}} = 0, & d\mathfrak{y}\, d\bar{\mathfrak{y}} = 0 \\ d\bar{\mathfrak{x}} = \mathfrak{y} \times d\mathfrak{x} & d\bar{\mathfrak{y}} = \mathfrak{x} \times d\mathfrak{y} \end{array} \qquad \text{und } \bar{\mathfrak{y}} - \bar{\mathfrak{x}} = \mathfrak{x} \times \mathfrak{y}.$$

Hierdurch sind zur Fläche $[\mathfrak{x}]$, welche hier als undehnbare Membran realisiert ist, die zwei weiteren Flächen $[\mathfrak{y}]$, $[\bar{\mathfrak{y}}]$, die den Schraubriß des Spannungsfeldes darstellen, und die zu $[\mathfrak{x}]$ orthogonal-bezogene Fläche $[\bar{\mathfrak{x}}]$ definiert. Die Gegenüberstellung mit Ziff. 15.3 liefert den Satz

(21.5) Die infinitesimale Verbiegung einer Fläche $[\mathfrak{x}]$, die durch den Schraubriß $\mathfrak{Y} = \{\mathfrak{y},\ \bar{\mathfrak{y}}\}$ bestimmt ist, kann als Spannungsfeld in der undehnbaren Membran $[\mathfrak{x}]$ mit $\mathfrak{Y}$ als Spannungsfunktion interpretiert werden, wobei die Spannungen ohne Hinzutreten äußerer Kräfte im Gleichgewicht sind. Umgekehrt ist jedes derartige Spannungsfeld einer infinitesimalen Flächenverbiegung äquivalent.

<u>21.2. Gegenüberstellung analoger Sätze über Flächenverbiegung und über Spannungsfelder.</u> Aus Satz (15.17) folgt:

(21.6) Ein vorgegebenes Spannungsfeld der Membran $[\mathfrak{x}]$ mit der Spannungsfunktion $\mathfrak{Y} = \{\mathfrak{y}, \overline{\mathfrak{y}}\}$ bestimmt auch ein Spannungsfeld der Membran $[\mathfrak{y}]$ mit der Spannungsfunktion $\mathfrak{X} = \{\mathfrak{x}, \overline{\mathfrak{x}}\}$ mit $\overline{\mathfrak{x}} = \overline{\mathfrak{y}} + \mathfrak{y} \times \mathfrak{x}$.

Der Transformationssatz (19.12) läßt sich folgendermaßen umdeuten:

(21.7) Aus einer Spannungsfunktion $\mathfrak{Y} = \{\mathfrak{y}, \overline{\mathfrak{y}}\}$ einer Membran $[\mathfrak{x}]$ erhält man für jede Membran $[\tilde{\mathfrak{x}}]$, die aus $[\mathfrak{x}]$ durch Kollineation oder Korrelation hervorgeht, eine Spannungsfunktion $\tilde{\mathfrak{Y}}$, indem man $\mathfrak{Y}$ derselben Lineartransformation (18.16) mit (18.17a) bzw. (18.17b) unterzieht wie die singulären Sechservektoren $\mathfrak{P}$, $\mathfrak{Q}$ der Linienkoordinaten der Tangenten der Kurven $v = \text{const}$ und $u = \text{const}$ der Membran $[\mathfrak{x}]$. Die transformierte Spannungsfunktion $\tilde{\mathfrak{Y}}$ ergibt sich also ohne Quadraturen.

Mit Hilfe dieses Satzes kann man beispielsweise aus der Spannungsverteilung in einer Kugelschale die Spannungsverteilung in einer Kuppel herleiten, welche die Gestalt eines drehsymmetrischen oder auch nichtdrehsymmetrischen Ellipsoids oder eines elliptischen Paraboloids oder eines zweischaligen Hyperboloids hat. Bei Ellipsoiden handelt es sich um affine, bei Paraboloiden und Hyperboloiden um nicht-affine projektive Abbildungen.

Ein Kurvennetz einer Membran, in dem bei einer vorgegebenen Spannungsverteilung nur Querspannungen (=Spannungskräfte in Richtung der Netzkurven der jeweils anderen Kurvenschar) auftreten, nennen wir ein Querspannungsnetz. Wenn nur Schubspannungen (=Spannungskräfte in Richtung der Tangenten der betreffenden Netzkurven selbst) auftreten, sprechen wir von Schubspannungsnetzen. Aus den §§ 16 und 17, insbesondere den Gln. (16.28) und (17.18) folgt:

(21.8) Den bei infinitesimalen Flächenverbiegungen schränkungsfesten bzw. krümmungsfesten Kurvennetzen entsprechen bei der Umdeutung des Schraubrisses der Flächenverbiegung in die Spannungsfunktion eines Spannungsfeldes in einer Membran Querspannungsnetze bzw. Schubspannungsnetze.

Aus den §§ 16 und 17, insbesondere den Gln. (16.32) und (17.24), ergibt sich außerdem:

(21.9) In jedem Spannungsfeld einer Membran gibt es unendlich viele Querspannungsnetze; die eine Kurvenschar der Querspannungsnetze kann im wesentlichen beliebig gewählt werden. Dagegen gibt es jeweils höchstens ein einziges Schubspannungsnetz. Die Schubspannungsnetze sind stets konjugierte Kurvennetze, die Querspannungsnetze dagegen i.a. nicht.

Schließlich übertragen wir noch die Sätze (19.29) und (19.32):

(21.10) Die Kollineationen führen Querspannungsnetze und Schubspannungsnetze wieder in ebensolche Netze über. Bei Korrelationen entsprechen sich gegenseitig konjugierte Querspannungsnetze und (-ohnehin stets konjugierte-) Schubspannungsnetze.

Ähnlich wie die flächenstarr wackeligen Vierecksnetze (vgl. Ziff. 16.4, Schlußabsatz) lassen sich auch die *Querspannungsnetze* durch *Fadenmodelle* mit zwei Scharen gespannter, gegenseitig verknoteter Fäden darstellen. Die Fadenspannungen entsprechen den Querspannungen des Netzes. Da keine äußeren Kräfte wirken, sind die Fadenspannungen im Gleichgewicht, das Fadenmodell bewahrt daher auf Grund der Fadenspannungen seine Gestalt, ohne daß die vom Fadenmodell approximierte Fläche als starre Unterlage realisiert zu werden braucht.

Literaturverzeichnis

A. Bücher

1. Bianchi, L.: Lezioni di geometria differenziale II, Zanichelli Bologna 1927, Kap. XVII und XVIII.
2. Blaschke, W.: Vorlesungen über Differentialgeometrie I, Berlin-Göttingen-Heidelberg: Springer 1950.
3. Darboux, G.: Théorie des surfaces IV, Paris: Geuthier-Villars 1896, Livre VIII.
4. Salkowski, E.: Affine Differentialgeometrie. Berlin-Leipzig: de Gruyter 1934, 9. Kapitel.
5. Sauer, R.: Projektive Liniengeometrie. Berlin-Leipzig: de Gruyter 1937.
6. Sauer, R.: Anfangswertprobleme bei partiellen Differentialgleichungen. 2. Aufl., Berlin-Göttingen-Heidelberg: Springer 1958, § 21.
7. Strubecker, K.: Differentialgeometrie I, II, III. Sammlung Göschen 1113/1113a, 1179/1179a und 1180/1180a, 1969.

B. Zeitschriftenaufsätze

8. Baier, O.: Geometrischer Beweis des Satzes von Beltrami-Enneper über die Windungen der Asymptotenlinien. Sitzungsber. Bayer. Akad. Wiss, math.-naturw. Klasse, 1934, 83-86.
9. Baier, O.: Eine geometrische Ableitung des Gauss-Bonnetschen Integralsatzes. Arch. f. Math. 2, 105-109, (1949/50).
10. Finsterwalder, S.: Mechanische Beziehungen bei der Flächendeformation. Jber. Deutsche Math.-Ver. 6, 45-99, (1899).
11. Graf, H., Thomas H.: Zur Frage des Gleichgewichts von Vierecksnetzen aus verknoteten und gespannten Fäden. Math. Zs. 48, 193-211 (1942/43) und 51, 166-196, (1948).
12. Meiners, E.: Der Darbouxsche Flächenkranz im Bereich der allgemeinen projektiven Abbildungen. Diss. TH Aachen 1941.
13. Sauer R., Graf, H.: Über Flächenverbiegungen in Analogie zur Verknickung offener Facettenflache. Math. Ann. 105, 499-533 (1931).
14. Sauer, R.: Herleitung differentialgeometrischer Flächeneigenschaften aus Sehnendreiecksflachen. Sitzungsber. Bayer. Akad. Wiss., math.-naturw. Klasse 1929, 207-324.

15. Sauer, R.: Wackelige Kurvennetze bei einer infinitesimalen Flächenverbiegung Math. Ann. 108, 673-693 (1933).

16. Sauer, R.: Krümmungsfeste Kurven bei einer infinitesimalen Flächenverbiegung. Math. Zs. 38, 468-475 (1934).

17. Sauer, R.: Spannungszustände und projektive Transformationen. Zs. angew. Math. Mech. 14, 193-198 (1934).

18. Sauer, R.: Infinitesimale Verbiegungen zueinander projektiver Flächen. Math. Ann. 111, 71-82 (1935).

19. Sauer, R.: Projektive Kinematik wackeliger Flechtwerke. Monatshefte Math. Phys. 43, 215-224 (1936).

20. Sauer, R.: Streifenmodelle und Stangenmodelle zur Differentialgeometrie der Drehflächen, Schraubenflächen und Regelflächen. Math. Zs. 48, 455-466 (1942).

21. Sauer, R.: Geometrische Bemerkungen zur Membrantheorie negativ gekrümmter Schalen. Zs. angew. Math. Mech. 28, 198-204 (1948).

22. Sauer, R.: Projektive Transformationen des Darbouxschen Flächenkranzes. Arch. f. Math. 1, 89-93 (1948).

23. Sauer, R.: Infinitesimale Verbiegungen von Flächen, deren Asymptotennetze ein Qausi-Rückungsnetz bilden. Sitzungsber. Bayer. Akad. Wiss., math.-naturw. Klasse, 1949, 1-12.

24. Sauer, R.: Parallelogrammgitter als Modelle pseudosphärischer Flächen. Math. Zs. 52, 611-622 (1950).

25. Sauer, R.: Differenzengeometrie der infinitesimalen Flächenverbiegung. Monatshefte Math. 57, 177-184 (1953).

26. Sauer, R.: Über Flächenklassen, bei denen sämtliche infinitesimalen Verbiegungen durch Quadraturen darstellbar sind. Atti Convegno di Geom. Differenziale 1953, Edizioni Cremonese Roma 1954.

27. Sauer, R.: Darboux-Kranz verknickbarer Vierecksgitter. Arch. f. Math. 6, 180-184 (1955).

28. Sauer, R.: Elementargeometrische Modelle zur Differentialgeometrie. Elemente der Math. IX/6, (1954), X/1 und X/2, (1955).

29. Sauer, R.: Längentreue Deformationen von Kurvennetzen mit einer Geradenschar. Monatshefte Math. 66, 166-173 (1962).

30. Voss, A.: Über diejenigen Flächen, auf denen geodätische Linien ein konjugiertes System bilden. Sitzungsber. Bayer. Akad. Wiss., math.-naturw. Klasse, 1888, 95-102.

Sachverzeichnis